南方种草养羊实用技术

主　编
李晓锋

副主编
刘　洋　陈明新

编著者
李晓锋　刘　洋　陈明新
索效军　张　年　张鹤山
田　宏　蔡　化　熊　琪

金盾出版社

内 容 提 要

本书由湖北省农业科学院畜牧兽医所专家编著。内容包括：概论、南方羊的主要品种与引种、羊的繁殖技术、主要牧草及饲料作物的栽培与利用、人工草地的建植与管理、南方天然草地的管理与改良利用、羊常用饲料与加工调制、羊的营养需要与日粮配制、羊的饲养与管理、羊的疾病防治、羊场建设与生产经营管理、羊的屠宰与产品加工等12章。内容全面、技术先进实用、语言通俗易懂，适合南方各省、自治区、直辖市肉羊养殖场和肉羊养殖专业户学习使用，亦可供农业院校相关专业师生阅读参考。

图书在版编目(CIP)数据

南方种草养羊实用技术/李晓锋主编. — 北京：金盾出版社，2010.9(2018.1重印)
ISBN 978-7-5082-6511-7

Ⅰ.①南… Ⅱ.①李… Ⅲ.①牧草—栽培②羊—饲养管理 Ⅳ.①S54②S826

中国版本图书馆CIP数据核字(2010)第133563号

金盾出版社出版、总发行
北京市太平路5号(地铁万寿路站往南)
邮政编码:100036 电话:68214039 83219215
传真:68276683 网址:www.jdcbs.cn
封面印刷:双峰印刷装订有限公司
正文印刷:北京万博诚印刷有限公司
装订:北京万博诚印刷有限公司
各地新华书店经销

开本:850×1168 1/32 印张:12.125 字数:290千字
2018年1月第1版第7次印刷
印数:26 001～29 000册 定价:29.00元

前　言

我国养羊业正沿着高产、高效、优质方向发展，2008 年羊存栏总数达到 28 581.3 万只，出栏肉羊 26 514.2 万只，生产羊肉 380.6 万吨，分别占世界总量的 14.7％、28.7％和 28.9％，均排在世界第一位，是名副其实的养羊大国；人均占有羊肉量 2.7 千克，高于世界平均水平(2.0 千克)。大力发展养羊业，有利于减少家畜与人争粮的矛盾，有利于推进农业和畜牧业产业结构调整，有利于促进农民增收，有利于推动农村经济发展。

由于我国幅员辽阔，南北气候、生态、羊的品种、饲草饲料资源、饲养习惯等养羊条件差异很大。如北方养羊以绵羊、绒山羊为主，牧区牧场范围广，气候和饲草的季节差异很大，饲养上多进行放牧；农区放牧场地有限，农作物秸秆资源丰富，一般进行舍饲，管理略为精细。而南方养羊以山羊为主，产品主要是羊肉。南方也分山区和农区，山区集中在西部和南部，因海拔不同，养羊条件存在差异，但多以放牧为主，且气候比较温和、潮湿，栏舍较为简陋；南方农区的饲养特点与北方的接近。近年来，为了合理利用自然资源、保护生态环境，国家陆续实施了草地禁牧休牧轮牧制度以及封山育林、天然林保护、水土保持等工程，传统的放牧养羊观念和方式必须转变，种草养羊势在必行。

为此，我们组织编写了《南方种草养羊实用技术》一书。本书系统而全面地介绍了羊的品种与引种、选育、繁殖与配种、牧草作物介绍、人工草地的建植与管理、天然草地的利用、饲料供应、饲养管理、疾病防治、羊场建设与经营管理、屠宰与产品加工等。本书内容丰富，文字通俗易懂，技术简明实用，适合广大南方地区不同规模养羊场和养羊专业户使用，也可供大专院校、科研院所及基层科技人员参考。

在本书的编写过程中，参阅了国内外许多专家学者的著作，在此致以衷心的感谢！

由于编写水平有限，书中疏误之处，敬请专家同仁和广大读者批评指正。

李晓锋
2010 年 6 月

目 录

第一章 概论……………………………………………………(1)
一、发展种草养羊的重要意义 ………………………………(1)
(一)提供羊肉等系列产品,满足市场需求 …………………(1)
(二)调整产业结构,促进循环农业发展 ……………………(2)
(三)增加农民收入,发展农村经济 …………………………(2)
(四)带动相关产业发展……………………………………(2)
(五)与退耕还林、水土保持相协调,改善生态环境………(2)
二、世界及我国养羊业概况 …………………………………(3)
(一)世界羊业生产概况……………………………………(3)
(二)我国羊业概况…………………………………………(5)
三、养羊业的发展趋势 ………………………………………(6)
(一)总体发展趋势…………………………………………(6)
(二)毛用羊的发展趋势……………………………………(8)
(三)肉用羊的发展趋势……………………………………(8)
第二章 南方羊的主要品种与引种 ……………………………(10)
一、南方羊的品种特点………………………………………(10)
(一)山羊品种多、绵羊品种少……………………………(10)
(二)体格大多偏小 …………………………………………(10)
(三)灵活,善攀登……………………………………………(10)
(四)毛色杂 …………………………………………………(11)
(五)对潮湿、炎热等气候条件的适应性强………………(11)
二、南方主要绵羊品种………………………………………(11)
(一)湖羊 ……………………………………………………(11)
(二)威宁绵羊 ………………………………………………(12)

(三)昭通绵羊 ………………………………………………… (13)
三、南方主要山羊品种…………………………………………… (14)
(一)南江黄羊 ………………………………………………… (14)
(二)马头山羊 ………………………………………………… (15)
(三)黄淮山羊 ………………………………………………… (17)
(四)长江三角洲白山羊 ……………………………………… (18)
(五)雷州山羊 ………………………………………………… (19)
(六)贵州白山羊 ……………………………………………… (20)
(七)湘东黑山羊 ……………………………………………… (21)
(八)建昌黑山羊 ……………………………………………… (22)
(九)川东白山羊 ……………………………………………… (23)
(十)成都麻羊 ………………………………………………… (25)
(十一)麻城黑山羊 …………………………………………… (26)
(十二)雅安奶山羊 …………………………………………… (27)
(十三)宜昌白山羊 …………………………………………… (28)
(十四)圭山山羊 ……………………………………………… (29)
(十五)隆林山羊 ……………………………………………… (30)
(十六)赣西山羊 ……………………………………………… (31)
(十七)戴云山羊 ……………………………………………… (31)
四、南方主要引进羊品种………………………………………… (32)
(一)波尔山羊(Boer Goat) ………………………………… (32)
(二)努比山羊 ………………………………………………… (33)
五、羊的品种选择与引种………………………………………… (34)
(一)品种选择 ………………………………………………… (34)
(二)引种 ……………………………………………………… (35)
第三章　羊的繁育技术 …………………………………………… (41)
一、羊的繁殖现象和规律………………………………………… (41)
(一)羊的初情期、性成熟、初配年龄 ……………………… (41)

(二)发情与发情鉴定 …………………………………………… (42)
(三)羊的繁殖季节 ……………………………………………… (45)
(四)妊娠鉴定 …………………………………………………… (45)
二、羊的配种方法…………………………………………………… (48)
(一)配种时期的选择 …………………………………………… (48)
(二)自然交配 …………………………………………………… (49)
(三)人工授精 …………………………………………………… (50)
三、羊的高效繁殖新技术………………………………………… (56)
(一)同步发情技术 ……………………………………………… (56)
(二)激素免疫 …………………………………………………… (56)
(三)胚胎移植技术 ……………………………………………… (58)
(四)高效高频繁殖技术 ………………………………………… (71)
四、产羔与接羔……………………………………………………… (76)
(一)产羔前的准备工作 ………………………………………… (76)
(二)接产技术 …………………………………………………… (77)
(三)羔羊的护理 ………………………………………………… (79)
(四)产后母羊的护理 …………………………………………… (79)
五、提高羊繁殖力的技术措施…………………………………… (80)
(一)繁殖力的表示方法 ………………………………………… (80)
(二)提高繁殖力的技术措施 …………………………………… (82)
六、羊的选种与选配………………………………………………… (86)
(一)种公羊的选择 ……………………………………………… (86)
(二)母羊的选择 ………………………………………………… (87)
(三)选配方法 …………………………………………………… (87)
七、羊的纯种繁育…………………………………………………… (89)
(一)建立基础群 ………………………………………………… (90)
(二)建立品系 …………………………………………………… (90)
(三)血液更新 …………………………………………………… (90)

八、羊的杂交改良……………………………………………………（91）
（一）杂交繁育 ……………………………………………………（91）
（二）杂种优势的利用 ……………………………………………（95）
第四章 主要牧草及饲料作物的栽培与利用 ………………（96）
一、多年生黑麦草…………………………………………………（96）
（一）起源与分布 …………………………………………………（96）
（二）植物学特征 …………………………………………………（96）
（三）生物学特性 …………………………………………………（96）
（四）栽培技术 ……………………………………………………（97）
（五）营养价值和利用方式 ………………………………………（98）
二、多花黑麦草……………………………………………………（98）
（一）起源与分布 …………………………………………………（98）
（二）植物学特征 …………………………………………………（98）
（三）生物学特性 …………………………………………………（99）
（四）栽培技术 ……………………………………………………（99）
（五）营养价值和利用方式………………………………………（100）
三、鸭茅 …………………………………………………………（100）
（一）起源与分布…………………………………………………（100）
（二）植物学特征…………………………………………………（100）
（三）生物学特性…………………………………………………（101）
（四）栽培技术……………………………………………………（101）
（五）营养价值和利用方式………………………………………（102）
四、苇状羊茅 ……………………………………………………（102）
（一）起源与分布…………………………………………………（102）
（二）植物学特征…………………………………………………（103）
（三）生物学特性…………………………………………………（103）
（四）栽培技术……………………………………………………（103）
（五）营养价值和利用方式………………………………………（104）

五、白三叶 …………………………………………………………… (104)
(一)起源与分布 ……………………………………………………… (104)
(二)植物学特征 ……………………………………………………… (104)
(三)生物学特性 ……………………………………………………… (105)
(四)栽培技术 ………………………………………………………… (105)
(五)营养价值和利用方式 …………………………………………… (106)
六、红三叶 …………………………………………………………… (107)
(一)起源与分布 ……………………………………………………… (107)
(二)植物学特征 ……………………………………………………… (108)
(三)生物学特性 ……………………………………………………… (108)
(四)栽培技术 ………………………………………………………… (108)
(五)营养价值和利用方式 …………………………………………… (109)
七、紫花苜蓿 ………………………………………………………… (110)
(一)起源与分布 ……………………………………………………… (110)
(二)植物学特征 ……………………………………………………… (110)
(三)生物学特性 ……………………………………………………… (110)
(四)栽培技术 ………………………………………………………… (111)
(五)营养价值和利用方式 …………………………………………… (112)
八、多花木蓝 ………………………………………………………… (112)
(一)起源与分布 ……………………………………………………… (113)
(二)植物学特征 ……………………………………………………… (113)
(三)生物学特性 ……………………………………………………… (113)
(四)栽培技术 ………………………………………………………… (114)
(五)营养价值和利用方式 …………………………………………… (114)
九、狗牙根 …………………………………………………………… (115)
(一)起源与分布 ……………………………………………………… (115)
(二)植物学特征 ……………………………………………………… (115)
(三)生物学特性 ……………………………………………………… (115)

(四)栽培技术…………………………………………………… (116)
(五)营养价值和利用方式………………………………………… (116)
十、杂交狼尾草 ………………………………………………… (116)
(一)起源与分布…………………………………………………… (117)
(二)植物学特征…………………………………………………… (117)
(三)生物学特性…………………………………………………… (117)
(四)栽培技术…………………………………………………… (118)
(五)营养价值和利用方式………………………………………… (118)
十一、象草 ……………………………………………………… (119)
(一)起源与分布…………………………………………………… (119)
(二)植物学特征…………………………………………………… (119)
(三)生物学特性…………………………………………………… (120)
(四)栽培技术…………………………………………………… (120)
(五)营养价值与利用方式………………………………………… (121)
十二、墨西哥类玉米 …………………………………………… (122)
(一)起源与分布…………………………………………………… (122)
(二)植物学特征…………………………………………………… (122)
(三)生物学特性…………………………………………………… (122)
(四)栽培技术…………………………………………………… (123)
(五)营养价值与利用方式………………………………………… (123)
十三、苏丹草 …………………………………………………… (124)
(一)起源与分布…………………………………………………… (124)
(二)植物学特征…………………………………………………… (124)
(三)生物学特性…………………………………………………… (124)
(四)栽培技术…………………………………………………… (125)
(五)营养价值和利用方式………………………………………… (125)
第五章　人工草地的建植与管理……………………………… (127)
一、人工草地的概念 …………………………………………… (127)

二、国内外人工草地的发展概况 ………………………… (128)
三、人工草地的作用 ……………………………………… (131)
（一）提高牧草产量……………………………………… (131)
（二）改进牧草品质……………………………………… (131)
（三）改良土壤，防止水土流失，保护生态环境………… (131)
四、人工草地的建植技术 ………………………………… (132)
（一）播前整地和施肥…………………………………… (132)
（二）播种技术…………………………………………… (134)
（三）牧草混播…………………………………………… (140)
（四）田间管理…………………………………………… (143)
（五）草田轮作…………………………………………… (146)
五、人工草地的合理利用 ………………………………… (148)
（一）造成割草地退化的原因…………………………… (148)
（二）牧草的收割时期…………………………………… (149)
（三）干草的调制………………………………………… (151)
六、人工草地的更新 ……………………………………… (151)
（一）草地改良的依据…………………………………… (151)
（二）制定草地改良的方案……………………………… (152)
（三）草地治标改良方法………………………………… (152)
第六章　南方天然草地的管理与改良利用………………… (156)
一、南方天然草地的特点 ………………………………… (156)
（一）概况………………………………………………… (156)
（二）草地的自然环境条件……………………………… (158)
（三）草地的群落学特征………………………………… (158)
（四）草地的特点及利用现状…………………………… (159)
二、草地资源的利用与管理 ……………………………… (161)
（一）草地与草地资源的概念…………………………… (161)
（二）草地资源管理技术………………………………… (163)

三、草地的改良 ……………………………………… (175)
(一)草地改良的概念………………………………… (175)
(二)草地退化的表现………………………………… (181)
(三)草地改良的措施………………………………… (181)
四、草地围栏技术 …………………………………… (187)
(一)编结网格围栏主要材料………………………… (189)
(二)围栏高度的确定………………………………… (189)
(三)围栏架设施工…………………………………… (190)
五、草地主要有害生物及其防治 …………………… (192)
(一)草地病害及其防治……………………………… (193)
(二)草地虫害及其防治……………………………… (193)
(三)草地鼠害及其防治……………………………… (194)
(四)草地有毒有害植物及其防治…………………… (195)
第七章 羊的常用饲料与加工调制…………………… (197)
一、羊的常用饲料 …………………………………… (197)
(一)青绿饲料………………………………………… (197)
(二)粗饲料…………………………………………… (198)
(三)多汁饲料………………………………………… (199)
(四)能量饲料………………………………………… (200)
(五)蛋白质饲料……………………………………… (200)
(六)矿物质饲料……………………………………… (202)
(七)青贮饲料………………………………………… (202)
(八)饲料添加剂……………………………………… (203)
二、羊常用饲料的加工调制 ………………………… (203)
(一)精饲料的加工调制……………………………… (204)
(二)青干草的加工调制与贮藏……………………… (207)
(三)青贮饲料的加工调制…………………………… (210)
(四)秸秆的加工调制………………………………… (214)

第八章　羊的营养需要与日粮配制……………………………（222）
一、羊的营养需要 …………………………………………………（222）
（一）能量需要…………………………………………………（222）
（二）蛋白质需要………………………………………………（223）
（三）脂肪需要…………………………………………………（223）
（四）矿物质需要………………………………………………（223）
（五）维生素需要………………………………………………（227）
（六）水的需要…………………………………………………（228）
二、羊的日粮配制 …………………………………………………（229）
（一）日粮配制的原则…………………………………………（229）
（二）日粮配制的方法…………………………………………（230）
（三）各类羊的饲养标准与参考配方…………………………（231）
三、配合饲料的污染来源及控制 …………………………………（234）
（一）配合饲料的污染来源……………………………………（234）
（二）配合饲料污染的控制……………………………………（236）
第九章　羊的饲养与管理……………………………………………（239）
一、羊的生活习性 …………………………………………………（239）
（一）行为特性…………………………………………………（239）
（二）采食特点…………………………………………………（239）
（三）合群性……………………………………………………（240）
（四）起卧和睡眠特性…………………………………………（240）
（五）嗅觉和听觉灵敏…………………………………………（240）
（六）清洁习性…………………………………………………（241）
（七）适应能力及抗病性………………………………………（241）
（八）调情特点及繁殖力………………………………………（241）
二、羊的消化生理特点 ……………………………………………（242）
（一）消化器官特点……………………………………………（242）
（二）反刍………………………………………………………（242）

(三)瘤胃微生物作用……………………………………………(243)
三、各类山羊的饲养管理 ……………………………………(244)
(一)种公羊的饲养管理………………………………………(244)
(二)种母羊的饲养管理………………………………………(248)
(三)育成羊的饲养管理………………………………………(250)
(四)羔羊的饲养管理…………………………………………(251)
(五)肥育羊的饲养管理………………………………………(255)
四、日常管理技术 ……………………………………………(260)
(一)编号………………………………………………………(260)
(二)记录………………………………………………………(261)
(三)去势………………………………………………………(261)
(四)去角………………………………………………………(262)
五、羊的放牧饲养 ……………………………………………(263)
(一)放牧管理…………………………………………………(263)
(二)四季放牧技术……………………………………………(264)
第十章　羊的疾病防治…………………………………………(268)
一、羊的保健要点 ……………………………………………(268)
(一)季节性保健………………………………………………(268)
(二)各生长阶段保健…………………………………………(268)
二、规模化羊场的卫生与防疫 ………………………………(269)
(一)卫生………………………………………………………(269)
(二)消毒………………………………………………………(269)
(三)防疫………………………………………………………(270)
三、羊常见疾病的防治 ………………………………………(270)
(一)羊病观察和病羊检查……………………………………(270)
(二)传染病……………………………………………………(272)
(三)寄生虫病…………………………………………………(283)
(四)内科病……………………………………………………(287)

(五)外科病…………………………………………………… (289)
(六)产科病…………………………………………………… (291)
(七)中毒症…………………………………………………… (294)
(八)营养代谢病……………………………………………… (296)
四、羊病治疗技术 ……………………………………………… (296)
(一)投药法…………………………………………………… (296)
(二)注射法…………………………………………………… (298)
(三)灌肠法…………………………………………………… (299)
(四)阴道和子宫洗涤法……………………………………… (300)
(五)穿刺法…………………………………………………… (301)
五、药物和生物制品的使用 …………………………………… (303)
(一)药物使用………………………………………………… (303)
(二)生物制品的使用………………………………………… (304)
第十一章　羊场建设与生产经营管理……………………… (308)
一、场址选择与羊场建设 ……………………………………… (308)
(一)场址选择的总体要求…………………………………… (308)
(二)场址选择应考虑的基本条件…………………………… (308)
(三)南方羊场场址选择的特点……………………………… (309)
(四)羊场的布局……………………………………………… (310)
(五)羊舍的建造……………………………………………… (312)
(六)典型羊舍………………………………………………… (317)
二、羊场生产设施与主要设备 ………………………………… (320)
(一)羊场的主要设施………………………………………… (320)
(二)羊场的主要机械………………………………………… (323)
三、羊场废污处理 ……………………………………………… (326)
(一)粪便无害化处理………………………………………… (326)
(二)病死羊尸体的无害化处理……………………………… (329)
(三)废水的处理……………………………………………… (329)

四、羊场的经营管理 …………………………………………… (330)
(一)生产管理……………………………………………………… (330)
(二)经营管理……………………………………………………… (332)
(三)技术管理……………………………………………………… (335)
第十二章　羊的屠宰与产品加工……………………………… (336)
一、羊的屠宰 ……………………………………………………… (336)
(一)屠宰前的准备………………………………………………… (336)
(二)屠宰的工艺流程……………………………………………… (337)
(三)屠宰后的加工工艺…………………………………………… (341)
二、胴体的评价 …………………………………………………… (342)
(一)胴体分级……………………………………………………… (342)
(二)羊胴体剖分…………………………………………………… (344)
(三)评价产肉性能的指标………………………………………… (345)
三、羊肉的贮藏 …………………………………………………… (346)
(一)低温保藏……………………………………………………… (347)
(二)羊肉的冷却…………………………………………………… (348)
(三)羊肉的冷冻贮藏……………………………………………… (352)
(四)冻结肉的解冻………………………………………………… (353)
四、羊产品的初加工 ……………………………………………… (354)
(一)羊肉初加工技术……………………………………………… (354)
(二)羊毛的初加工和贮存………………………………………… (356)
(三)羊皮的初加工和贮存………………………………………… (358)
(四)羊血的加工…………………………………………………… (360)
(五)软组织、下水和胆汁的收集利用 …………………………… (361)
附录……………………………………………………………… (362)
附表　我国羊常用饮料成分及营养价值表……………………… (362)
参考文献………………………………………………………… (369)

第一章　概　论

一、发展种草养羊的重要意义

（一）提供羊肉等系列产品，满足市场需求

羊肉性甘温，益气补中，肌纤维细嫩、柔软，蛋白质及氨基酸含量高，营养丰富，脂肪和胆固醇含量低，有益于人体健康。根据中国预防医学科学院营养与食品卫生研究所测定，在每100克瘦肉中，常食用的几种肉类的营养成分见表1-1。信奉伊斯兰教的民族以消费牛、羊肉为主，许多国家的消费者也青睐牛、羊肉，以减少动物脂肪的摄入和心脑血管疾病的发生。

表1-1　几种主要肉类的营养成分

品　名	热能（千焦）	水分（克）	蛋白质（克）	脂肪（克）	碳水化合物（克）	胆固醇（毫克）
羊　肉	494	74.2	20.5	3.9	0.2	60
牛　肉	444	75.2	20.2	2.3	1.2	58
猪　肉	598	71.0	20.3	6.2	1.5	81
鸡　肉	699	69.0	19.3	9.4	1.3	106
鲤　鱼	456	76.7	17.6	4.1	0.5	84

在我国南方羊肉市场上，黑山羊的地位较高，港澳、东南亚市场将黑山羊称为"补羊"。旧时祭祀所用"三牲"，黑山羊即为其中之一。黑山羊除肉用外，亦被视为滋补品，过去药店中所售"三仙

膏”、“麒羊膏”等，即黑公羊、黑公猪、黑公鸡的骨和皮加配药材熬制而成。

（二）调整产业结构，促进循环农业发展

长期以来，我国农业以种植业为主，2008 年畜牧业占农业总产值的比例仅为 35.5%；在畜牧业中，养猪业一直占有较大比例，牛羊等草食家畜养殖发展相对滞后，2006 年全国肉类产量中，牛、羊肉仅占 13.6%。在当前我国人均耕地面积少、粮食供应不容乐观的形势下，发展节粮型的养羊业，符合当前农业和畜牧业经济结构调整的需要；同时，羊能大量利用牧草和农作物秸秆，羊粪肥田，增加土壤有机质，形成循环经济模式，对实现农业的可持续发展具有重要意义。

（三）增加农民收入，发展农村经济

我国农村的经济基础相对比较薄弱，尤其是在交通、信息不畅的山区，传统的种植业和养殖业缺乏竞争力，经济效益不高，特色产品的开发步伐缓慢，农民致富难度较大。而依托农村丰富的草场和农副产品资源，发展养羊产业，具有一定优势。养羊投资少，见效快，对提高农民收入有较大帮助，对促进农村经济发展也具有积极意义。

（四）带动相关产业发展

通过养羊业，能带动牧草种植、羊系列产品加工、流通运输、仓储、销售、餐饮等多个行业的发展，提供更多劳动就业机会。

（五）与退耕还林、水土保持相协调，改善生态环境

我国南方水热条件好，植被丰富，但由于历史上长期的滥伐、滥垦和滥烧，同样面临生态环境保护问题。近年来，国家已经相继

实施了天然林保护、退耕还林、治理水土流失等工程，以改善生态环境。其基本战略是植被建设，而草地植被防治水土流失、减少地面径流的能力高于灌丛和森林植被，例如生长 3～8 年的林地，拦蓄地表径流的能力为 34%，而生长 2 年的草地即可达到 54%，林地和草地减少地表径流中含沙量分别为 37.5%和 70%。养羊业能很好的与之相配套，只要科学地种植多年生牧草，控制放牧强度，实行舍饲养羊和划区轮牧，完全可以达到减少水土流失、增加土壤有机质含量、改善生态环境的目的。

二、世界及我国养羊业概况

（一）世界养羊业概况

1. 总体情况 羊能提供羊毛、羊肉、羊奶、羊皮等产品，自古以来，养羊业一直与人类生活密切相关。但随着时代发展，世界养羊业的重心也在发生着变化。

羊最初提供的产品是肉、皮、奶，并被用于祭祀。15 至 16 世纪，随着新航路的发现和国际间贸易的扩大，以及人们对高档毛料的追求，毛纺产业迅猛发展，羊毛的需求量逐渐增大，世界养羊业逐渐向毛用方向发展，这期间英国出现了“羊吃人”的圈地运动。到了 19 世纪，随着机器工业革命的出现，毛纺工业进一步发展，世界上培育出了大量的毛用羊特别是细毛羊，推动了毛用羊产业的形成，其中澳大利亚绵羊的数量和羊毛产量长期居世界第一位，号称“骑在羊背上的国家”。20 世纪起，养羊业开始向多极化发展，羊肉的生产和消费显著增长，皮革加工也呈现快速发展。

2. 毛用羊发展情况

（1）绵羊存栏　2008 年，全世界的绵羊存栏数 10.78 亿只，与 1998 年的 10.46 亿只相比，略有增加。主要养羊国家中，中国、印度、苏丹等国的存栏有较大增长，增幅最高的是土库曼斯坦，由1998年的600万只增加至2008年的1 550万只，增加了158%；新西兰、澳大利亚、美国、英国、法国、土耳其等国均有所下降，幅度在15%～25%。

(2)羊毛产量　由于肉用羊的发展，世界羊毛产量有所下降。如2008年的世界羊毛原毛产量219.1万吨，为1998年的93.4%。主要羊毛生产国中，澳大利亚的产量仅为1998年的67.4%，下降最为明显，其他如美国、新西兰等也有20%～30%的下降。羊毛产量最高的国家是澳大利亚，占世界羊毛总产的21.2%，其次是中国和新西兰，前3个国家的产量总和占世界产量的比重为49.2%，接近一半。在全球羊毛产量下降的大背景下，中国、乌兹别克斯坦、伊朗等国的羊毛增产了30%～50%。

(3)存栏绵羊只均产毛量　存栏绵羊只均产毛量持续下降，全世界存栏绵羊1998年只均产毛量为2.24千克，而2008年为2.03千克，下降了10.3%。降幅最明显的国家是土库曼斯坦，下降了60%；其他的澳大利亚、蒙古、西班牙等国下降了17%～28%。尽管澳大利亚、新西兰的只均产毛量有所下降，但其只均产毛量均在4千克以上，仍是世界上生产水平较高的国家。只均产毛量呈现上升趋势的国家主要有伊朗、土耳其、英国、法国等，增幅在20%～30%。

3. 肉用羊发展情况

(1)绵羊、山羊总存栏　2008年，世界绵羊、山羊总存栏量为19.4亿只，比1998年的17.6亿只增加了10.23%，其中山羊的增幅远大于绵羊。从分布上看，亚洲依然是最主要的养羊区，占世界总量的49.8%，其次是非洲，占29.8%。中国是最大的养羊国，2008年的存栏量达到2.86亿只，比1998年增加了11.7%；其次是印度，存栏1.91亿只。主要养羊国家中，中国、巴基斯坦、苏丹、埃塞俄比亚等国的养羊数量有较大增长，澳大利亚、新西兰、英国等呈下降趋势，而印度、伊朗等国基本持平。

(2)*羊肉产量* 世界羊肉产量继续保持增长态势，2008 年羊肉总产 1 317.4 万吨，比 1998 年的 1 084.3 万吨增加了 21.5%。亚洲的羊偏重于肉用，其占世界总量 49.8%的羊，生产了占世界总量 57.5%的羊肉。主要羊肉生产国中，印度、澳大利亚、新西兰的总产量较高，排于中国之后。世界肉羊生产比较集中，排名前 5 个国家的羊肉产量合计占世界总量的 48.6%，接近一半。与 1998 年相比，2008 年羊肉产量超过 10 万吨的 25 个国家中，西班牙、阿富汗、俄罗斯、土耳其、英国、美国、巴基斯坦、蒙古有不同幅度的下降(降幅在 2%～33%)，其余国家均保持增长态势。

(3)*出栏羊只均产肉量* 2008 年，世界出栏羊的平均胴体重为 14.2 千克，与 1997 年的 14.1 千克相比，变化幅度不大。绵羊的出栏平均胴体重为 15.6 千克，高于山羊的 12.3 千克。主要养羊国家(羊肉总产量大于 10 万吨)中，中国、澳大利亚、新西兰、伊朗、印度等国的出栏羊平均胴体重均有所增长，增幅在 0.8～1.6 千克，土耳其、巴基斯坦、尼日利亚等国的变动不大，而英国、苏丹等国呈现下降。出栏羊平均胴体重最高的国家是美国，达到了 30.6 千克，其次是澳大利亚(21.2 千克)和英国(19.5 千克)，中国为 14.3 千克。

(二)我国养羊业概况

近 20 年来，我国养羊业发展迅速，存出栏数量大幅度增长，育成了一批毛、绒、肉用新品种，成就显著。

2008 年，我国绵羊存栏数 13 643.6 万只，占世界绵羊存栏总数的 12.7%，山羊存栏 14 937.7 万只，占世界山羊存栏总数的 17.3%；生产羊肉 380.6 万吨，羊毛(原毛)39.5 万吨，绵羊皮(生) 36.2 万吨，山羊皮(生)35.2 万吨，羊奶(鲜)136.2 万吨，分别占全世界各种羊产品产量的 28.9%、18%、18.4%、33.4%和 6%；人均占有羊肉量 2.7 千克,高于世界平均水平(2 千克)。其中我国绵羊存栏数、山羊存栏数、出栏羊数、羊肉产量、羊皮产量均排在世界第一位,羊毛和羊奶产量分别位居世界第二和第四位。

近 10 多年来进行的波尔山羊引进和杂交利用,是我国养羊业发展的重大事件之一。我国 1995 年首次从德国引进,饲养在江苏、陕西等地,后逐渐在全国铺开,形成一股热潮,席卷全国,价格最高时每只种羊售价 3 万多元。经过了最初的一段炒种热潮后,市场逐渐回到正轨,目前质量较好的种羊一般为 5 000 元左右。这一大起大落的过程,使许多投资者和养殖者经受了洗礼,记忆深刻。就事实而言,波尔山羊的确是适合我国肉羊生产的最优杂交父本,其杂交一代的各月龄体重一般可比地方山羊提高 40%~120%,屠宰率、净肉率等指标也有显著提高,完全可以大范围推广应用,提高肉羊养殖效益。

三、养羊业的发展趋势

(一)总体发展趋势

1. 毛用向肉用方向发展 近几十年来,世界养羊业的发展已由过去的以毛用为主逐渐转向肉毛兼用,进而发展到以肉用为主。其原因主要有两个方面,一是化纤材料的诞生和化工业的迅猛发展,大大压缩了羊毛产业的生存空间;二是经济的发展和人们生活水平的提高,传统的肉食结构逐渐改变,羊肉及羊系列食品日益受到消费者的青睐。

2. 育种方法和手段日新月异 羊的生长速度、繁殖率、屠宰性能、肉质等经济性状多是数量性状,性状的表现受微效多基因控制,遗传力较低,有的则表现较晚,如繁殖性状的遗传力仅为 0.1 左右,表现通常要 1~2 年,较准确的评价则需 2~3 年,所以用传统的遗传育种技术和表型选择来选育经济性状，遗传进展很慢，需要很长的时间和费用。随着现代分子遗传技术的飞速发展，在分子水平为羊的育种提供了新的途径。当前研究较多的有分子标记辅助选择技术和转基因技术，但现阶段可在生产中直接应用的只有分子标记技术，通常称之为分子育种，即采用 DNA 分子标记的多态性分析，将影响数量性状的主基因或与之连锁的基因定位于染色体区段，从而通过基因检测来早期评价生产性能，加快数量性状改良速度和新品种培育。目前对绵、山羊遗传资源进行的分子水平研究，主要集中在繁殖性能、生长发育和肉用性能、产毛（绒）性能等方面，如生长分化因子、骨形态发生蛋白受体、促卵泡素受体基因、肥胖基因等。成立育种协作组，建立长期的育种协作机制，是促进新品种育成的另一手段。

3. 地方品种的保护与开发利用　地方品种是我国养羊业的基础，是开展经济杂交的母本群体。随着高产、高效、专用品种的大规模推广，很多地方品种不断被杂交，畜禽遗传资源日趋贫乏，遗传变异性愈来愈窄，使得遗传资源变得非常重要。地方羊的遗传资源保存，对今后的育种工作具有重要意义。

保护不等于封闭，应当以繁殖率、肉质、泌乳性能、抗病抗逆性为主选性状，以体型、生长速度为辅选性状，进行持续选育；适当进行科学合理的开发利用；为新品种的培育提供素材。

地方品种的保护，主要是划定保种区，构建三级繁育体系，一是核心育种场（保种场），制订科学合理的选育目标和方案规划，实行本品种选育，加大选择指数，不断提高品种的生产性能；二是扩繁场，加强群体测定和种羊选择，建立相关的育种、繁殖等制度，及时调配种羊，与核心场的生产性能保持同步；三是养殖户，加强种公羊管理，统一登记，定期更换种公羊，防止近交衰退。保种区内控制杂交，保持血统纯正。

4. 饲养方式的转变　畜牧业的发展，必须重视生态环境的保护，实现可持续发展。随着国家封山育林、天然林保护、水土保持、退耕还林还草等一系列工程、政策的实施，养羊业必须转变饲养方式。牧区应当实施种草养羊，划区轮牧；农区可利用秸秆等农副产品资源，发展舍饲养羊；在山区，可与退耕还林还草工程相结合，建设人工草地，实行半放牧半舍饲。通过传统养羊方式的转变，实现养羊业的可持续发展。

5. 发展适度规模养殖 加入世贸组织后，市场准入制度、食品安全制度、原产地认证等相继实施，传统的千家万户散养由于管理不便、科技推广难度大、养羊水平不高，已不能适应未来的市场形势。标准化、规模化的生产有利于大宗产品的检验、组织和销售，有利于降低生产成本，提高生产效率和经济效益，由粗放散养向集约化经营转变是当前我国畜牧业发展的特点之一。但规模化并不意味着规模越大越好，而是应该根据当地的牧场资源、草料资源、养殖技术等选择适宜的规模，大群养殖也要从小做起，不能片面追求数量增长。另一方面，可鼓励和引导养羊专业户建立合作社，实现小生产与大市场的接轨。

（二）毛用羊的发展趋势

细毛羊方面，由于毛纺市场对羊毛细度提出了更高要求，世界许多国家开始生产优质羊毛，提高羊毛品质和个体产毛量、培育超细型羊毛品种和精纺细毛型新品种，成为毛用羊的发展趋势。如在澳大利亚，纤维直径在 19 微米以上的羊毛逐渐减产，培育 80～90 支的细毛羊新品种和研究细羊毛加工中的变细技术已经兴起。绒山羊方面，主要是提高产绒量和羊绒品质，特别是羊绒细度性状的选育，是今后一段时期的研究热点。

（三）肉用羊的发展趋势

1. 高效率化 要求品种具有较快的生长速度，优越的肉用性能，较高的繁殖性状，能适应工厂化和集约化的生产条件，在较短的时间内产生最高的经济效益。较多采用的方法是经济杂交，即在现有品种的基础上，引进优良肉羊品种进行杂交和改良。实践经验表明，波尔山羊等品种是较好的杂交父本，它的杂交后代生长速度快、肥育性能好。为了确保杂交后代的质量，必须加强种公羊的培育和选择，并以生长速度、种用特征、精子密度和活力等为指标，进行种羊的等级评定。同时应建立配种站，推广应用人工授精技术，提高优秀种公羊的利用效率。

2. 优质化 近年来，我国畜牧业快速发展，畜禽存栏大幅增加，主要畜禽产品产量成倍增长；与此同时，随着人们生活水平的提高，对食品安全、优质营养提出了更高要求；畜牧业已开始了由数量型向质量型的转变。在肉羊方面，一是要发展优质的羔羊肉，因为羔羊生长较快，蛋白质沉积旺盛，羔羊肉瘦肉多、脂肪含量低、肉质鲜嫩、膻味小、胆固醇含量低，是今后羊肉消费市场的发展趋势；二是建立健全羊肉生产安全质量检测监督体系，控制新鲜度、卫生、兽药残留等指标，供应优质、绿色、安全的羊肉产品，这不仅是国内市场的迫切需求，同时也是参与国际市场竞争的保障。

（李晓锋）

第二章　南方羊的主要品种与引种

一、南方羊的品种特点

(一)山羊品种多、绵羊品种少

根据中国畜禽遗传资源数据库以及相关文献，我国目前共有羊品种 77 个，其中绵羊 31 个、山羊 46 个。其中，分布于南方的绵羊品种和山羊品种分别有 5 个和 29 个，占全国的比例分别为 16.1%和 63%；在南方的 34 个羊品种中，山羊品种占 85.3%，绵羊品种占 14.7%。由此可见，南方养羊是以山羊为主，这与南方的气候、地形地貌、植被、饲养管理方式等均有密切关系。

(二)体格大多偏小

对南方 3 个绵羊品种和 17 个山羊品种的体格数据进行统计分析，其成年公羊体高为 48～83 厘米，平均 59 厘米，成年母羊体高 45～68 厘米，平均 55 厘米；成年公羊体重 28～78 千克，平均 41 千克，成年母羊体重 20～48 千克，平均 33 千克。除雅安奶山羊、南江黄羊体格较大外，其余品种均比较小，而且地理位置越偏南、羊的体格越小，这可能是气候、纬度等生态条件的差异所造成的。

(三)灵活，善攀登

南方人口密度大、人均耕地少，农区养羊数量较少，多数分布在草场资源丰富的山区，并以放牧饲养方式为主，使得南方羊普遍身体灵活，攀登能力强。

(四)毛色杂

以白色为主，兼有黑色、褐色、棕色、黄色，也有的是不同颜色组成的花斑色等。

(五)对潮湿、炎热等气候条件的适应性强

长期的自然驯化，造就了南方羊品种对当地潮湿、炎热气候的适应能力。

二、南方主要绵羊品种

(一)湖 羊

湖羊属羔皮用短脂尾羊。产区位于浙江、江苏间的太湖流域，故名湖羊。该品种以生长发育快、性成熟早、全年发情、繁殖率高、羔皮花纹美观、耐高温湿热而驰名中外，是我国特有的羔皮品种，也是世界上少有的白色、平毛波浪形花纹的羔皮品种。

湖羊源于北方蒙古羊，南宋时期随北方移民南下带入太湖地区饲养和繁衍，经当地群众长期选育，明代已在体型外貌上与北方绵羊有了差异，至清代形成了一个独特的羔皮用绵羊品种。

1. 外貌特征 公、母羊均无角，头狭长，鼻梁隆起，耳大下垂，颈、躯干和四肢细长，肩胸不发达，背腰平直，体质纤细。扁圆形短脂尾，不超过飞节。全身被毛白色，是目前世界上唯一的白色羔皮用羊品种。

2. 生活习性 湖羊对潮湿、多雨的气候具有极强的适应能力，产区为常年小圈喂养的饲养管理条件，一般不适合放牧饲养。

3. 平均体重 成年公、母羊平均体重为 48.7 千克和 36.5

千克。

4. 生产性能 每年春、秋各剪毛 1 次，成年公、母羊剪毛量分别为 1.65 千克和 1.17 千克，净毛率 55%，羊毛属异质毛型，适宜织地毯和粗呢绒；被毛纤维类型重量比：细毛占 80%～90%，两型毛占 0.47%～0.56%，粗毛占 9%～19%，干死毛占 0.09%～0.17%；羔皮花纹呈波浪状，分大花、中花和小花型，以中花、小花、小中毛的羔皮质量最优，小花长度 1～2 厘米，小中毛 2.1～2.5 厘米，中毛 2.6～3 厘米；初生至 2 日龄宰剥的为“小湖羊皮”，皮板薄而轻柔，毛色洁白如丝，光耀夺目，毛纤维束弯曲呈水波纹图案，弹性强，洁白美观，是制作皮衣的优质原料，被誉为“软宝石”，在国际市场享有盛名；羔羊生后 60 天以内宰剥的皮称为“袍羔皮”，皮板薄而轻，毛细柔，光泽好，是上好的裘皮原料。

屠宰率为 40%～50%。

5. 繁殖性能 性成熟早，母羊 4～5 月龄性成熟，可全年发情配种，但多集中于春末和秋初，繁殖率高，可 2 年产 3 胎或 1 年产 2 胎，每胎产羔 2～3 只，平均产羔率 212%。

(二)威宁绵羊

威宁绵羊属粗毛羊，主产于贵州省威宁县，分布于贵州省的赫章、毕节、大方、纳雍、水城、盘县、黔西、织金、金沙等县。产区海拔高，气温低，牧地广阔。中心产区的威宁县，海拔 2 234 米，年平均气温 10.6℃，年平均降水量 971.4 毫米，无霜期 208 天。植被为常绿阔叶混交林，灌丛和牧草丰富，为饲养绵羊提供了有利条件，并形成了威宁绵羊耐粗饲、适应性强的性能。

1. 品种特征 公羊多数有角，一般呈半圆形，少数为螺旋形；母羊少数有角，仅为退化的小角。鼻梁凸隆，颈细长，体躯较窄，后躯比前躯高，腹较大，腰欠丰满，臀部略倾斜，骨骼较细，腿较长，尾短瘦呈锥形。异质毛被，主要部位为白色，头部的耳、脸、唇及四肢下部多有黑色、黄褐色的斑点，全身白色者极少。

2. 体尺体重　成年公羊平均体高、体长、胸围和体重分别为：59.3厘米、57厘米、72.5厘米和34.6千克；成年母羊分别为：58.7厘米、57.9厘米、72.8厘米和32.5千克。

3. 生产性能　威宁绵羊属粗毛羊，异质被毛，外层为粗毛和两型毛，少弯曲，内层为绒毛。羊毛油汗少。全身被毛覆盖较差，颈下缘、前肢肘关节以下、后肢股骨以下和腹下基本无绒毛。每年剪毛3次，全年产毛量0.7千克，公羊剪毛量略高。净毛率公羊为70%、母羊为67%。

成年阉羊的屠宰率为45.3%。

4. 繁殖性能　一般为1年1胎1羔，繁殖成活率为55%～62%。

5. 适应性　威宁绵羊体质结实，极耐粗饲，特别适应贵州、云南等地的高海拔山区饲养。以威宁绵羊作母本，用细毛公羊和半细毛公羊引进杂交，已取得明显成效，其后代体重、产毛量和毛的品质等都有不同程度的提高。

(三)昭通绵羊

昭通绵羊主产于云南省的昭通地区，分布于昭通市下辖的11个县。产区属云贵高原，海拔267～4 040米，山高谷深，地形地貌复杂，多为山地和小块草场。在彝良、昭通和永善3县的交界地段，有高山将昭通地区分为岭南和岭北两大片。

1. 品种特征　昭通绵羊属藏系短毛型山地粗毛羊，短尾羊系统。头长适中而较深，鼻梁稍隆起，眼眶稍突出，一般无角，耳有长耳与短耳两种，短耳群体较小，仅占7.4%，长耳一般耳长10～12厘米，最长者14.5厘米，尾长12～25厘米，呈长锥形。颈细长，鬐甲稍高，背腰平直而窄，胸较深，肋骨微拱，腹线呈弧形，四肢较高，结构良好，体质结实。被毛多为白色，属异质毛，毛丛结构不明显，少数母羊有毛丛结构，并有扭波弯曲。头部、前肢腕关节以下、后肢飞节以下为刺毛。毛色全白色者占2%，体躯全白者占96.59%，体躯有花斑者占1.41%；头、肢及尾根有花斑者居多。

2. 体尺体重 公羊初生为3.1千克，6月龄为16千克，周岁为25.5千克，成年为40.6千克。母羊相应为2.8千克、14千克、23.8千克和31.7千克。昭通绵羊成年公羊平均体高、体长、胸围分别为63.31厘米、68.41厘米和84.13厘米，成年母羊分别为61.11厘米、65.31厘米和79.05厘米。

3. 生产性能 每年剪毛3次，年剪毛量为0.8～1.0千克。羊毛品质：母羊细毛占(重量比)66%，两型毛占33.2%，有髓毛占0.77%。羊毛细度：细毛为27.7微米，两型毛为58.6微米，有髓毛为64.2微米。毛长为7～10.5厘米，净毛率为77%。被毛品质佳，是地毯和擀毡的优质原料。屠宰率为46%。

4. 繁殖性能 产羔率为90%。

5. 适应性 昭通绵羊体型紧凑，体质结实，善于爬山，适合放牧。

三、南方主要山羊品种

(一)南江黄羊

南江黄羊产于四川省南江县，是以纽宾奶山羊、成都麻羊、金堂黑山羊为父本，当地山羊为母本，采用复杂育成杂交方法培育的，后又导入吐根堡奶山羊以及少量努比羊血液，是我国第一个肉用山羊培育新品种(1998年，农业部批准)。

1. 外貌特征 被毛黄色，毛短紧贴皮肤，富有光泽，面部毛色黄黑，鼻梁两侧有一对称的浅色条纹，自枕部沿背脊有一条明显的黑色背线，十字部后渐浅，被毛内侧有少许绒毛。公羊颜面毛色较黑，前胸、颈肩、腹部及大腿着生黑黄色粗长被毛，头略显粗重，母羊颜面清秀。有角或无角。头大小适中，耳大长直或微垂，额宽面平，鼻微拱。体格高大，体躯略呈圆桶形，公羊颈粗短，母羊颈细长，颈肩结合良好，前胸深广，肋骨开张，背腰平直，尻部略斜，四肢粗壮，蹄质坚实呈黑黄色，母羊乳房发育良好。

2. 生长发育　羔羊平均初生重为 2.3 千克；2 月龄体重公羊 13 千克、母羊为 11 千克；周岁公、母羊体重分别为 32～38 千克和 26～28 千克；成年公羊体重 50～70 千克，母羊 38～50 千克。

3. 繁殖性能　性成熟较早，母羊 8～10 月龄体重达 25 千克开始配种，公羊 12～18 月龄体重达 35 千克参加配种。母羊常年发情，发情周期平均为 19.5 天，妊娠期 148 天，1 年 2 胎或 2 年 3 胎，胎平均产羔 1～2 只，年产羔率 200%左右，繁殖成活率 90%。

4. 产肉性能　阉羊 6 月龄、8 月龄、10 月龄屠宰率分别为 43.98%、47.63%和 47.70%；周岁屠宰率为 49%，净肉率 38%；成羊阉羊屠宰率为 55.65%。最佳屠宰期 8～10 月龄。

板皮细致结实，厚薄均匀、抗张力强、延伸率大、弹性好，成年羊鲜皮面积平均为 8 500 平方厘米。

5. 适应性　可常年放牧饲养，除恶劣天气、冬春季节外，一般不补饲，饲养成本低。

6. 杂交利用效果明显　适合广大农区、山区饲养，现已推广到 20 余个省、市、区。经推广验证，南江黄羊不仅适应我国南方气候，也适应北方部分省区，如秦巴山区、太行山区、沿海一带的生态环境，放牧与圈养都能表现出优良的生产性能。利用南江黄羊改良地方山羊效果十分显著，周岁杂交一代羊与同龄地方山羊相比，体重提高范围在 66%～110%。

(二)马头山羊

肉用型优良地方品种，因头部无角、形似马头、体格较大、外形近似白马驹而得名，当地也称狗头山羊、葫芦头山羊。中心产区在湖北省的郧西、房县、郧县、竹山、竹溪、巴东、建始等县，陕、川、豫、湘与湖北省接壤一带亦有分布。中心产区饲养量64.8万只(2006年调查数据)。

产区地处鄂西山区，属亚热带暖湿季风气候，年平均气温15℃～16℃，年均降水量800～1 600毫米，年无霜期150～230天。区内有秦岭、武当山、荆山、大巴山、巫山山脉，万山重叠，地势高峻，海拔1 000米左右，山地约占80%左右，植被覆盖率60%～70%，以温暖湿润型的灌木居多。

1. 品种特征 全身被毛白色，底绒较少，肤色粉红，公羊被毛较母羊长，母羊毛短贴身。公、母羊均无角，有胡须，部分颌下有肉垂，额微凸，鼻梁平直。公羊头略宽，眼大突出，耳大下垂；母羊头清秀，眼较大而微鼓，耳小前伸。颈短粗而宽厚，与肩结合良好。公羊颈部有蓑衣毛，且年龄越大、此毛越长。体型长方，较高大，胸宽而深，前胸饱满，背腰平直，肋骨开张良好。腹圆大而紧凑。尻宽而略斜，臀部肌肉丰满。公羊体态雄壮，睾丸圆大；母羊乳房基部较大，乳头整齐明显。四肢短壮，蹄质坚实，呈淡黄色或灰褐色。尾小、短，呈三角形，向后上方翻卷。体质偏于细致疏松型，全身结构匀称，行动敏捷，登山能力较强。

2. 体尺体重 公、母羊平均初生重分别为1.9千克和1.8千克。公羊3月龄重14千克，母羊12千克。成年公羊体高、体斜长、胸围、体重分别为65.2厘米、77.1厘米、82.9厘米和43.8千克，成年母羊相应指标分别为62.6厘米、72.2厘米、78.4厘米和39.3千克。

3. 繁殖性能 4～5月龄性成熟，初配年龄为6～8月龄，公羊利用年限一般为4～5年，母羊为5～8年。可常年繁殖，但以春季、秋季发情配种较多；发情周期平均为20天，持续1.5～3天，产后发情一般为15～25天。怀孕期148～152天，平均150天，1年产2胎或2年3胎，初产母羊多为单羔，经产母羊多为双羔，年产羔率278%，成活率90%。

4. 肉用性能　在自然饲养条件下对周岁羊进行屠宰分割，公羊的宰前重、屠宰率、净肉率、肉骨比、眼肌面积分别为36.15千克、54.69%、47.68%、6.93和20.35平方厘米，母羊的相应指标分别为28.92千克、50.01%、42.57%、5.76和10.78平方厘米。

板皮幅面大，成年羊达8200平方厘米，洁白，弹性好，特优级皮占43%左右。

5. 适应性　饲养管理适应性较强，在海拔1000～3000米的地区皆能正常繁衍，采食能力强，耐粗饲，春、夏、秋以放牧为主，冬季舍饲与放牧相结合。

（三）黄淮山羊

黄淮山羊是中原地区的皮肉兼用型优良地方品种，又称槐山羊、安徽白山羊、徐淮白山羊，主要分布在河南、安徽及江苏3省接壤的黄淮平原地区，包括河南的周口、驻马店，安徽的阜阳、宿县、滁县、六安以及江苏的徐州、淮阴等市、县。产区属暖温带半湿润季风气候，地形为平原及部分丘陵，年平均气温13℃～16℃，无霜期210～240天，年均降水量为741～1000毫米，空气相对湿度70%～80%，水源充足，土壤肥沃，农副产品资源丰富。

1. 品种特征　黄淮山羊结构匀称，骨胳较细。鼻梁平直，面部微凹，下颌有髯。分有角和无角两个类型，有角者，公羊角粗大，母羊角细小，向上向后伸展呈镰刀状；无角者，仅有0.5～1.5厘米的角基。颈中等长，胸较深，肋骨拱张良好，背腰平直，体躯呈桶形。公羊体格高大，四肢强壮。母羊乳房发育良好、呈半圆形。毛被白色，有光泽，毛短有丝光，绒毛很少。

2. 体重体尺　公羊平均初生重为2.6千克、母羊为2.5千克，2月龄公羊体重为7.6千克、母羊为6.7千克，当年春产公羔9

月龄可达 22 千克、母羔 16 千克。成年公羊体高、体长、胸围和体重分别为 65.98 厘米、67.37 厘米、77.66 厘米和 33.9 千克，成年母羊分别为 54.32 厘米、58.09 厘米、71.17 厘米和 25.7 千克。

3. 屠宰性能 产区习惯于春羔当年屠宰，7～10 月龄的阉羊宰前重平均为 21.9 千克，屠宰率 49.3%；母羊宰前重 16 千克，屠宰率 47.1%；6 月龄公羔屠宰率 48.0%，净肉率 42.5%，肉骨比 3.81，眼肌面积为 7.52 平方厘米。个别也有到成年时屠宰的，成年阉羊宰前重平均为 26.32 千克，屠宰率 45.9%。

4. 繁殖性能 公羊 3 月龄性成熟，5～6 月龄体成熟，利用年限 4～5 年。母羊 3～4 月龄性成熟，4～5 月龄体成熟，发情周期 19 天，发情持续期 39.6 小时，妊娠期 151.8 天，1 年 2 胎或 2 年 3 胎，平均产羔率 215%，利用年限 6～7 年。

5. 皮毛特性 板皮一般取自晚秋、初冬宰杀的 7～10 月龄羊，面积为 1 889～3 555 平方厘米，皮重 0.25～1 千克。板皮呈蜡黄色，油润光亮，毛孔细小，分层多而不破碎，拉力强而柔软，弹性好，是优良的制革原料。

(四)长江三角洲白山羊

皮肉兼用及笔料毛用地方山羊品种。产区包括江苏南通、苏州、扬州、镇江和浙江的嘉兴、杭州、宁波、绍兴等地，因中心产区集中在海门、启东一带，故又称为“海门山羊”。

产区位于中纬度地带，属亚热带气候，温和湿润，雨量充沛。年平均气温 15℃～16℃，年降水量 1 200～1 400 毫米，空气相对湿度 80%，无霜期 220～240 天。境内水源丰富，湖泊、河流众多，土壤肥沃，农副产品资源丰富，因人多地少、无放牧地，养羊均采用舍饲。

1. 体型外貌 体格中等偏小。全身被毛短而直，毛洁白，富光泽，弹性好，绒毛较少，公羊肩胛前缘、颈和背部毛较长。头呈倒三角形，面微凹，公、母羊均有角，大多向后上方倾斜呈八字形，公羊角粗，长度17厘米左右，母羊角细短，长约11厘米。颌下有髯，公羊额部有绺毛。公羊颈部粗短、背腰平直、前胸较发达、后躯较窄；母羊颈细长、背腰微凹、前胸较窄、后躯较宽深。

2. 体重体尺　初生重公羔1.2千克，母羔1.1千克；周岁体重公羊16.4千克，母羊14.9千克；成年公羊体重28.6千克，母羊18.4千克，阉羊16.7千克。成年公羊平均体高、体长和胸围分别为48.4厘米、52.5厘米和60.9厘米，成年母羊的分别为45.5厘米、49.3厘米和56.8厘米。

3. 繁殖性能　性成熟早，母羊6～7月龄可初配，经产母羊多集中在春、秋两季发情，可2年产3胎，初产羊每胎产1～2羔，经产母羊每胎2～3羔，产羔率224%。

4. 肉用性能　当地习惯连皮宰食，一岁羊屠宰率一般为48.7%，成年羊为45.9%，剥皮羊在35%～45%。

5. 皮毛特性　皮张较小，皮质致密柔韧，富光泽，弹性好，是制革的优质原料。羊毛洁白，挺直有峰，具光泽，弹性好，可制作毛笔。

(五)雷州山羊

雷州山羊是我国热带地区的皮肉兼用型优良地方品种，主要分布于雷州半岛和海南岛一带，因此而得名，中心产区位于广东省徐闻县。

徐闻县位于雷州半岛最南端，属南亚热带温暖湿润气候，年平均气温23.2℃，最高气温36℃，最低气温5℃，年降水量1 400毫米，空气相对湿度84%，光照充足，无霜期365天。产区多为丘陵地带，农副产品资源丰富，丘陵地区灌木林与草地多，饲养方式为放牧加补饲，耐粗饲，耐湿热。

1. 体型外貌　全身被毛短而密，有光泽，无绒毛，股部、背部、尾部的毛较长，公羊尤其显著。被毛多为黑色，少数为麻色及褐色，麻色者背线、尾及四肢前端多为黑色或黑黄色，有的面部有黑白相间的纵条纹。面直，额稍突出，公、母羊均有角，公羊角粗大，长 20～40 厘米，角尖向后方弯曲，并向两侧开张。耳中等大，向两侧竖立开张，颌下有髯。公羊颈粗，母羊颈细长，鬐甲稍高起，胸略窄，背腰平直，十字部高，臀部短狭而倾斜，腹大而下垂。母羊乳房发育较好，呈球形。

雷州山羊按体型可分为高脚和矮脚两个类型。高脚型体高，腹部紧缩，乳房不发达，好走动，善攀登，喜吃灌木枝叶，数量较少；矮脚型体较矮，骨细，腹大，乳房发育良好，生长快，放牧时采食较为安定，饲养较普遍。

2. 体重　初生重公羊 2.3 千克、母羊 2.1 千克；6 月龄公羊体重 15.4 千克、母羊 13.1 千克；周岁公羊体重 31.7 千克、母羊 28.6 千克；成年公羊体重 45～50 千克、母羊 38～45 千克。

3. 繁殖性能　4 月龄性成熟，11～12 月龄初配，常年发情，发情周期 18 天，怀孕期 147 天，1 年产 2 胎或 2 年产 3 胎，每胎产羔 1～2 只，窝产羔率 150%～200%，矮脚种多产双羔，高脚种多产单羔。

4. 屠宰性能　屠宰率 42%～46%，肥育后的羊屠宰率 50%。

5. 皮毛特性　雷州山羊板皮薄，细致紧密，弹性好。

(六)贵州白山羊

贵州省优良地方山羊品种。产于黔东北的乌江中下游地区，包括遵义、铜仁地区，黔东南、黔南地区亦有分布，中心产区在沿河、思南和务川等县。

产地主要为黔东北中山峡谷地区，其次是黔东低山丘陵，属云贵高原东斜坡向四川盆地及湘西丘陵的过渡地带，地势西高东低，海拔在 500～1 200 米，山高坡陡，山间有零星盆地，地形复杂。气候温暖湿润，年平均气温 15.5℃～21℃，年降水量 1030～1 355 毫米，无霜期 250～290 天。农副产品丰富，灌木、草地广阔。

1. 体型外貌　头宽额平。公、母羊均有角，角型有两种，一种是半圆角(镰刀角)，向后上方伸展，另一种为扁平角，向后外伸展。颌下有须。公羊额上、颈部有卷毛。颈部较圆，部分母羊颈下有肉垂。胸深，背宽平，体躯呈圆桶状，四肢较短，体型中等。被毛以白色为主，其次为麻、黑、花色，毛粗而短；少数羊鼻、脸、耳部皮肤上有灰褐色斑点。

2. 体重体尺　公羊初生重 1.7 千克，母羊为 1.6 千克；公、母羊 3 月龄体重分别为 8.1 千克和 7.5 千克；周岁公羊体重 19.6 千克，周岁母羊 18.3 千克；成年公羊体高、体长、胸围和体重分别为 52.9 厘米、55.7 厘米、74 厘米和 32.8 千克，成年母羊的分别为 52.5 厘米、59.1 厘米、73.4 厘米和 30.8 千克。

3. 繁殖性能　4～5 月龄性成熟，8～10 月龄初配。常年发情，以春、秋两季为多，发情周期 17～20 天，发情持续期 2 天，1 年产 2 胎或 2 年 3 胎，妊娠期 150 天，平均年产羔率 274%。

4. 屠宰性能　一般在秋、冬两季屠宰。肥育后的周岁阉羊平均活重 24.1 千克，屠宰率 53.3%，净肉率 36.6%；成年阉羊的上述指标相应为 47.5 千克、48.9%和 40%。

5. 皮毛特性　板皮属四川路，厚薄均匀，柔韧，纤维致密，毛孔细小，拉力强，弹性好，张幅面积在 3 000～6 000 平方厘米，干皮重为 500～700 克。

(七)湘东黑山羊

湖南省优良地方山羊品种，因中心产区位于浏阳市，且绝大部分毛色纯黑，所以又名浏阳黑山羊，毗邻的醴陵、株洲、长沙、平江等地也有分布。

1. 体型外貌　湘东黑山羊皮肤薄、毛较稀，体格小，骨骼较细，是一个早熟的小型肉皮兼用品种。头小而清秀，眼大有神，耳斜立，额微突起，鼻梁稍拱。公、母羊均有角，稍扁，呈灰黑色，公羊角向后侧伸展，呈铲刀状；母羊角较短小，向外上斜伸，呈倒八字形。颈稍细长，颈肩结合良好，胸部窄，后躯较前躯发达，十字部高于鬐甲，体躯稍呈楔状。公羊背腰平直，母羊腰部稍凹陷。四肢短直，蹄壳坚实。被毛黑色光亮，公羊的被毛比母羊的稍长。冬季公、母羊均着生一层浅灰色的贴身绒毛，称之为"内衣"。

2. 体重 羔羊初生重1.76～1.84千克；周岁公羊体重为17千克，母羊为16千克；成年公羊体重25～30千克，母羊24～29千克。

3. 繁殖性能 公羊6～8月龄初配，利用年限6～8年。母羊3～4月龄初情，4～5月龄初配，1年2胎或2年3胎，窝平均产羔1.7～1.9只。

4. 肉用性能 阉羊的屠宰率为44%，母羊为41%，肉质好。

（八）建昌黑山羊

皮肉兼用型优良地方山羊品种，主要分布在四川省凉山彝族自治州，中心产区为会理县，周边的会东、德昌、米易、盐边、西昌等县、市也有少量分布。

产区地处云贵高原和青藏高原之间的横断山脉延伸地带，境内山峦起伏，沟谷纵横，金沙江、雅砻江、安宁河及其支流分布全境，属亚热带暖温地区，气候随海拔高度而发生明显的垂直性变化，年平均气温15.2℃，年降水量1 137毫米，空气相对湿度69%～70%，无霜期200天左右。草山草坡面积大，牧草茂盛，农作物秸秆资源丰富。

1. 体型外貌 被毛有长、短之分（长毛者约占总数的9%），毛色以黑色为主（占75%），也有黄、白、灰和杂色。被毛富有光泽，内层生长有短而稀的绒毛。头部略呈三角形，鼻梁平直，两耳向侧上方平伸。多数有角、有髯，公羊角粗大，呈镰刀状，略向后外侧扭转，母羊角较小，多向后上方弯曲并向外侧扭转，部分羊角稍竖立或向后下方弯曲，少数羊颈下有肉垂。体格中等大小，结构匀称紧凑，体质结实，四肢强健有力，行动灵活，善攀登。

2. 体尺体重　平均初生重公羊 2 千克、母羊 1.8 千克，2 月龄体重平均为 7.1 千克，周岁公羊体高、体长、胸围和体重分别为 52.2 厘米、61.7 厘米、72.5 厘米和 27.4 千克，周岁母羊分别为 50 厘米、58.7 厘米、67 厘米和 22.1 千克。成年公羊平均体高、体长、胸围和体重分别为 57.7 厘米、60.6 厘米、73.6 厘米和 38.4 千克，成年母羊的分别为 56 厘米、57.7 厘米、70.7 厘米和 28.9 千克。

3. 繁殖性能　公羊 7～8 月龄性成熟，通常在 1～1.5 岁正式配种；母羊 4～5 月龄初情，一般在 7～8 月龄开始配种。母羊发情周期 15～20 天，发情持续期 2～3 天，怀孕期 150 天左右，可四季发情，但以春、秋两季较多。繁殖率不高，据会理县 252 胎统计，每胎产一羔的占 86.5%，产双羔的占 11.1%，产三羔占 2.4%，平均窝产羔率为 116%。

4. 产肉性能　成年公羊屠宰率为 44%、净肉率 32%，成年母羊的分别为 48%和 34%；8～12 月龄阉羊宰前体重 22 千克左右，屠宰率 43%～45.1%。

5. 皮毛特性　板皮属于云贵路，张幅较大，周岁羊鲜皮面积为 5 000～6 400 平方厘米，成年羊在 7 000 平方厘米左右，厚薄较均匀，结实而富有弹性。羔皮较柔软，富有光泽，部分具有波浪形花纹，可做高档皮衣。

(九)川东白山羊

主要分布在重庆市及四川省达川市，其中巫山、奉节、云阳等县数量多，但体格较小，永川地区合川县的体格较大，而数量较少。

产区地处大巴山、大娄山、巫山一带，东部群山耸立，山高谷深，西部丘陵连绵，地势较为开阔，海拔在 100～3 000 米，川东白山羊主要分布在 500～1 500 米的低山和丘陵地带。产区草山草坡面积大，农作物秸秆资源丰富。

1. 体型外貌 按外貌特征和体格大小可分为两个类别。大型的分布在合川县等农业发达地区，其被毛粗短，白色占总数的 60%，公、母羊均有角和须；公羊额微突，额毛较长，头、颈、肩、臂、背脊及后腿膝部均被长毛覆盖；公羊颈粗短，母羊颈细长；背腰较长而平直；胸部发达，肋骨拱张良好；四肢粗壮，蹄质坚实呈白色。小型的分布在奉节、巫山、云阳，其被毛白色居多，占 70.9%，黑色及黑花占 26.5%，杂色占 2.6%。约有 90%的个体被毛内层长有绒毛。公羊被毛粗长，母羊被毛较短，少数母羊前胸腹下与大腿有长毛。公、母羊绝大多数有角和须，个别羊颈下有肉垂。角短，多呈镰刀形并向两侧扭曲。头部大小适中，颈短，胸腹深广，背腰宽平，四肢结实。

2. 体尺体重 大型羊初生重公、母羊分别为 1.9 千克和 1.6 千克，周岁公、母羊体重分别为 26.2 千克和 20.5 千克，成年公、母羊体高分别为 61.7 厘米和 54.9 厘米，体重分别为 33.4 千克和 30.8 千克。小型的初生重公、母羊分别为 1.62 千克和 1.55 千克，周岁公、母羊体重分别为 14.2 千克和 15.3 千克，成年公、母羊体高分别为 50.7 厘米和 47.8 厘米，体重分别为 19.2 千克和 21 千克。

3. 繁殖性能 公羊在 6～7 月龄、体重 20～30 千克时初配。母羊一般 5～6 月龄初情，6～7 月龄初配；大型羊发情较早，高山区的小型羊有迟至 1 岁才发情配种的。发情周期 20 天左右，发情持续期 2～3 天，怀孕期 140～155 天。可常年发情配种，但以秋配较多。多数羊年产 1 胎，头胎多产单羔，经产的多产双羔，其中大型羊的繁殖力比小型羊的略高。平均产羔率 202%，利用年限 3～5 年。

4. 产肉性能　肉用性能中等，当地群众习惯在冬季宰杀阉羊。小型阉羊周岁屠宰率 45.6%，净肉率 33.9%，成年阉羊屠宰率 46.2%，净肉率 35.9%，成年母羊屠宰率 44.9%，净肉率 33.3%。大型的屠宰率和净肉率稍高。

5. 皮毛特性　板皮属于四川路。皮层紧密，光洁度好，柔韧，抗拉力强。低山地区饲养条件较好，羊的屠宰年龄较小，板皮厚薄均匀，伤残少，品质较好；高山地区的屠宰年龄大，板皮伤残多，质量较差。

（十）成都麻羊

肉皮兼用型优良地方品种，产于四川盆地西部的成都平原及其邻近的龙门山脉中段丘陵和低山地区，因其被毛呈棕黄色，光亮如赤铜，故又名四川铜羊。主要分布区包括双流、大邑、金堂、邛崃、崇州、新津、龙泉驿、青白江、都江堰、汶川等县、市，中心产区在双流县。

产区气候温和，温差小，年平均气温 16℃，年降水量 900～1 010 毫米，春季多阴雨，冬季多雾，空气相对湿度 82%～88%，无霜期 281～339 天。灌木及杂草种类繁多，农副产品丰富。

1. 体型外貌　全身被毛短，四肢及腹部毛稍长，有光泽，呈棕黄至深褐色，腹部毛色较浅，毛尖呈黑色，视觉上为黑麻色，故称为麻羊。体躯上有两处明显的异色毛带，一处俗称“十字架”，是黑色背线与从肩胛至蹄部的黑色毛带形成的交叉；另一处俗称“画眉眼”，是面部的两条纺锤形浅黄色毛带。头中等大，额宽而微突，鼻梁平直，两耳中等长并侧伸，大多有角，公羊角粗大，向后方弯曲并略向两侧扭转，母羊角短小，多呈镰刀状，公羊及多数母羊下颌有髯，部分羊颈下有肉垂。颈肩结合良好，背腰平直，尻部略斜，肢蹄壮实，蹄黑色、坚实，尾短上翘；公羊前躯发达，体态雄健，母羊后躯深广，体型较清秀，略呈楔形。

2. 体尺体重 公、母羊初生重分别为2千克和1.9千克，2月龄体重公羊9千克、母羊8.7千克。周岁公羊体重28千克、体高58厘米、体长62厘米和胸围69厘米，周岁母羊的依次为22千克、54厘米、58厘米和62厘米。成年公、母羊体重分别为42千克和32千克，体高分别为66厘米和59厘米，体长分别为69厘米和65厘米，胸围分别为77厘米和69厘米。

3. 产肉性能 屠宰率45.4%～51.4%，净肉率32%～38%。鲜肉中脂肪含量1.5%、蛋白质22%。

4. 繁殖性能 4～6月龄性成熟，母羊8月龄、公羊8～10月龄初配。母羊常年发情，但以春、秋两季为多，发情周期20天左右，发情持续期2～3天，产后第一次发情时间30～50天。妊娠期平均148天，平均年产1.7胎，有的1年产2胎或2年产3胎，初产羊窝平产羔率151%，经产的210%。泌乳性能好，泌乳期5～8个月，可产奶150～200千克，乳脂率6.47%。

5. 板皮性能 为四川路板皮的代表，板皮面积5 000～6 000平方厘米，甲级皮占55%～85%，皮板致密，质地柔软，厚薄均匀，强度大，弹性好，耐磨损，是制革的上等原料。

(十一)麻城黑山羊

肉皮兼用型优良地方品种，中心产区为湖北省麻城市，主要分布于鄂东北大别山地区的安徽金寨、河南新县、光山，湖北红安、新洲、罗田、团风等县、市。

产区地势东北高西南低，海拔25～1 337米。属亚热带大陆性季风气候，年平均气温16℃，最高气温41.5℃，年平均降水量1 100毫米，河流多，水资源丰富。草山草坡面积大，多为二级草场；农作物秸秆资源丰富。

1. 体型外貌 全身被毛黑色，毛短贴身，有光泽，有少量绒毛，公羊被毛较母羊长。头部大小适中，面长额宽，鼻梁直，有角或无角,无角羊头略长,近似马头,有角羊角粗壮,公羊角更粗,多呈弧形向后弯曲,耳较大,稍下垂,有髯。母羊颈细长清秀,公羊颈短粗雄壮,无肉垂。胸部宽深,肋骨开张,背腰较平直,四肢健壮,体质结实,全身结构匀称,行动敏捷,善攀登。

2. 体重体尺　初生重公羊 1.93 千克、母羊 1.73 千克,周岁公、母羊体重分别为 30.4 千克和 25.3 千克。成年公羊体重 44～50 千克、体高 68 厘米、体长 72 厘米、胸围 85 厘米,成年母羊分别为 38～45 千克、64 厘米、69 厘米和 82 厘米。

3. 肉用性能　在全年放牧的条件下,周岁阉羊平均体重 35 千克,屠宰率 52.5%,净肉率 43.2%。鲜肉中蛋白质含量 20%～21%、脂肪 1%～3%。

4. 繁殖性能　4～5 月龄性成熟,8～10 月龄初配。母羊常年发情,但以春、秋季为多,发情周期 21 天左右,怀孕期 150 天。1 年 2 胎或 2 年 3 胎,初产羊窝平产羔率 175%,经产羊 215%。

5. 产乳性能　母羊哺乳期的产乳量为 106 千克,乳脂率 5.8%～6%、乳蛋白 4.4%～4.6%,乳糖 4.4%～4.7%。

6. 板皮性能　皮板张幅较大,厚薄均匀,致密柔软,强度大,富有弹性,可制革。羔皮乌黑发亮,质地柔软,是制作裘皮的高档原料。

(十二)雅安奶山羊

是由莎能奶山羊与陕西、河南奶山羊级进杂交选育而成。中心产区在雅安市。

1. 外貌特征　被毛白色,毛粗而短,无底绒,皮呈粉红色,部分羊有黑斑。体格高大,结构匀称,乳用型明显,肌肉不丰满。头长额宽,多有角,微向后上方扭转,耳长前伸,有胡须。公羊颈部粗圆,母羊颈细长,颈肩结合良好。胸宽深,肋开张,背腰平直,腹大不下垂,尻部长、宽。母羊乳房容积大,附着紧密,柔软而有弹性,乳头大小适中。四肢结实,蹄壁蜡黄色。

2. 生产性能 成年公羊体重78千克、体高83厘米,母羊分别为48千克和68厘米。初配年龄公羊1.5岁,母羊8～10月龄,常年发情,年产1胎,年产羔率186%。母羊年平均泌乳278天,产乳691千克,乳脂率3.5%左右。屠宰率51%,净肉率40%。

(十三)宜昌白山羊

皮肉兼用型地方山羊品种。主产于鄂西南山区的宜昌和恩施。

产区海拔33.6～3 052米,地形地貌复杂,地势高低悬殊,分高山、二高山和低山,气候垂直差异大,属亚热带大陆性季风气候,又兼有暖温带、冷温带气候的某些特点,年平均气温13℃～16℃,无霜期230～250天,年降水量960～1 740毫米,水资源丰富,溪流众多,土壤微酸性。植物种类繁多,植被覆盖率70%,草场和农副产品资源丰富。

1. 体型外貌 全身被毛白色,毛短贴身,绒毛少,公羊被毛较长。头大小适中,额微凸,鼻梁平直,有角,向两后侧倒偏,角基扁粗,有胡须。公羊颈短粗、雄壮,母羊颈较细长、清秀,部分颈下有肉垂。体型中等,胸宽而深,背腰平直,十字部略高于鬐甲,腹大而圆,尻宽而略斜,尾短上翘,四肢强健有力,蹄质坚实,体质细致紧凑,全身结构匀称。

2. 体尺体重 初生重公羊1.72千克、母羊1.65千克,90日龄断奶重公羊8.9千克、母羊7.9千克。成年公羊体高、体长、胸围、体重分别为36厘米、64厘米、68厘米和33千克;成年母羊的依次为29厘米、51厘米、60厘米和27千克。

3. 繁殖性能 5月龄性成熟,初配年龄一般为8月龄,四季发情,春、秋两季配种较多。母羊发情周期19天,持续2～3天,妊娠期149天,窝平均产羔率191%。

4. 肉用性能　自然饲养条件下，周岁公羊宰前活重为 23.8 千克，屠宰率 47.6%。

5. 板皮　国际市场上誉为宜昌路。板皮呈杏黄色，厚薄均匀，纤维细致，弹性好，拉力强，油性足，具有坚韧、柔软、革面细腻、出革率高等特点，可分剥数层，通气透光，保暖性能好，经济价值高。6 月龄板皮面积 3 600 平方厘米，12 月龄 4 400 平方厘米，18 月龄 5 800 平方厘米。

(十四)圭山山羊

云南省乳肉兼用型地方品种。中心产区为石林彝族自治县，主要分布于陆良、师宗边界沿普拉河谷至弥勒县中部的圭山山脉一带。

产区多数地区属河谷地带，海拔 1 800～2 400 米。兼有亚热带森林气候特点，年平均气温 15.5℃，最高气温 33℃，无霜期 255 天，年平均降水量 1 000 毫米，夏秋多雨、冬春干旱、干湿分明。疏林、灌木丛、天然草地面积大，植物种类繁多，农作物主要有水稻、玉米、小麦和豆类等。

1. 体型外貌　被毛粗短富有光泽，多为黑色，也有棕色、青色的，皮肤薄而有弹性。头小，额宽鼻直，耳大灵活，公、母羊均有角、有须。颈扁浅，鬐甲高而稍宽，胸宽深而稍长，背腰平直，腹大充实，尻稍斜，四肢结实，蹄坚实呈黑色。母羊乳房发育中等，公羊颈肩和背部有长毛。

2. 体尺体重　周岁体重公羊为 28.3 千克、母羊为 24.4 千克。成年公羊体长、胸围和体重分别为 71 厘米、80 厘米和 43.6 千克，成年母羊分别为 72 厘米、80 厘米和 43.5 千克。

3. 生产性能　阉羊 1.5 岁体重、屠宰率和净肉率分别为 39.2 千克、46.0% 和 35.1%，鲜肉中蛋白质含量为 21.3%；产羔率 156%；泌乳期 5～6 个月，除哺乳羔羊外，一个泌乳期可挤奶 45～

90千克，乳脂率5%。

（十五）隆林山羊

广西壮族自治区皮肉兼用型地方品种。主要产于广西隆林县，毗邻的田林县和西林县也有分布。

产区位于广西西北部，地处云贵高原东南部边缘，海拔600～1 800米，山岭连绵，地形复杂。年平均气温19.1℃，最高气温35℃，年降水量为1 575毫米，无霜期323天。山坡灌木杂草丛生，四季常青，农作物主要有玉米、水稻等。

1. 体型外貌 毛色较杂，有白色、黑色、黑白花及褐色等，腹下和四肢上部的被毛较粗长。头大小适中，母羊鼻梁较平直，公羊鼻梁稍隆起，公、母羊均有角，幼龄时呈圆形，成年后略呈扁形，并向后外侧呈半螺旋状弯曲，白色羊的角呈石膏色，其他毛色羊的角呈黑色或石膏色。公、母羊均有髯，少数羊的颈下有肉垂。颈粗细适中，公羊颈略粗于母羊。体质结实，结构匀称，肋骨开张，背腰平直，后躯比前躯略高，四肢短粗，蹄色和角色基本一致。

2. 体尺体重 平均初生重2.19千克，6月龄体重公羊为21千克、母羊17千克，周岁体重公羊36千克、母羊34千克，成年公羊平均体重为52千克，成年母羊为40千克，阉羊最大可达60千克以上。成年公、母羊平均体高、体长、胸围分别为65厘米、73厘米和84厘米。

3. 繁殖性能 5月龄性成熟，8～10月龄初配。母羊发情周期一般为21天，持续期2～3天；妊娠期150天左右，年平均产1.66胎，平均产羔率195%。

4. 肉用性能 屠宰率一般50%左右，肉质细嫩，膻味小。

5. 泌乳性能 泌乳高峰期日产奶0.94千克。

(十六)赣西山羊

江西省肉皮兼用型地方品种。中心产区为上栗县,主要分布区包括上栗、万载、湘东及毗邻的湖南省浏阳、醴陵等地。

产区位于江西西部,地貌以丘陵、山地为主,亚热带季风湿润气候,年平均温度 17℃,年降水量 1 300～1 700 毫米,无霜期 255～260 天,森林覆盖率 55%,草品种主要有茅草、狗牙根等,农作物以水稻、小麦为主,兼有玉米、红薯、油菜等。

1. 体型外貌　毛色多为白色,少数为麻色。体型偏小,头短窄,额平而宽,鼻梁平直,倒“八”字形角,公羊角比母羊粗壮。背腰平直,四肢粗壮,前肢较直,后肢稍弯,蹄质结实。

2. 体尺体重　周岁体重公羊为 19 千克、母羊 18 千克。成年公羊体重 33 千克、母羊 29 千克。成年公羊体高、体长、胸围分别为 56 厘米、69 厘米和 74 厘米,成年母羊的分别为 54 厘米、66 厘米和 69 厘米。

3. 繁殖性能　4～5 月龄性成熟,初配时间公羊 7～8 月龄、母羊 6 月龄。母羊常年发情,但以春、秋为主,发情周期 20～21 天,持续期 2～3 天。年产羔率 164%。

4. 肉用性能　屠宰率一般为 45%～49%。

(十七)戴云山羊

福建省肉用型地方山羊品种。主产于戴云山脉的惠安、大田、安溪、尤溪、永春、德化等县,以惠安县最多。

产区地处福建省中西部,闽江流域上游,武夷山与戴云山脉之间,海拔 50～1 000 米,属中亚热带海洋性季风气候,四季分明,年平均气温 16.9℃～19.5℃,雨量充沛,年平均降水量 1 565～1 795 毫米,无霜期 263～306 天。

1. 体型外貌　被毛多为黑色,少数呈棕褐色。体型较小,体躯结实，沿海的体格比山区的大。头狭长，呈三角形，有髯有角，角向后侧弯曲，公羊角较粗大。背平直，躯体前低后高，臀部倾斜，尾短小上翘，四肢强健。

2. 体尺体重 成年公羊体重沿海为 33 千克、山区为 28 千克，成年母羊体重 24～26 千克。成年公羊体高 54 厘米、体长 55 厘米、胸围 69 厘米，成年母羊分别为 50 厘米、54 厘米和 68 厘米。

3. 繁殖性能 4～6 月龄性成熟，母羊 8 月龄初配。一般 2 年产 3 胎，每胎产羔 1～2 只。

4. 肉用性能 当地习惯带皮屠宰，屠宰率 50%左右。

四、南方主要引进羊品种

(一)波尔山羊

原产于南非，是世界著名的大型肉用山羊品种，作为肉山羊生产的终端杂交父系品种，现已广泛分布在澳大利亚、新西兰、德国、美国、加拿大等地。我国自 1996 年开始引进，通过纯繁扩群逐步向全国推广，表现出很好的肉用特征和显著的杂交优势，有力地促进了我国肉羊产业化进程。

1. 体型外貌 躯干被毛白色，头颈有棕色或红褐色斑块，有的分布到臀部，被毛短而稀，全身皮肤松软，颈部和胸部有明显的皱褶，尤以公羊为甚。头部粗壮，眼大、棕色，额部突出，鹰钩鼻，角坚实，长度中等，公羊角基粗大，向后、向外弯曲，母羊角细而直立，耳大下垂。颈粗壮，胸宽深，肋骨开张，背腰平直，腹部紧凑，尻部宽而长，全身肌肉丰满，四肢强健，蹄黑，尾根粗、上翘。

2. 体尺体重 平均初生体重 3.6 千克，2 月龄体重 14 千克，6 月龄体重 24 千克，周岁公羊体重 40 千克、母羊体重 33 千克，成年公羊体重 65～85 千克、母羊 50～60 千克。成年公、母羊的体高分别为75～90厘米和65～75厘米。

3. 繁殖性能 公羊10月龄可以调教采精，母羊初情期6月龄，多在8～10月龄初配。常年发情，发情周期21天，妊娠期150天，1年2胎或2年产3胎，窝平均产羔1.7只。

4. 肉用性能 肥育期日增重可达200克，屠宰率48%～56%。

5. 杂交改良效果 用波尔山羊作终端父本与我国地方山羊进行杂交，杂交一代体型明显趋向父本，耳长下垂，部分羊具有波尔山羊的毛色特征，但颜色稍浅。杂交后代的各月龄体重一般可比地方羊增加40%～110%，屠宰率也有所提高，效果非常明显。

(二)努比山羊

乳肉兼用型山羊品种，原产于埃及，因中心产区在尼罗河上游的努比亚而得名，现已广泛分布于世界各地。我国曾在抗日战争时期从美国引进，用来改良成都近郊的山羊，现四川的简阳大耳羊即含有努比羊的血缘。后又分别从英国和澳大利亚引进，现湖北、四川、广西等地已广泛饲养。

1. 体型外貌 毛色较杂，以棕色和黑色为多，也有黄色、灰色的，被毛短、密，富有光泽。头小而短，呈三角形，酷似骆驼的颜面，额部和鼻梁隆起，鹰钩鼻，两耳宽长下垂，有角或无角，角呈螺旋状。体型高大，颈较长而躯干较短，四肢细长，乳房发育好。

2. 体尺体重 公羊初生重3.3千克、2月龄体重11.8千克、6月龄体重32.8千克；母羊初生重2.9千克、2月龄体重11.8千克、6月龄体重25.2千克。成年公羊体重65千克、体高84厘米、体长86厘米，成年母羊体重48千克、体高75厘米、体长78厘米。

3. 繁殖性能 公羊性成熟6～8月龄，母羊性成熟6～7月龄。母羊发情周期为19～21天，发情持续期1～2天，妊娠期150天，窝平均产羔率192%。

4. 产奶性能 母羊第一泌乳期产奶量200～600千克，第二泌乳期310～680千克，乳脂率4%～7%。

5. 杂交效果 湖北和四川进行的杂交试验结果表明，杂交羊被毛呈淡黄色，部分为棕黄色，肉用体型好，各月龄体重比地方羊提高66%～107%，日产奶量提高1.2千克，对提高地方母羊的泌乳力和羔羊育成率十分有利，杂交优势明显。

五、羊的品种选择与引种

(一)品种选择

进行养羊生产，按以下几个原则进行品种选择。

1. 当地资源条件 农区的农作物秸秆资源丰富，但放牧地有限，可选择适合圈养的绵、山羊品种。山区牧地面积大，一般采用放牧饲养，需选择适合放牧的品种。不管选择什么品种，都应立足当地，优先选用当地品种，慎重考虑外来品种，尤其是距离较远、饲养管理方式差别大的品种，以免发生水土不服、生长缓慢、疾病频发等情况。

2. 市场与生产方向 南方养羊的主要方向是肉用，其次是皮用、奶用、笔料毛用等，当前的羊肉市场总体平稳，价格波动不大。综合来看，应首选肉用品种，以产肉为主，其他的如皮、毛等可以作为副产品。进行肉羊生产，母本以本地品种为主，父本可以考虑波尔山羊、努比山羊等，通过杂交手段，获得较高的生产性能和经济效益。

3. 关于新品种 对有些新培育的品种或从国外引进的品种，不能盲目轻信广告宣传，要认真查阅专业资料，听取各方面意见，尤其是直接饲养人员或具有饲养经验人员的意见，如果能适应本地条件，也要先少量引进试养，证明效果好后再大批引进。

(二)引　种

1. 确定引种地点　根据下列3项原则慎重选择和确定引种地点和场家。

(1)疾病安全原则　为首要原则,关系到引种后的安全生产和可持续发展问题。坚持自繁自养,减少引种。必须引种时,要严格执行《种畜禽管理条例》,到引种地调查了解疫病情况,必要时进行检疫,证明是非疫区后方可引种。优先选择具有畜牧兽医主管部门核发的《种畜禽生产经营许可证》和《动物防疫合格证》的种羊场,并有当地动物检疫部门开具的检疫合格证明。严禁到疫区、有痒病、有牛海绵状脑病及高风险的国家和地区引种。

(2)生长环境相适应原则　注意引种地的气候、地形地貌、植被、饲草饲料质量、饲料营养水平、饲养管理方式等条件,进行综合考虑。为了使引进的种羊尽快适应新环境、缩短驯养时间,应尽量选择在生态条件和饲养管理方式等方面与本地环境差异不大的地区,或从饲料营养水平较差、饲养管理方式落后于本地的地区引种。不宜从生态环境差距过大的地区引种,以免水土不服,影响生长,甚至发生疾病。

(3)实践原则　为最终原则。引进的种羊生长得好不好,都只能根据各方面情况进行预测,而只有经过实践检验,才能得出准确结论。所以建议初次引种的,可适当先引少部分进行试养观察、积累经验,如果饲养效果确实不错,各方面条件比较成熟后再大批量引入。切不能轻信一些厂家的产品介绍和各渠道的广告而盲目引种,以免造成重大经济损失。

当有多个供种场家时,要注意货比三家,优先选择有信誉的较大型羊场或农户。

2. 引种前的准备　引种前应做三方面的准备。一是羊舍,羊舍应有足够的面积,并有隔离条件;二是草料,草料应尽量与引种地接近，至少准备 7～10 天的喂量；三是疫苗、药物，主要包括疫苗、驱虫药、环境消毒药等。

3. 引种时间 对于长江流域及以北地区，引种的最佳时间是春季，此时气候温暖，雨量相对较少，各种牧草返青，而且夏季即将来临，饲草丰富，不存在寒冷、风雪等恶劣天气；同时春季是发情配种的旺季，引回的种羊短期适应后即可参加繁殖。秋季也可以引种，但即将面临冬季，需要增加草料储备。夏季高温多雨，空气相对湿度较大，运输中易发生中暑，不适宜引种。冬季牧草大多枯黄，缺草少料，引进的种羊要适应新环境、恢复体质，还要面对冬季恶劣的气候，所以更不适宜引种。而对于无霜期长、四季温差小的岭南地区，对引种时间的要求则相对较为宽松。

4. 慎重选择种羊 最好聘请有经验的人帮助挑选种羊，否则容易购回劣质羊，上当受骗、蒙受损失。选种时应注意以下几点。

(1)种质 根据生产方向进行种质选择。一般进行肉羊生产，公羊尽量选择纯种，母羊不做要求；而进行种羊生产，公、母羊都必须是纯种，不要引进经济杂交的品种，因为杂交羊不宜作种用。如果该品种制定有相关标准，应当参考标准进行选择。

(2)外貌与状态 对引种对象进行现场观察，看羊的体型外貌、发育情况和健康状况，选择体质健壮的个体。总体要求是，发育良好，被毛光滑、有光泽，眼大明亮，呼吸均匀，排尿正常，粪便呈球状，行动敏捷，体质强健，精神状态好；母羊要求头部清秀，膘情中等，不能过肥或过瘦，乳房发育良好，乳头大，阴门长而湿润，具有雌性特征；公羊要求睾丸发育好，无隐睾或单睾，外形雄壮，性欲旺盛，必要时用母羊试情。

(3)年龄 参考计价方式确定引种年龄。以数量计价的，公、母羊均选择 1 岁半左右的，这样引回后能立即投入繁殖生产，并能利用较长时间；避免引进大龄羊，缩短利用年限。以重量计价的，公羊选择 1 岁左右的，母羊选择 6～8 月龄的，引回后经过 1～2

个月的适应饲养期后，就能投入生产，见效快且花费较少；防止引进大龄羊、增加投资；也要避免片面节约而引进4月龄以下的幼羊。

(4)估重　尽量采用估计的方法来计算体重，避免直接称重。经验表明，直接称重购羊有三大害处，一是称重比较麻烦；二是容易给羊造成应激；三是个别售羊者为了谋取较多利益，给羊饲喂大量精料、大量饮水，直接造成羊的胃肠负担过重，装车、运输途中遇到碰撞、挤压，会增加伤亡。羊的体重估计一般可用软尺测量胸围和体长，再根据胸围和体长进行估算。计算公式为：

体重(千克)＝胸围(厘米)×胸围(厘米)×体斜长(厘米)÷10 800

(5)相关资料　要索取引种地的饲养管理、疾病防控资料，以及种羊的《种畜合格证》、生长发育、疫苗注射等资料；进行种羊生产的，还需要系谱资料等。

5. 办理检疫　依托当地兽医检疫部门，对选好的种羊实施检疫，只有经过检疫而未发现疫病、并签发检疫合格证后，方可办理运输。常见的传染病检疫科目主要有结核病、布氏杆菌病、羊痘、口蹄疫、传染性胸膜肺炎等，由检疫部门针对实际情况，决定需要检疫的科目。

6. 种羊的运输

(1)运输前的检疫　检疫的主要目的，是防止疫病的发生和传播，种羊运输前，都要经动物防疫监督机构进行检疫，并出具产地检疫合格证明和消毒证明，合格者方可运输和流通。涉及外贸时，还需进行进出口检疫。

(2)运输工具

①运羊的工具采用汽车较好，因为汽车运输不需要转车，羊的应激相对小，省时间、方便。

②根据羊的数量多少确定运输车辆，以1只成年羊按0.3～

0.5平方米的面积考虑，长途运输时面积要适当宽松些。

③运输车辆的车况要好，手续齐备。

④汽车的车厢边帮要加高，以防途中羊只跳出，封闭条件好的车辆要注意通风换气。提供必要的饲喂饮水条件。

⑤车辆在使用前后，要用消毒液彻底消毒。

(3)选择合适的运输时间　避免在气候恶劣的环境条件下运输活羊。夏季运输活羊时，应选择夜间或早晚凉爽的时候运输。冬季运输活羊时，汽车应加盖篷布，加强保暖。

(4)运输前的准备

①装车前在车厢底部铺一层作物秸秆或草帘，防止运输途中车厢地面光滑，羊站立不稳，造成滑倒、相互拥挤、压死等意外情况发生，同时垫料也可吸收尿液，降低车厢地面的光滑度。

②提前确定行车路线，尽量选择道路平整的线路。

③根据路途远近，备足草料和饲喂、饮水用具。短途运输(1天之内)的途中可以不喂；长距离运输的(1天以上)要保证羊途中能饮到水、吃到草料。

④夜间运输的，要准备手电等照明用具。

⑤办好各种手续，如购羊发票、产地检疫证明、过境检疫相关手续等，以备途中检查。

(5)装车

①装车时买卖双方应安排专人负责清点羊数，以免出现差错。

②体质强弱羊、大小羊、公母羊不能混装，若必须在同一车厢时，应用栏杆隔开。装车不能过密过挤。必须带正在哺乳的羔羊时，应该用箱子单独装，避免踩伤踩死，并应将母羊装在车厢后侧或外侧，以方便喂奶。

③装车前不饲喂饼类、豆科草等易发酵的草料，少喂精料，不要让羊吃得过饱。适当饮水。

④装运及运输过程中不接触其他偶蹄动物。

(6)途中管理

①运输途中车速不能过快。起步要平稳，转弯和停车均要提前减速，严禁急刹车，在颠簸路面和坡路要缓慢行驶，防止羊挤压伤亡。

②安排好押车人员，避免意外伤亡或途中丢失。在中途停车、人员休息或吃饭时，要留有专人看护。

③运输过程中不应在疫区、城镇和集市停留、饮水和饲喂，不得随意抛弃病死羊、垫料等。

④每行走一定时间，或发现有羊怪叫时，要停车检查羊只的情况。尤其刚开始时，约1小时就要停车检查1次。途中一般每隔2～3小时检查1次，及时将趴卧的羊赶起，否则会因踩、压造成伤亡。

⑤定时给羊加水、补料、投草。羔羊要按时哺乳，每天不能少于4次，白天哺乳间隔不宜长于5小时。

(7)卸车　羊运到目的地后，稍作休息即可卸车。最好将车靠近高台处卸羊，或搭建跳板，或逐只往下抬。卸羊时要防止车厢板与车厢之间的缝隙别断羊腿，并防止羊跳车造成流产、受伤等事故发生。

(8)运输后的管理

①饲养。经过长途运输的羊只，饲养要格外细心。刚卸车后不要马上大量饲喂草料和饮水，应让羊先休息半小时后再进行。饮水不可过量，水中可加点食盐，少量喂些草料。待半天后一切正常时，再由少到多地逐渐给羊喂草喂料，过渡期内第一周以青、粗饲料为主，第二周开始逐渐加精料至正常水平。饲料饲草不宜与引进地变更过大，实现平稳过渡。

②管理。羊舍要清洁卫生、干燥，通风良好，温度适宜。前10天内要在舍内饲养，不宜出去放牧。

③隔离观察与驱虫检疫。购回的羊集中在单独圈舍，进行检

疫，隔离观察 10～15 天。确认为健康无病时，经驱虫、消毒、补注射疫苗后，方可混群饲养。

④其他。饲养场地与饲喂工具要彻底消毒；不宜与其他牲畜关在一起；密切观察，若有停食、乏弱、发病等异常要立即诊治。

（李晓锋）

第三章　羊的繁育技术

一、羊的繁殖现象和规律

(一)羊的初情期、性成熟、初配年龄

1. 初情期　母羊生长发育到一定的年龄时开始出现发情和排卵,为母羊的初情期,是性成熟的初级阶段。山羊的初情期一般为4～6月龄,但有的品种在3月龄时便出现性活动现象,如公羔爬跨、母羔发情等,但由于此时羔羊仍在生长发育,不宜过早配种,因此要防止偷配,并根据情况及早分群。山羊性活动表现早晚受品种、气候、营养因素影响。

(1)品种　一般个体小的品种的初情期早于个体大的品种,早熟品种2月龄时就有性表现。

(2)气候　气候包括温度、光照、湿度等。一般南方母羊的初情期较北方的早,热带的羊较寒带或温带的早。早春产的母羔即可在当年秋季发情,而夏、秋产的母羔一般需到第2年才发情,其差别较大。

(3)营养　初情期与羊的体重关系密切,并直接与生殖激素的合成和释放有关。营养良好的母羊体重增长很快,生殖器官生长发育正常,生殖激素的合成与释放不会受阻,因此其初情期表现较早,营养不足则使初情期延迟。

2. 性成熟　经过初情期的母羊,生殖系统迅速生长发育,并开始具备繁殖能力,在短时期内即进入羊的性成熟期。虽然性成熟时期羊的生殖器官已发育完全,具备了正常的繁殖能力,但身体

其他系统的生长发育还未完成，故性成熟初期的母羊一般不宜配种。过早配种怀孕会影响母羊自身的生长发育，也将影响胎儿的正常发育，长此下去，必将引起羊群品质下降。羊的性成熟期一般为 5～10 月龄，同时和体重有关，一般性成熟羊的体重为成年羊体重的 40%～60%。此外，还因受品种遗传、气候、营养因素的影响而表现略有差异。通常山羊的性成熟比绵羊略早。

3. 初配年龄 山羊的初配年龄也因品种、环境条件以及饲养水平的不同有差异，南方有些山羊品种 5 月龄即可进行第一次配种，而北方有些山羊品种初配年龄需到 1.5 岁。一般根据个体生长发育情况和品种用途而定。通常早熟品种母山羊体重达到成年的 70%以上，6～8 月龄后就可开始配种，晚熟品种在 1.5 岁左右初配，提早推迟都是不适宜的。公羊开始配种的年龄比母羊要大一些，发育好时可于 10～12 月龄承担少量配种任务。

(二)发情与发情鉴定

1. 发情 母羊达到性成熟年龄时，卵巢出现周期性排卵现象，随着每次排卵，生殖器官也发生了周期性的系列变化，周而复始地循环，直至性衰退以前，通常把母羊有性行为的初期叫发情。山羊是季节性多次发情的家畜，一般秋季发情旺盛，这是因为在长日照转变为短日照时，气候逐渐变凉爽，有利于山羊的性活动。另外，与母羊本身营养状况关系密切，营养不良，将推迟发情。南方的一些地方山羊品种，因气候和饲养条件较好，可终年发情。产羔后的母羊在 20～40 天会再次发情。

2. 发情征候 发情母羊极度兴奋，经常咩叫，食欲减退，情绪不安，目光迟钝，爬墙、顶门或站立不停地摆动尾巴，手压臀部摆尾更凶，吃草、喝水、反刍明显减少，放牧时有乱跑现象，喜接近公羊，公羊追逐或爬跨时站立不动，有时也爬跨其他羊只，频频排尿，对人表现温驯。生殖器官也相应有如下特征：外阴部充血肿胀，由苍白色变为鲜红色，阴道及子宫颈充血，阴道间断地排出蛋清样的黏液，初期较稀薄，中期黏液增多，后期逐步变得浑浊黏稠如胶状，子宫颈松弛开放。总之，母羊的发情鉴定表现可归纳为四句话："食欲不振精神欢，公羊爬跨不动弹，叫唤摆尾外阴红，分泌黏液稀变黏"。成年羊比育成羊发情征候明显。

3. 发情周期　母羊从发情开始至发情结束，经过一定时间又周而复始地再次重复这一过程，两次发情开始的间隔就是羊发情周期。羊正常发情周期的范围为 12～24 天，平均为 21 天。个体间差异较大，营养良好的母羊或壮年羊发情周期要短些，幼年、老年或营养不良的母羊发情周期较长。根据母羊发情生理上的变化，将发情周期分为：

（1）**发情前期**　卵巢内的黄体萎缩，新卵泡开始发育，但还小，此时母羊没有性欲表现。阴道检查，子宫颈口不完全开张，几乎无分泌物。

（2）**发情期（发情盛期或发情持续期）**　母羊开始出现强烈的性兴奋，卵巢上卵泡发育增快直至成熟、排卵。发情症候随着卵子的排出，先由弱至强，再由强至弱。山羊的发情持续期一般为 24～38 小时，也因羊的年龄和季节不同而有所差异。处女羊发情持续时间最短，2～5 岁母羊持续时间最长，配种季节开始时最短，中期最长。母羊一般在发情开始后 30～40 小时开始排卵，发情后 12～24 小时配种最容易受孕。因此，适时观察母羊发情的阶段性变化，确定适宜的配种时机是提高受胎率的重要前提。

（3）**发情后期**　这时排卵后的卵泡内黄体开始形成，发情期间生殖道发生的一系列变化逐渐消失，恢复原状，性欲明显减退。阴道检查：子宫颈口收缩，周围黏液呈黄色且量少。

（4）**休情期（间情期）**　一次发情结束至下一情期到来之前的一段时间。

4. 发情鉴定方法　发情鉴定有如下几种方法：

(1)外部观察　直接观察母羊的行为征候和生殖器官变化来判断是否发情,这是羊发情鉴定最常用的基本方法。

(2)阴道检查　这是一种操作简单、准确率高,但工作效率低的发情鉴定方法。适于小规模饲养户应用。检查时,先将母羊保定好,洗净外阴,再把开膣器清洗、消毒、烘干、涂上润滑剂,检查员左手横持开膣器,闭合前端,缓缓插入,轻轻打开前端,用手电筒检查阴道内部变化,当发现阴道黏膜充血、红色、表面光亮湿润,有透明黏液渗出,子宫颈口充血、松弛、开张,有黏液流出时,即可判定为发情。

(3)公羊试情　利用试情公羊与母羊接触,观察母羊对试情公羊的行为反应,并结合外部征候来判定是否发情,试情公羊要求健康无病,性欲旺盛。试情公羊可做输精管切断手术或戴试情布,试情布一般宽 35 厘米,长 40 厘米,在四角扎上带子,系在试情公羊腹部。试情公羊和母羊的比例以 1∶40～1∶50 为宜。试情以清晨 6～8 时较好。当试情公羊进入母羊群中后,应适当驱动母羊群,使母羊不拥挤在一起。主动接近公羊,驯服地接受公羊挑逗或爬跨的母羊即为发情母羊,要立即将发情母羊分离出来以备配种。试情时间以 1 小时左右为宜。

(4)“公羊瓶”试情法　公山羊的角基部与耳根之间,分泌一种性诱激素,可用毛巾用力揩擦后放入玻璃瓶中,这就是所谓的“公羊瓶”。试验者手持“公羊瓶”,利用毛巾上的性诱激素气味将发情母羊引诱出来。

通过发情鉴定,及时发现发情母羊和判定发情程度,并在母羊排卵受孕的最佳时期输精或交配,可提高羊群的配怀率。

5. 异常发情

(1)异常发情的原因　导致异常发情的原因主要有营养不良、饲养管理不当或环境温度突变等。

(2)异常发情的几种形式　一是安静发情:由于雌激素分泌不

足，发情时缺乏明显的发情表现，但卵巢上有卵泡发育成熟和排卵。二是短促发情：发情期很短，稍不注意即会错过配种期。三是间断发情：母羊发情期时间很长，且发情时断时续，常发生于早春及营养不良的母羊。

(3)*异常发情时的鉴定方法*　除外部观察法外，阴道检查法和公羊试情均可用于异常发情的鉴定。

(三)羊的繁殖季节

长期的自然选择使羊的发情表现易受光照长短变化的影响，而光照长短变化是有季节性的，所以羊的繁殖也是有季节性规律的。母羊大量正常发情的季节，称为羊的繁殖季节。

1. 母羊的繁殖季节　母羊总是选择有利于羔羊存活的时候分娩，秋季和冬初母羊体况较好，配种妊娠有利，产羔后经哺乳至断奶时，外界环境条件有利于羔羊生长发育并安全度过翌年冬天。因此，母羊一般总是在秋、冬季发情配种。山羊发情表现对光照的影响反应没有绵羊明显，所以山羊的繁殖季节多为常年性的，一般没有限定的发情配种季节。但生长在热带、亚热带地区的山羊，5～6 月份因为高温的影响也表现发情较少。

2. 公羊的繁殖季节　不管是山羊还是绵羊，公羊都没有明显的繁殖季节，在营养良好的条件下，常年都能配种。但公羊的性欲表现，特别是精液品质，也有季节性变化的特点，一般还是秋季最好；炎热的夏天和严寒的冬天，精液质量下降、性欲减退，最好不配种或少配种。

(四)妊娠鉴定

山羊从开始妊娠至分娩，这一时期称为怀孕期或妊娠期。妊娠期包括受精卵卵裂、桑椹胚、囊胚、囊胚后期的胚泡在子宫内的附植，建立胎盘系统，发育成胚胎，继而形成胎儿，最后娩出体外。

妊娠期的长短，因品种、多胎性、营养状况等的不同而略有差异，山羊妊娠期一般为143～163天，平均为149天。

在配种以后应及时掌握母羊是否妊娠，妊娠的时间及胎儿和生殖器官的情况，称之为妊娠鉴定。母羊在配种后第1～2个情期如不再发情，可以初步认为怀孕。怀孕前期胎儿发育很小不易检查，在2个月以后，可采用临床和实验室检测进行检查，主要有以下几种方法：

1. 外部检查法 母羊妊娠以后，一般表现为周期发情停止，食欲增进，营养状况改善，毛色润泽光亮，性情变得温驯，行为谨慎安稳。妊娠3个月以后腹位明显增大，右侧比左侧更为突出，乳房胀大。右侧腹壁可以触诊到胎儿，在胎儿胸壁紧贴母羊腹壁时，可以听到胎儿的心音。根据这些外部表现可以诊断是否妊娠。

早期妊娠诊断有两种办法。一种是观察母羊配种后的1个月之内是否再次发情，如不再发情可能是怀了孕，但是这种方法不是非常可靠。因为母羊的发情受各种因素的制约，不发情也不一定是怀了孕，有的羊因气候、饲料、疾病的原因可能不再发情。也有个别怀孕羊发情的。另一种办法是检查巩膜。当翻开母羊上眼皮，观察巩膜上的血管时，若在瞳孔正上方有了根竖立的、较粗大的微血管充盈而凸起于巩膜表面，并呈紫红色，这是怀孕的征兆。这种现象由怀孕起一直持续至产后1周左右。空怀母羊的巩膜没有这种现象。且其微血管也很小而不显露，并呈淡红色，用此办法诊断，准确率在97%以上。

中后期妊娠检查一般在早晨空腹时进行，检查者可将母羊颈部夹在两腿之间，弯下腰将两只手从两侧放在母羊腹下乳房的前方，将腹部微微托起，左手将羊的右腹向左方微推，左手拇指食指叉开就能摸到胎儿。60天以后的胎儿摸到较硬的小块。到90～120天时，可摸到胎儿的后腿腓骨，随着月龄的增长后腿腓骨由软变硬。当手托起腹部手感有一硬块时，胎儿仅有一个，若两边各有一硬块时为双羔，在胸的后方仍有一硬块时为三羔，在左右肷部上方还有一硬块时则为四羔。检查时手要轻巧灵活，仔细触摸各个部位，不可粗心大意，以免造成流产。

2. 直肠检查法　母羊在触诊前应停食一夜。触诊时，母羊仰卧保定，用肥皂水灌肠，排除直肠粪便，然后将涂润滑剂的触诊棒（直径 1.5 厘米，长 50 厘米，前端弹头形、光滑的木棒或塑料棒）插入肛门，贴近脊柱，向直肠内插入 30 厘米左右，然后一手把棒的外端轻轻下压，使直肠一端稍微挑起，以托起胎胞。同时另一只手在腹壁触摸，如能触到块状实体为妊娠，如摸到触诊棒，应再使棒回到脊柱处，反复挑动触摸，如仍摸到触诊棒，即为未孕。此法适宜检查配种后 60 天的孕羊，准确率可达 95%，85 天以后的为 100%。须注意防止直肠损伤，配种已 115 天以后的母羊要慎用。

3. 阴道检查法　母羊妊娠 3 周后，当开膣器刚打开阴道时，阴道黏膜为白色，几秒钟后即变为粉血色。

4. 孕酮含量测定法　母羊配种后，如果未妊娠，母羊的血浆孕酮含量因黄体退化而下降，而妊娠母羊则保持不变或上升，这种孕酮水平的差异是母羊早期妊娠诊断的基础。配种后 20～25 天，妊娠母羊血浆中孕酮含量大于 1.5 纳克/毫升；准确率可达 90%～100%。

5. 免疫学诊断法　早期怀孕的母羊含有特异性抗原，而且在受精后第 2 天就能从一些孕羊的血液里检查出来，在第 8 天基本可以从所有试验母羊的胚胎、子宫及黄体中鉴定出来。这种抗原是和红细胞结合在一起的，用它制备的抗怀孕血清，和怀孕 10～15 天母羊的红细胞混合就会出现红细胞凝集作用，如果没有怀孕，红细胞不发生凝集现象。

6. 超声波探测法　用超声波探测器的探头扫描羊的下腹部，或插入盲肠，收集胎儿血管、脐带和心脏中的血液流动情况。通过对大量母羊的检查证明，对妊娠 60 天前后的羊测定的准确率达

95%～97%。

二、羊的配种方法

(一)配种时期的选择

受胎率的高低与配种时间关系密切。在繁殖季节中，母羊发情后要适时配种，才能提高受胎率。山羊发情的持续时间一般为40小时，排卵时间是在发情开始后30～36小时，卵子在输卵管内保持受精能力的时间为12～24小时，精子进入母羊生殖道内保持受精能力的时间为24～48小时。由此推断，母羊发情后12～24小时配种最适宜，过早过晚都不适宜。一般早晨发现母羊发情可在当天下午配种1次，第2天早晨配种1次，这样比较有把握配上种。如果母羊发情不明显，未观察到准确发情时间，可用公羊试情，将公羊放去接近母羊，它不拒绝，就可认为适于配种。

山羊配种时期的选择，主要是根据在什么时期产羔最有利于羔羊的成活和母仔健壮来决定。在年产羔一次的情况下，产羔时间可分两种，即冬羔和春羔。一般7～9月份配种，12月份至翌年1～2月份产羔叫产冬羔；在10～12月份配种，翌年3～5月份产羔叫产春羔。

产冬羔的主要优点是：母羊在怀孕期，由于营养条件比较好，所以羔羊初生重大，在羔羊断奶以后就可以吃上青草，因而生长发育快，第一年的越冬度春能力强；并且产羔季节气候比较寒冷，因而肠炎和羔羊痢疾病的发病率比春羔低，故羔羊成活率比较高。但是，在冬季产羔必须贮备足够的饲草饲料和准备保温良好的羊舍，同时，劳力的配备也要比产春羔的多，如果不具备上述条件，产冬羔则会给养羊业生产带来损失。产春羔时，气候已经开始转暖，因而对羊舍的要求不严格，同时，由于母羊在哺乳前期已能吃上青草，能分泌较多的乳汁哺乳羔羊。产春羔的主要缺点是：母羊在整个怀孕期处在饲草饲料不足的冬季，母羊营养不良，因而胎儿个体发育不好，初生重比较小，体质弱，这样的羔羊，虽经夏、秋两季的放牧可以获得一些补偿，但是，紧接着冬季到来，羔羊比较难于越冬度春；羊体重不如冬羔高；另外，由于春羔断奶时已是秋季，故对断奶后母羊的抓膘有影响，特别是在草场不好的地区，对于母羊的发情配种及当年的越冬度春都有不利的影响。

（二）自然交配

包括自由交配和人工辅助交配两种。

1. 自由交配　为最简单的交配方式。公、母羊按比例混群放牧。母羊发情时，任公羊自由交配。这种方法目前在农村、山区和牧区的养羊业中，特别是在山羊业中较普遍采用，这种配种方法的优点是：省工省事，不需要什么设备，只要母羊发情就可以配种。若公、母羊比例适当，可获得较高的受胎率。其缺点为：①无法控制产羔时间，产羔期亦拖得较长，使羔羊大小差异较大，不好组织生产管理；②公羊追逐母羊，不安心采食，耗费精力，影响健康；③公羊追逐爬跨母羊，影响母羊采食抓膘；④无法掌握交配情况，后代血缘不明，容易造成近亲交配或早配，难以实施计划选配；⑤种公羊利用率低，1 只优良种公羊只能配 20～30 只母羊，不能发挥优秀种公羊的作用；⑥公、母羊直接交配，容易相互感染生殖道传染病。为了克服以上缺点，在非配种季节公、母羊要分群放牧管理，配种期内如果是自由交配，可按 1∶25 的比例将公羊放入母羊群，配种结束将公羊隔离出来。每年群与群之间要有计划地进行公羊调换，交换血缘。做好疫病防治工作。

2. 人工辅助交配　人工辅助交配，是将公、母羊分群隔离放牧，在配种期内用试情公羊试情，有计划地安排公、母羊配种。这种交配方式不仅可以记录配种日期和配种公羊，提高种公羊的利用率，增加利用年限，而且能够有计划地选配，提高后代质量。交配时间，一般是早晨发情的母羊傍晚配种，下午或傍晚发情的母羊于翌日早晨配种。为确保受胎，最好在第一次交配后间隔8～12小时左右再重复交配1次。但这种交配方式仍可能传染生殖道疾病。

(三)人工授精

人工授精是用器械采取公羊的精液，经过精液品质检查等一系列处理，再通过器械将精液输入发情母羊生殖道内，达到母羊受胎的配种方式。人工授精可以提高优秀种公羊的利用率，是本交与配母羊数的10倍(每只公羊可配300～500只母羊)，并且可大量节省种公羊的饲养费用，加速羊群的遗传进展，防止疾病传播。基本上克服了自然交配所存在的问题。

人工授精技术包括器械的消毒、采精、精液品质检查、精液的稀释、保存和运输、母羊发情鉴定和输精等主要技术环节。

1. 消毒技术

(1)器械的消毒　采精、输精及与精液接触的所有器械都要消毒，并保持清洁、干燥，存放在清洁的柜内或烘干箱中备用。假阴道要用2%的碳酸氢钠溶液清洗，再用清水冲洗数次，然后用75%的酒精消毒，使用前用生理盐水冲洗。集精瓶、输精器、玻璃棒和存放稀释液及生理盐水的玻璃器皿洗净后要经过30分钟的蒸汽消毒，使用前用生理盐水冲洗数次。金属制品如开膣器、镊子、盘子等，用2%的碳酸氢钠溶液清洗，再用清水冲洗数次，擦干后用75%酒精或用酒精灯火焰消毒。

(2)场地的消毒　准备一间向阳、干净的配种无菌室，要求地面平整，光线充足，面积为10～12平方米，室温为18℃～25℃。也可选择宽敞、平坦、清洁、安静的室外场所。日常消毒用1%新洁尔灭或1%高锰酸钾溶液进行喷洒消毒，每日于采精前和采精后各进行 1 次。每周对采精室进行 1 次熏蒸消毒，所用药品是 40％的甲醛溶液 500 毫升，高锰酸钾 250 克。

(3)羊体的消毒　公羊实施配种前和情期母羊实施配种前，用 1％新洁尔灭溶液对羊体进行消毒。

(4)消毒应注意的问题　严格遵守消毒时间和消毒药品的配量要求，熏蒸消毒时，应关闭门窗，翌日应提前 1 小时到岗，敞开门窗。每次消毒完毕，应及时关掉电源。

2. 采精技术

(1)采精前的准备　器械的准备：所有的器械都要提前清洗、干燥、消毒，存放于消毒柜内备用。公羊的准备：种公羊第一次采精时的年龄应在 1.5 岁左右，不宜过肥，也不宜过瘦，初次参加采精的公羊，应先进行采精训练，方法是让其“观摩”其他公羊配种；或用发情母羊的尿液或分泌物涂抹在公羊鼻尖上，刺激性欲。采精调教训练成功后，才能进行正式操作。假阴道的安装：安装假阴道时，先将内胎装入假阴道外壳，再装上集精瓶，注意内胎平整，不要出现皱褶。为保证假阴道有一定的润滑度，用清洁玻璃棒蘸少许灭菌凡士林，均匀涂抹在假阴道内胎和前 1/3 处。为使假阴道温度接近母羊温度，从假阴道注水孔注入少量温水，使水约占内外胎空间的 70％，假阴道温度在采精时应保持在 40℃～42℃。注水后，再通过气体活塞吹入气体，使假阴道保持一定弹性，吹入气体的量一般以内胎表面呈三角形合拢而不向外鼓出为适宜。

(2)采精　采精前用温水洗种公羊阴茎的包皮，并擦干净。将台羊保定后，引公羊到台羊处，采精时采精员站立在公羊的右侧，当种公羊爬跨时，迅速上前，右手持假阴道靠在母羊臀部，其角度与母羊的阴道的位置相一致(与地面呈 35°～45°角)，用左手轻托阴茎包皮，迅速将阴茎导入假阴道中。羊的射精速度很快，当发现公羊有向前冲的动作时即已射精，要迅速把装有集精瓶的一端向下倾斜，并竖起集精瓶，送到处理室，放气后取下集精瓶，盖好盖，并记录公羊号，放于操作台上进行精液品质检查。

成年种公羊每日采精1～2次，连采3天休息1天，初采羊可酌减。

采精时须注意：①严格遵守消毒技术要求，所有采精物品未经消毒不得应用。②采精训练是一项细致的工作，必须由采精熟练人员负责进行。③所用采精器（假阴道）的温度应严格控制在40℃～42℃。

3. 精液品质检查 精液品质检查的目的是为了评定精液品质的优劣，以便决定它能不能用于输精配种，同时，也为确定精液的稀释倍数提供科学依据。

（1）外观检查 颜色：正常的精液为浓厚的乳白色，肉眼可看到乳白色云雾状。气味：正常精液无味或略带腥味。精液量：一次采集的精液量一般为0.5～2毫升，山羊平均为0.8～1毫升，绵羊平均为1～1.2毫升。经外观检查，凡带有腐败臭味，出现红色、褐色、绿色的精液判为劣质精液，应弃掉不用，一般情况下不再做显微镜检查。

（2）显微镜检查 精子活率：精子的活率是指在38℃的室温下直线前进的精子占总精子数的百分率。检查时以灭菌玻璃棒蘸取1滴精液，放在载玻片上加盖玻片，在400～600倍显微镜下观察。全部精子都做直线运动评为1级，90%的精子做直线前进运动为0.9级，以下以此类推。精子的密度：是指每毫升精液中所含的精子数。取1滴新鲜精液在显微镜下观察，根据视野内精子多少分为密、中、稀三级。“密”是指在视野中精子的数量多，精子之间的距离小于1个精子的长度；“中”是指精子之间的距离大约等于1个精子的长度；“稀”为精子之间的距离大于1个精子的长度。为了精确计算精子的密度，可用血球计数器在显微镜下进行测定和计算，每毫升精液中含精子25亿个以上者为密，20亿～25亿个为中，20亿个以下为稀。

(3)精子质量的评定标准 精液为乳白色，无味或略带腥味，精子活力在0.6以上，密度在中等以上(每毫升精液的精子数在20亿个以上)，畸形精子率不超过20%，该羊精液判为优质精液。以上几项质量标准任何一项达不到要求，均被定为劣质精液。

(4)精液检查时应注意的问题 做显微镜检查时，温检箱内温度控制在38℃左右。精液品质检查要求迅速准确，室内要清洁，室温保持在18℃～25℃。精子的形态检查，一般1周内对同1头公羊精液做1次染色检查，其他时间可根据经验做直观估测。

4. 精液的稀释、分装、运输和保存

(1)精液稀释的目的 扩大精液量，增加每次采精的可配母羊数，提高种公羊的利用率，还可供给精子营养，增强精子活力，有利于精液的保存、运输和输精。

(2)稀释液的配制 稀释液的配方选择易于抑制精子活动，减少能量消耗，延长精子寿命的弱酸性稀释液。

【配方1】 生理盐水稀释液：是用注射用生理盐水或经过过滤消毒的0.9%氯化钠溶液作稀释液。此种稀释液简单易行，稀释后的精液应在短时间内使用，是目前生产实践中最为常用的稀释液。但用这种稀释液稀释时，稀释的倍数不宜太高，一般以2倍以下为宜。

【配方2】 奶汁稀释液：奶汁先用7层纱布过滤后，再煮沸消毒10～15分钟，降至室温，去掉表面脂肪即可。这种稀释液稀释效果好，但稀释倍数不能3倍。

【配方3】 葡萄糖卵黄稀释液：在100毫升蒸馏水中加葡萄糖3克、柠檬酸钠1.4克，溶解后过滤3～4次，蒸煮30分钟后灭菌，降至室温，再加新鲜卵黄(不要混入蛋清)20毫升，最后加青霉素10万单位振荡溶解。这种稀释液有增加营养的作用，可作7倍以下的稀释。

(3)精液的稀释倍数 要根据精子密度、活力而定稀释比例，稀释后的精液，每毫升有效精子数不少于7亿个。

(4)精液稀释的操作步骤　根据镜检得出精子密度确定稀释倍数，根据稀释倍数计算出应加入的稀释液的量，用量杯量取应加的稀释液量。稀释前将两种液体置于同一温水中，然后将稀释液沿着精液瓶缓缓倒入，为使混合均匀可稍加摇动或反复倒动1～2次，稀释完毕后，立即进行活力镜检，并将镜检结果填入采精登记表。

(5)精液的分装　将稀释好的精液根据各输精点的需要量分别装于2～5毫升小试管中，精液面距试管口不少于0.5～1毫升，然后用玻璃纸和胶圈将试管口扎好，在室温下自然降温。分装后贴上标签，标签上注明精液采出的日期、时间、活力、密度、公羊的品种。

(6)精液的运输　在近距离运送精液时，不必进行降温，将装有精液的集精瓶或小试管口封严，用棉花包好放入保温瓶中即可。远距离运输时，可用直接降温法降温。运输精液时要防止剧烈震动，降温或升温都要缓慢进行，每次输送的精液都要注明公羊号、采精时间、精液量和精液品质。

(7)精液的保存　常温保存：精液稀释后，保存在20℃以下的室温环境中。在这种条件下，精子运动明显减弱，可在一定限度内延长精子存活时间。常温保存只能保存1天。低温保存：在常温保存的基础上，温度进一步缓慢降至1℃～5℃。可用直接降温法，将精液装入小试管内，外面包以棉花，再装入塑料袋内，直接放入装有冰块的广口保温瓶或保温箱中，使温度逐渐降至2℃～4℃。低温下保存的有效时间为2～3天。冷冻保存：精液的冷冻保存要求的技术、环境和设备条件较严格，操作过程也比较复杂，这里不加详述。

5. 输　精

(1)输精前的准备　人员的准备：输精人员应穿工作服，用肥皂水洗手擦干，用75%酒精消毒后，再用生理盐水冲洗。输精器械的准备：把洗涤好的开膣器、输精枪、镊子用纱布包好，一起用高压锅蒸汽消毒。母羊的准备：对发情母羊进行鉴定及健康检查后，才能输精，母羊输精前，应对外阴部进行清洗，以1/3 000新洁尔灭溶液或酒精棉球进行擦拭消毒，待干燥后再用生理盐水棉球擦拭。精液的准备：将精液置于35℃的温水中升温5～10分钟后，轻轻摇匀，做显微镜检查，达不到输精要求的不能用于配种。

(2)输精方法　将用生理盐水湿润后的开膣器插入阴道深部触及子宫颈后，稍向后拉，以使子宫颈处于正常位置之后轻轻转动开膣器90°，打开开膣器，开张度在不影响观察子宫的情况下开张的愈小愈好(2厘米左右)，否则易引起母羊努责，不仅不易找到子宫颈口，而且不利于深部输精。输精枪应慢慢插入至子宫颈内0.5～1厘米处，插入到位后应缩小开膣器开张度，并向外拉出1/3，然后将精液缓缓注入。输精完毕后，让羊保持原姿势片刻，放开母羊，原地站立5～10分钟，再将羊赶走。

(3)输精次数和输精量　输精次数：母羊1个情期应输精2次，发现发情时输精1次，间隔8～10小时应进行第2次输精。输精量：每头份的输精量，原精液为0.05～0.1毫升，稀释后精液应为0.1～0.2毫升。

(4)输精时应注意的问题　输精人员要严格遵守操作规程，操作要细致，子宫颈口要对准，精液量要足，输精后要登记，按照输精先后组群，加强饲养管理，以利于增膘保胎。输精员输精时应切记做到深部、慢插、轻注、稍停。对个别阴道狭窄的青年母羊，开膣器无法充分打开，很难找到子宫颈口，可采用阴道内输精，但输精量需增加1倍。输精后立即做好母羊配种记录。每输完1只羊要对输精器、开膣器及时清洗消毒后才能重复使用，有条件的建议用一次性器械。

三、羊的高效繁殖新技术

(一)同步发情技术

同步发情是指应用生殖激素,按一定程序对母羊进行处理,使之在预定的时间内集中发情,其意义在于能显著节省配种时间和缩短母羊产羔间隔期。早期是以孕酮类药物处理为主,目前较普遍的是采用前列腺素类药物处理。前列腺素有两种制剂,一种是人工合成的前列腺素类似物,称为氯前列烯醇,其药效是自然产品的200～300倍;另一种是自然产品,使用时要注意区别。

应用前列腺素进行同步发情处理的方法也有两种,一种是给母羊一次注射自然的前列腺素6～8毫克或人工合成的前列腺素类似物30～50微克,注射后72小时内就会有50%～60%的母羊发情;另一种方法是在第一次注射后间隔11天以同等剂量的药物再注射一次,可使同期发情比例提高至80%以上。注射前列腺素会导致已怀孕母羊的流产,因此要特别注意。使用前列腺素的原则是宁少勿多,体重较小的母羊应适当减少剂量,大剂量注射会产生短周期发情现象,影响配种受胎率。

(二)激素免疫

动物内分泌系统对维持动物内环境稳定起着重要作用。激素由特定的内分泌器官分泌,通过血液到达其他内分泌器官或靶器官,调节体内的各种生理功能。在中枢系统的调节下,丘脑下部——垂体系统分泌促激素,促激素作用于有关内分泌器官,分泌不同激素,对不同器官、组织起调节作用,维持正常生理功能,同时这些激素又对丘脑下部——垂体系统起着反馈作用,形成一个环路。阻断或干扰环路的任何一部分,都可引起整个系统进行相应调节，而表现出相应的生理功能。激素免疫就是应用这一原理，人为地影响动物体内激素含量，改变动物体内分泌平衡，引起相应的生理变化。激素免疫技术以激素作为抗原或抗原决定簇，给动物进行主动免疫，刺激动物产生相应抗体，中和体内游离激素，使它们丧失或部分丧失生理活性，引起内分泌系统相应的调节，以维持内环境稳定。丘脑下部分泌一种激素叫促性腺激素释放激素(GnRH)，它通过垂体门脉系统刺激垂体分泌促黄体分泌素(LTH)、促卵泡素(FSH)和促黄体素(LH)。这些激素促进卵泡成熟、排卵等，并促进雌激素和孕激素的分泌，后两种激素又反过来促进性腺类固醇激素的合成与分泌。如选用合适的免疫原如类固醇激素免疫母羊，可削弱雌激素对丘脑下部——垂体系统的负反馈作用，使垂体分泌更多的促性腺激素促进更多卵泡发育排卵，提高排卵率。目前，常用的激素免疫原多为雌二醇、雌酮、雄烯二酮和睾酮。雌激素抗原引起的反应直接降低血液中游离雌激素的含量，雄激素抗原引起反应使雄激素含量降低，减少了合成雌激素的前体，间接降低雌激素含量，两者引起的生理反应相同。

1. 类固醇激素免疫　澳大利亚联邦科工组织用雄烯二酮-7α-羧乙基硫醚-人血清白蛋白制剂（商品名 Fecundin）在牧场做的试验表明，Fecundin 对提高许多种羊和杂种羊繁殖性能均有效，但不同品种对免疫反应有差异，在同样饲养条件下，免疫组提高产羔率平均达20%以上。我国甘肃、新疆等地应用 Fecundin 主动免疫绵羊，双羔率和产羔率分别提高18%～27%和20%～25%。

2. 抑制素免疫　抑制素是一种由动物性腺分泌的糖蛋白激素，它可以选择性地抑制垂体促卵泡素分泌的水平，从而影响动物的内分泌调控。利用抑制素主动或被动免疫母羊后，糖蛋白激素可以选择性地抑制垂体促卵泡素分泌的水平，从而影响动物的内分泌调控；利用抑制素主动或被动免疫母羊后，内源性抑制素被抗体中和，血液中促卵泡素浓度升高，从而促进卵巢活性提高，有更多的卵泡发育，使排卵增加。在非繁殖季节末期免疫，可使母羊产生适宜的抗体滴度并维持两三个情期。

(三)胚胎移植技术

胚胎移植又叫受精卵移植，或简称卵移植，是指利用良种或优秀个体母羊作为供体进行超数排卵处理，使其生产较多的胚胎，同时以生产性能差的母羊作为受体，通过手术方法将供体生产的胚胎移入生理状态相同的受体的子宫内，使之继续发育成为新个体，借劣质母羊之腹怀优良个体之胎，从而达到快速扩繁良种羊后代的目的。

1. 胚胎移植的意义

(1)迅速提高羊的遗传素质　由于超数排卵技术的应用，使1头优秀的母羊1次排出许多卵子，免除其本身的妊娠期负担，因而能留下更多的后代。一般可以从1头优秀母羊身上一年获得4～5只后代。这样，可以加大对母羊的选择强度，从而增加遗传进展，大大加速品质改良速度，扩大良种羊群。

(2)利于保种和基因交流　在羊的育种和改良过程中，应该吸取其他畜种的经验教训，注意对我国固有的地方品种进行保护。常规保种是个艰巨的任务，需要大量的资金和人力。胚胎库就是基因库，用胚胎保种可以使我国不少优良地方良种羊经胚胎冷冻长期保存。胚胎的国际交流可省去活体运输的种种困难。现在我国已先后从国外引入了波尔山羊、萨福克等多个品种的胚胎。

(3)提高产羔率　由胚胎移植技术演化出来的“诱发多胎”的方法，即向可繁母羊移植2个或3个胚胎，不但提高了供体母羊的繁殖力，同时也提高了受体母羊的繁殖率。这样在母羊只数不增加的情况下，降低了繁殖母羊的饲料用量，增加了经济效益。

易发生习惯性流产或难产的优秀母羊，或者由于其他原因不宜妊娠过程的情况下(如年老体弱)，也可用胚胎移植，使之正常繁殖后代。美国科罗拉多州报道,1头长期屡配不孕的母羊通过胚胎移植在15个月内可获得30只羔羊。

(4)用于加快羊的新品种培育进程 通过胚胎移植可以充分利用最优秀的母羊。尤其是在引入品种数量很少的纯种后代,满足当前育种需要。在育种过程中,通过育种手段得到优秀母羊和公羊的数量是较少的,用胚胎移植的方法可以使这些优秀的个体在尽可能短的时间内扩群繁殖,从而缩短育种进程。世界上已先后建立了以扩繁理想型个体为目的的育种体系,称为超数排卵和胚胎移植(MOET)育种体系,其效率大大高于常规育种体系。

2. 胚胎移植的基本原则 胚胎移植的生理基础是母羊发情后生殖器官向着怀孕的方向发展,无论配种与否都将为妊娠做准备;同时早期胚胎处于游离状态,受体对胚胎没有排斥作用,可使移植的胚胎继续发育。但发育中的胚胎对于母体子宫环境的变化十分敏感,一旦胚胎的发育与受体生理状况的变化不一致或因某种原因导致受体生理状况发生紊乱,其结果将导致胚胎的死亡。因此在进行胚胎移植时,必须遵循以下原则。

(1)供体和受体的生殖内环境相同或相近 一是供体和受体在种属上必须一致,即二者属同一物种,种属不同但在进化史上血缘关系较近,生理和解剖特点相似个体之间进行胚胎移植。一般来说,在分类学上亲缘关系较远的物种,由于胚胎的组织结构、胚胎发育所需条件以及发育进程差异较大,移植的胚胎绝大多数情况下不能存活或只能存活很短时间;二是供体和受体在生理上必须同期化,即受体母羊在发情的时间上同供体母羊发情的时间一致。一般相差不超过24小时,否则移植成功率显著下降;三是供体胚胎收集部位和受体移植部位一致,即从供体输卵管内收集到的胚胎应该移植到受体的输卵管内,从供体子宫内收集到的胚胎应该移植到受体子宫内。

(2)收集胚胎和移植时间要适宜 胚胎的收集和移植的时间

必须在黄体期的早期以及胚胎附植之前进行。因此,胚胎的收集时间最迟不超过发情配种后第7天。

(3)胚胎的发育应正常　在收集和移植胚胎时,应尽量不使其受到物理、化学和生物方面的影响。同时,胚胎移植前需进行鉴定,确定其发育正常者才能进行移植。

3. 胚胎移植的方法　胚胎移植的实施方法主要包括供、受体羊的准备,同步发情及控制,供体母羊的超数排卵,胚胎的收集,质量鉴定、受精卵移植等。此外还包括体外受精、胚胎分割和冷冻等技术。

(1)供体羊和受体羊的准备　进行胚胎移植的母羊应具有优良的遗传性和较高的育种价值。在育种中,可以用后裔测定、同胞测定等方法鉴定出优秀的母羊。这些选择出的供体母羊须是健康的。要经过检查,证明布氏杆菌病、结核、副结核、蓝舌病、钩端螺旋体等均阴性。供体母羊生殖系统功能应正常。因此,对供体羊的生殖系统要进行彻底检查,如生殖器官发育是否正常,有无卵巢囊肿、卵巢炎和子宫炎等疾病,有无难产史和屡配不孕史。如有上述情况不能用作供体。此外,膘情要适中,过肥或过瘦都会降低受精率。

受体羊应是价格便宜的2～7岁母羊,最好是本地品种,数量较多,体型较大,每头供体羊需准备10只受体羊;应具备良好的繁殖性能,无生殖器官疾患;具有良好的健康状态。检疫和疫苗接种与供体羊相同;要隔离饲养,以防流产或其他意外事故。

(2)受体羊的同期发情　在大批量移植之前,应对供体和受体进行同期发情处理,以提高胚胎移植效率。同时,由于同期化过程能诱导乏情母羊发情,因此,还可以提高繁殖率。

①常用药物:根据其性质可分为3类:一是抑制卵泡发育和发情的药物,如孕酮、甲孕酮、甲地孕酮、氟孕酮、18-甲基炔诺酮等;二是使黄体提早消退、导致母羊发情、缩短发情周期的药物,如前

列腺素($PGF_{2\alpha}$);三是促进卵泡生长发育和成熟排卵的药物,如孕马血清促性腺激素(PMSG)、促卵泡素(FSH)、人绒毛膜促性腺激素(HCG)、促黄体素(LH)。

②给药方法:给药方法有3种。一是阴道栓塞法。这是肉羊常使用的一种方法。用海绵或泡沫塑料做成长、宽和厚度均为2～3厘米的方块(海绵直径和厚度可根据肉羊的个体大小来定),太小易滑脱,太大易引起母羊努责而被挤出来。海绵拴上细线,线的一端引出阴门之外,便于结束时拉出。用灭菌后的海绵浸激素制剂,用长柄钳和开膣器塞入阴道深处放置;二是口服法。每天将孕酮、甲孕酮、甲地孕酮、氟孕酮、18-甲基炔诺酮等按一定量均匀地拌入饲料中,持续12～14天。使用此种方法应注意,药物拌得要均匀,采食量要一致,少则不起作用,多则有不良影响。三是注射法。每天按一定量皮下或肌内注射药物,持续一定天数后也能取得同样效果。

③处理方法:在同期发情的不同阶段,生殖器官的内分泌环境、生化和组织学特征,对不同发育阶段的胚胎有不同的影响。所以,同期发情可以根据实际情况,处理方法有两种。一是前列腺素($PGF_{2\alpha}$)处理法。$PGF_{2\alpha}$或其类似物有溶解黄体的作用,黄体溶解后,卵巢上就会有卵泡发育,继而发情。一般说来,$PGF_{2\alpha}$诱导同期发情,卵巢上需要有黄体存在,且处于发育的中后期。在母羊排卵后的1～5天,由于黄体上尚未形成$PGF_{2\alpha}$受体,故对其处理不起反应。在繁殖季节,如不能确定受体的发情周期,可采用两次注射法。受体羊第1次注射后,凡卵巢上有功能黄体的个体即可在注射后发情,选出发情个体作为受体。其余的羊间隔8～9天再进行第2次注射。一般母体在$PGF_{2\alpha}$注射(1～2毫克)后发情率可达90%。使用$PGF_{2\alpha}$诱导同期发情,可在供体开始超排处理的第2天给予受体注射。利用这种方法处理方便可靠,但费用较高。二是孕激素处理法。孕酮能抑制脑垂体释放促卵泡素,所以能起

到促排效果。肌内注射用量为每天10～20毫克。经阴道海绵栓给予孕酮或其类似物50～60毫克，处理12～18天即可抑制卵泡发育，从而使受体羊发情。通常，母羊会在停止注射或撤除海绵栓后2～3天内发情。孕激素处理的优点是费用低，缺点是处理持续时间长。

(3)供体羊的超数排卵与人工授精　在母羊发情周期某一时期，用外源促性腺激素对母羊进行处理，促使母羊卵巢上多个卵泡同时发育，并且排出多个具有受精能力的卵子，这一技术称为超数排卵，简称超排。供体羊通常都是通过选择优良品种或生产性能好的个体，因此通过超数排卵，充分发挥其繁殖潜力，使其在生殖年龄尽可能多地留一些后代，从而更好地发挥其优良的生产性能，生产实践意义很大。

①常用药物。常用超排药物有PMSG、促卵泡素、促黄体素、人绒毛膜促性腺激素和促性腺素释放激素。

②超排处理方法。方法一：在发情周期第13～14天，一次肌内注射或皮下注射PMSG 750～1 500单位，或每天注射两次FSH，连用3～4天，出现发情后或配种当天再肌注HCG 500～700单位或LH 100单位。方法二：在发情周期的中期，即在注射PMSG之后，隔天注射$PGF_{2\alpha}$或其类似物。如采用FSH，用量为20～30毫克(或总剂量130～180单位)，分3天6次注射，第五次同时注射$PGF_{2\alpha}$。用PMSG处理，羊仅需注射1次，比较方便，但由于其半衰期太长，因而使发情期延长。使用PMSG抗血清可以消除半衰期长的副作用，但其剂量较难掌握，目前多采用FSH进行超排，连续注射3天，每天2次，剂量均等递减，效果较好。

③超数排卵羊的人工授精。超排母羊的排卵持续期可达10个小时左右，且精子和卵子的运行也发生某种程度的变化，因此要仔细观察供体的发情表现。当观察到超排供体羊接受爬跨时，即可进行人工授精。人工授精剂量应较大，间隔5～7小时后进行第

二次人工授精。如配种3次以上仍表现发情并接受交配的母羊，多有卵泡囊肿的表现，这类羊通常不宜回收胚胎；对少数超排后发情不明显的母羊应特别注意配种。

(4)胚胎的收集

①冲胚液和保存液的制作。冲胚液有很多种，目前常用的是杜氏磷酸缓冲液(PBS)以及TCM 199培养液。这些培养液不但用于冲洗收集胚胎，还可用于体外培养、冷冻保存和解冻胚胎等处理程序。杜氏磷酸缓冲液是比较理想而通用的冲卵液和保存液，室内和野外均可使用，配制比较方便。杜氏磷酸缓冲液和TCM 199培养液或其他培养液有成品出售。杜氏磷酸盐缓冲液配制过程中严格遵守无菌操作规程。密封后可在4℃保存3～4个月，不可冷冻保存。

无条件配制PBS且胚胎在体外保存时间又非常短的时候，也可采用生理盐水作为冲卵液，但只有在保存时间很短时才能用此法。

②回收时间。在进行鲜胚移植时，胚胎回收时间以胚龄3～7天为宜。若进行胚胎冷冻保存或胚胎分割移植时，胚胎的回收时间应在6～7天。

③回收前的准备工作。场所器械和人员的准备。手术室要清扫、消毒。金属器械通常用化学消毒法消毒，即在0.1%新洁尔灭溶液内浸泡30分钟或用纯来苏儿液浸泡1个小时。玻璃器皿和敷料、创布等物品以及其他用具必须进行高压灭菌。冲卵管、移卵管、吸冲卵液的注射器，以及收取胚胎冲洗液的接卵杯、保存卵的培养皿、解剖针等一切与卵接触的用品，在消毒后使用前，还必须用灭菌生理盐水及冲卵液洗涤，以免影响卵的存活。施术员首先要将指甲剪短，并磨光滑，用新洁尔灭洗手消毒，也可以用肥皂、酒精消毒。

④供体羊术前准备。手术前一天停止饲喂草料，只给少量饮

水，否则由于腹压过大，会造成手术的困难和供体生殖器官的损伤。饲喂干草的母羊，停饲的时间不能少于24小时，饲喂青草或放牧的羊，停饲时间可减少至18小时。最好在术前1天术部剃毛，因为剃断的毛易粘于皮肤，很难清除干净，手术中易带入创口造成污染，如果在术前剃毛，可采用干剃毛法，把滑石粉涂于要剃毛的部位，再用剃毛刀剃毛，然后用于毛刷将断毛刷除干净。术部皮肤（一般在腹中线，乳房前3～5厘米处）先用2%～4%的碘酊消毒，稍后再用75%的酒精棉球涂擦脱碘。

⑤采卵过程。手术开始，按层次分离组织，用外科刀一次切开皮肤，呈一直线切口，切口长4～6厘米。肌肉用钝性分离的方法沿肌纤维走向分层切开，最好切开腹膜。切开过程中注意及时止血。全部切开，腹内脏器暴露后，最好盖上一块灭菌创布。术者将食指及中指由切口伸入腹腔，在盆腔与腹腔交界的前后位置触摸子宫角。子宫壁由于有较发达的肌肉层，故质地较硬，其手感与周围的肠道及脂肪组织很容易区分。摸到子宫角后，就用二指挟持，牵引至创口表面，先循一侧的子宫角至该侧的输卵管，在输卵管的末端转弯处，找到该侧的卵巢，不直接用手捏卵巢，也不要去触摸卵泡，更不要去用力牵拉卵巢，以免引起卵巢出血，甚至拉断输卵管。

冲卵和收集。观察卵巢表面的排卵点和卵泡发育情况并做好记录。如果卵巢上没有排卵点，该侧就不必冲洗。若卵巢上有排卵点，表明有卵排出，即可开始采卵。采卵的方法，通常有冲洗输卵管法和冲洗子宫法。

冲洗输卵管法。先将冲卵管的一端由输卵管伞的喇叭口插入2～3厘米深，助手用拇指和食指固定，冲卵管的另一端下接集卵皿。用注射器吸取37℃的冲卵液10～20毫升。在子宫角与输卵管接合处，将针头沿着输卵管方向插入，并捏紧针头，防止冲卵液倒流，然后推压注射器，使冲卵液经输卵管流至集卵皿。冲卵操作应注意下述几点：第一，针头从子宫角进入输卵管时必须仔细，要看清楚输卵管的走向，留心输卵管与周围系膜的区别，只有针头在输卵管内进退畅通时，才能冲卵。如果冲卵液误注入系膜囊内，就会引起组织膨胀或冲卵液外流，使冲卵失败。第二，冲洗时要注意将输卵管，特别是针头插入的部位应尽量撑直，并保持在一个平面上。第三，推注冲卵液的力量和速度要持续适中，过慢或停顿，会使卵子滞留在输卵管弯曲和皱褶内，影响取卵率。若用力过大，可能造成卵管壁的损伤，以及固定不牢的冲卵管脱落和冲卵液倒流。第四，冲卵时要避免针头刺破输卵管附近的血管，把血带入冲卵液，给检卵造成困难。第五，集卵皿在冲卵时所放的位置要尽可能比输卵管端的水平面低，同时要使集卵皿中不要起气泡。冲洗输卵管法的优点，其卵的回收率较高，用冲卵液较少，节约检卵时间。缺点是组织薄嫩的输卵管（特别是伞部）容易造成术后粘连，甚至影响繁殖能力。

冲洗子宫法。在子宫角的顶端靠近输卵管的部位用针头刺破子宫壁上的浆膜，然后由此将冲卵管导管插入子宫角腔，并使之固定，导管下接集卵杯。在子宫角与子宫体相邻的远端用同样的方法，即先刺破子宫浆膜，再将装 10～20 毫升冲卵液的并连接有钝性针头的注射器插入，用力捏紧针头后方的子宫角，迅速推注冲卵液，使之经过子宫角流入集卵管。集卵杯的位置同上。冲洗子宫法对卵子的回收率要比冲洗输卵管法低，也无法回收输卵管内的受精卵，所需冲卵液较多。检查卵前要先使集卵杯静置一段时间，等卵沉淀至底部后，再将上层的冲卵液小心移去，才能检查下层冲卵液，所以花费时间较多。

利用输卵管或子宫冲洗法，在整个操作过程中，要尽量避免出血现象和创伤，防止造成手术后生殖器官粘连之类的繁殖障碍，这对供体羊来说是甚为重要的。生殖器官裸露于创口外的时间要尽量缩短。因此，要求冲卵动作熟练，配合默契，并要注意器官在裸露期间内防止干燥，避免用纱布或棉花之类的物品去接触它。

手术缝合。冲卵结束后，不要在器官上撒布含有盐酸普鲁卡因油剂青霉素，因为普鲁卡因对组织有麻痹作用，它对器官活动的抑制作用容易导致粘连的发生。为防止粘连，操作过程中，最好用37℃的灭菌生理盐水洒布于器官上。一些品质优良的供体羊可考虑洒布低浓度的肝素稀释液。生殖器全部冲洗完毕、复位后，即行缝合。腹膜和腹壁肌肉可用肠线做螺旋状连续缝合。腹底壁的肌肉层宜行锁扣状的连续缝合，丝线和肠线均可。皮肤一律用丝线做间断性的结节缝合。皮肤缝合前，可撒一些磺胺粉等消炎防腐药。缝合完毕，在伤口周围涂以碘酊，最后用酒精消毒。

(5)胚胎的检查和鉴定

①检卵吸管的制作及处理。用长8厘米左右、外径4～6毫米的壁厚质硬无气泡玻璃管，将玻璃管在酒精喷灯上转动加热，待玻璃管软化呈暗红色时，迅速从火焰上取下，两手和玻璃管保持直线，均匀用力拉长，使中间拉长部分的外径达到1～1.5毫米，从中间割断。将断端在火焰上烧光，尖端内径250～500微米即符合要求。吸管拉好后，将尖端向上，竖放在洗液中浸泡一昼夜，取出后先用自来水冲洗，再用蒸馏水将吸管内外冲洗干净，烘干，包好，临用前再进行干烤灭菌，用时给吸管端接一段内装玻璃珠的乳胶管，即可用来吸取胚胎。

②胚胎的检查。回收到的冲洗液盛于玻璃器皿中，37℃静置10分钟，待胚胎沉降至器皿底部，移去上层液就可以开始检查胚胎发育情况和数量多少。在性周期第七天回收的绵羊胚胎约140微米大小。因回收液中往往带有黏液，甚至有血液凝块，常把卵裹在里面，不容易看到，可用解剖针或加热拉长的玻璃小细管拨开或翻动以帮助查找。检卵室内的温度保持在25℃～26℃，并避免温度波动过大。检胚杯要求透明光滑。底部呈圆凹面，这样胚胎可滚动到杯的底部中央，便于尽快地将卵检出。在体视显微镜下看

到胚胎后，用吸管把胚胎移入含有新鲜 PBS 的小培养皿中。待全部胚胎检出后，将检出的胚胎移入新鲜的 PBS 中洗涤 2～3 次，以除去附着于胚胎上的杂物。洗涤时每次更换液体，以防止将污染物带入新的液体中。胚胎净化后，放入含有新鲜的并加有小牛血清的 PBS 中直到移植。应隔 2 个小时更换 1 次新鲜的培养液。

经检查可用的胚胎，可短期保存在新鲜的培养液中等待移植。在 25℃～26℃的条件下，胚胎在 PBS 中保存 4～5 小时对移植结果没有影响。要想保存更长的时间，就要对胚胎进行降温处理。胚胎在液体培养基中，逐渐降温至接近 0℃时，虽然细胞成分特别是酶不稳定，但仍可保存 1 天以上。

③胚胎的鉴定。胚胎鉴定的目的就是选择出发育正常的胚胎进行移植，这样可以提高胚胎的成活率。鉴定胚胎可从形态、匀称性、胚内细胞大小、胞内胞质结构及颜色、胞内是否有空泡、细胞有无脱出、透明带的完整性、胚内有无细胞碎片等八个方面着手。

正常的胚胎，发育阶段与回收时应达到的胚龄一致，胚内细胞结构紧凑，胚胎呈球形。胚内细胞的界限清晰可见，细胞大小均匀，排列规则，颜色一致，既不太亮也不太暗。细胞质中含有一些均匀分布的小泡，没有细颗粒。有较小的卵黄间隙，直径规则。透明带无皱纹和萎缩，泡内没有碎片。检卵时要用拨卵针拨动受精卵，从不同侧面观察，才能了解确切的细胞数和胞内结构。未受精卵无卵间隙，透明带内为一个间隙，透明带内为一个大细胞，细胞内有较多功能颗粒或小泡；桑椹胚可见卵黄间隙，透明带内为一个细胞团，将入射光角度调节适当时，可见胚内细胞间的分界；变性胚的特点是卵黄间隙很大，内细胞团细胞松散、大小不一致或为很小的一团，细胞界限不清晰。处于第一次卵裂后期的受精卵其特点是透明带内有一纺锤状细胞。胞内两端可见呈带状排列的较暗的杆状物(染色体)；山羊 8 细胞以前的单个卵裂球，具有发育为正常羔羊的潜力，早期胚胎的 1 个或几个卵裂球受损，并不影响其后的存活力。

(6)**胚胎冷冻保存**　对胚胎采取特殊的保护措施和降温程序，使之在－196℃下代谢停止而进行保存，同时升温后其代谢又得以恢复，这样可将胚胎进行长期保存。

目前对羊胚胎冷存试验虽有多种经过改进的方法，但基本程序如下：添加低温保护剂并进行平衡；将胚胎装进细管，放进降温箱里，诱发结晶；快速降温；投入液氮(－196℃)中保存；升温解冻；稀释脱除胚胎里冷冻保护剂。

快速冷冻法是目前最成熟的方法。虽然操作繁琐，且需专门冷冻仪器，但胚胎解冻后移植成活率高，为目前生产中最常用的方法。其操作步骤为：

①胚胎的处理：将采得的胚胎在含有20％小牛血清的PBS中洗涤2次。

②加入冷冻液：洗涤后的胚胎在室温条件下加入含有1.5M甘油或二甲亚砜(DMSO)冷冻液中平衡20分钟。

③装管和标记：胚胎经冻前处理后即可装管。一般用0.25毫升的冷冻细管，将细管有棉塞的一端插入装双管器，将无塞端伸入保护液中吸一段保护液(I段)后吸一小段气泡，在显微镜下仔细观察并吸取含有胚胎的保护液(II段)，然后吸一个小气泡，再吸一段保护液(III段)。把无棉塞的一端用聚乙烯塑料末填塞，然后向棉塞中滴入保护液和解冻液。冷冻后液体冻结时两端即被封闭。

④冷冻和诱发结晶：快速冷冻时，要先做一个对照管，对照管按胚胎管的第I段、第II段装入保护液。把冷冻仪的温度传感电极插入II段液体中上部，放入冷冻器内，如果使用RPF冷冻仪，可以调节冷冻室和液氮面的距离，使冷冻室温度降至0℃并稳定10分钟后，将装有胚胎的细管放入冷冻室，平衡10分钟，然后调节冷冻室至液氮面的距离，以1℃/分钟降至－5℃～－7℃，此时诱发结晶(也可以由室外温度开始以同样的速度降至－5℃～

-7℃)。诱发结晶时,用镊子把试管提起,用预先在液氮中冷却的大镊子夹住含胚胎段的上端,3～5 秒钟即可看见保护液变为白色结晶体,然后再把细管放回冷冻室。全部细管诱发结晶完成后,在此温度下平衡 10 分钟。在此期间,可见温度仍在下降,在-9℃～-10℃时温度突然上升至-5℃～-6℃,接着缓慢下降。这种现象是因为对照管未诱发结晶,保护液在自然结晶时放出的热所致。10 分钟后,温度可能降至-12℃左右,此时重新调节冷冻仪至液氮面的距离,以 0.3℃/分钟的速率降至-30℃～-40℃后再投入液氮保存。

⑤解冻和脱除保护剂:试验证明,冷冻胚胎的快速解冻优于慢速解冻,快速解冻时,使胚胎在 30～40 秒钟内由-196℃升至 30℃～35℃,瞬间通过危险区来不及形成冰晶,因而不会对胚胎造成大的破坏。

解冻的方法是:预先准备 30℃～35℃的温水,然后将装有胚胎的细管由液氮中取出,立即投入温水中,并轻轻摆动,1 分钟后取出,即完成解冻过程。

胚胎在解冻后,必须尽快脱除保护剂,使胚胎复苏,移植后才能继续发育。目前多用蔗糖液一步或两步法脱除胚胎里的保护剂。用 PBS 配制成 0.2～0.5M 的蔗糖溶液,胚胎解冻后,在室温下放入这种液体中保持 10 分钟,在显微镜下观察,胚胎扩张至接近冻前状态,即认为保护剂已被脱除,然后移入 PBS 中准备检查和移植。

一步冷冻法。一步冷冻法以添加 20%犊牛血清的 PBS 液为基础液,配制 10%的甘油与 25%丙二醇的混合 I 液和 25%甘油与 25%丙二醇的混合 II 液作为玻璃化液,胚胎先在室温移入 I 液平衡 10 分钟,再液入 II 液中。取 0.25 毫升的冷冻细管 1 支,两端分别为装入含有 1M 蔗糖的 PBS 稀释液,中间装入 II 液,然后将 I 液中的胚胎直接移入到 II 液中,封口、标记。同时从液氮罐中提出充满液氮的提斗，将细管垂直缓慢地插入液氮中。解冻时，将含有用胚胎的细管从液氮中取出，立即缓慢插入预先准备好的20℃的水浴中，数秒钟后用棉球将细管外的水擦干，剪去两端，将其中的液体一起吹入培养皿，再移入含有20%小牛血清的PBS液中，反复冲洗3次。此法移植时操作简便，受胎率达50%以上。冷冻胚胎在解冻后移植前要经过活力鉴定和培养鉴定后方可进行移植。

(7)胚胎分割　早期胚胎的每一个卵裂球都有独立发育成个体的可能性，所以通过对胚胎进行分割，人工制造同卵双生或同卵多生，它极大地扩大了胚胎的来源。

(8)胚胎移植操作

①器械。目前，除了外科手术器械外，国内尚无商品化的移植工具。移卵管和吸卵管多是自制的。最简单的一种是用直径为0.6～0.8厘米的玻璃管拉成的前端变曲(或直的)、内径为0.01～0.05厘米的吸管(前部稍尖)，在后部装有一个橡皮吸球，即可以用来进行输卵管移卵。子宫内移植时，需先用针头在子宫壁上扎一个小洞，然后插入移卵管。也有采用套管移植的方法，即取出12号针头1根，将与注射器连接的接头去除。同时将其尖端磨平，变成一个金属导管，接上一段细的硅胶管与吸管相连，也可用于移植操作。

②适宜时间。移植胚胎给受体，胚胎的发育必须和子宫的发育相一致。既要考虑供体发情的同期化，又要考虑子宫发育与胚胎的关系，而子宫的发育多根据黄体的表型特征来鉴定。实际上，由于供体羊进行了超数排卵，其单个卵子排出的时间往往有差异，因此，不能只考虑发情同期化。在移植前，要对受体羊仔细进行检查，如果黄体发育到所要求的程度，即使与发情后的天数不吻合也可以移植，反之，就不能移植。

③受体的准备。受体羊在移胚前应证实卵巢上有发育良好的

黄体。有条件时可进行腹腔镜检查，确定黄体的数量、质量以及所处的位置，移植时不必拉出卵巢进行检查。受体羊在术前应饥饿20个小时左右，并于手术前一天剃毛。

④移植过程。移植分为输卵管移植和子宫移植两种。由输卵管获得的胚胎，应由伞部移入输卵管中；经子宫获得的胚胎，应当移植到子宫角前1/3处。

吸胚胎时，先用吸管吸入一段培养液，再吸一个小气泡，然后吸取胚胎，胚胎吸取后，再吸一个小气泡，最后吸一段培养液。这样可以防止在移动吸管时丢失胚胎。

输卵管法移植前要注意，输卵管前近伞部处往往因输卵管系膜的牵连，形成弯曲，不利于输卵。因此，术者应使伞部的输卵管处于输卵管系膜的正上面，并能见到喇叭口一侧。此时，移卵者将移卵管前端插入输卵管内。如果移卵液过多，则多量的液体进入输卵管时会引起倒流，卵子容易流失。移卵后要保持输卵管内的指压，抽出移卵管。若在输卵管内放松指压，移卵管内的负压就会将输卵管内的胚胎再吸出来。输卵后还要镜检移卵管，观察是否还有胚胎的存在，若没有，说明已移入，及时将器官复位，并做腹壁缝合。

子宫移植时，可以使用自制的移卵管。移卵时，将要移的胚胎吸入移卵管后，直接用钝性导入管插入子宫角腔，当移卵管进入子宫腔内时，会有插空的手感。此时，稍向移卵管内加压，若移卵管已插入子宫腔，移卵管内的液体会发生移动。若不能移动，需调整钝性导管和移卵管的方向或深浅度，再行加压，直至顺利挤入液体为止。

(四)高效高频繁殖技术

母羊的繁殖率高低，直接影响到养羊的经济效益。因此，在大规模养羊生产中不仅要对母羊实行高效繁殖，还同时要实行高频繁殖，两者紧密相关，互为补充。这里所谓的高效繁殖，是指每次每只母羊繁殖的羔羊数量、质量和生产效益的高效，而高频率繁殖，则是指在年内每只母羊繁殖效率的高效。要达到这两种高效，不从根本上改变现有的养羊生产模式，不采用高效繁殖的生物工程配套技术，是不可能实现的。

1. 发情调控激素方案的优选及配套技术 依据母羊生殖生理的特点，选择实施有效的发情调控技术十分重要。目前，国内关于母羊发情调控的研究报道较多，在小规模的试验研究中结果尚可，但在大规模生产中尤其在工厂化高效养羊生产体系中应用，却表现出许多弊端。应选择使用安全、可靠、重复性高的成熟技术。

在进行发情调控，特别是对非繁殖母羊实施诱导发情时，必须坚持三个情期的正常配种。非繁殖季节母羊的诱导发情在技术上有较大的难度，主要是受母羊产后生殖生理的限制，母羊此时卵巢的活性很低。处理的重点应当以较大剂量激素刺激母羊卵巢，经过一定时间的刺激，突然撤除孕酮，配合促性腺激素，可能使大多数母羊出现发情并排卵，即使第一情期未妊娠，在随后出现的第2、第3个情期，也会受胎。所以，必须坚持处理后三个情期的正常配种。

非繁殖季节诱导发情处理母羊的同时，必须同时重视公羊的生殖保健。非繁殖季节，母羊卵巢处于相对静止状况，而此时的公羊也同样处于睾丸活动的低谷期，在处理母羊的同时对公羊也采取相应的处理，保证公羊的配种能力，因而受胎率也会提高。

发情调控处理的母羊，必须有较好的体况和膘情，否则就会影响到处理母羊的受胎率。非繁殖季节或繁殖季节对母羊实施发情调控，必须有 40 天以上的断奶间隔，哺乳会导致母羊垂体前叶促乳素分泌量增高，同时引起下丘脑“内鸦片”的分泌量增高，这两者的作用使 LH 的分泌量和频率不足。

在进行发情调控处理时，还应特别选用配套技术。配套技术包括配套的药物、统一的程序、优化人工授精技术、首次配种时间、母羊发情状况的确定、早期妊娠诊断、复配管理等。只有采用配套技术，才能保证处理效果，使该项技术发挥最多效力，为高效生产奠定基础。

2. 高频繁殖生产体系　高频繁殖，是随着工厂化高效养羊，特别是肉羊及肥羔羊生产而迅速发展的高效生产体系。这种生产体系的指导思想是：采用繁殖生物工程技术，打破母羊的季节性繁殖限制，一年四季发情配种，全年均衡生产羔羊，充分利用饲草资源，使每只母羊每年所提供的胴体重量达到最高值。高效生产体系的特点是：最大限度地发挥母羊的繁殖生产潜力，依市场需求全年均衡供应肥羔上市，资金周转期缩短，最大限度提高养羊设施的利用率，提高劳动生产率，降低成本，便于工厂化管理。

（1）一年两产体系　一年两产体系可使母羊的年繁殖率提高90%～100%，在不增加羊圈设施投资的前提下，母羊生产力提高1倍，生产效益提高40%～50%以上。一年两产体系的核心技术是母羊发情调控、羔羊超早期断奶、早期妊娠检查。按照一年两产生产的要求，制定周密的生产计划，将饲养、兽医保健、管理等融为一体，最终达到预定生产目标。从已有的经验分析，该生产体系技术密集，难度大，但只要按照标准程序执行，一年两产的目标可以达到。一年两产的第一产宜选在12月，第二产选在7月。

（2）两年三产体系　两年三产是国外20世纪50年代后期提出的一种生产体系，沿用至今。要达到两年三产，母羊必须8个月产羔一次。该生产体系一般有固定的配种和产羔计划：如5月份配种，10月份产羔；1月份配种，6月份产羔；9月份配种，翌年2月份产羔。羔羊一般是2月龄断奶，母羊断奶后1个月配种。为了达到全年的均衡产羔，在生产中，将羊群分成8月产羔间隔相互错开的4个组，每2个月安排1次生产。这样每隔2个月就有一批羔羊屠宰上市。如果母羊在第一组内妊娠失效，2个月后可参加下一个组配种。用该体系组织生产，生产效率比一年一产体系增加 40%。该体系的核心技术是母羊的多胎处理、发情调控和羔羊早期断奶，强化肥育。

(3)三年四产体系　三年四产体系是按产羔间隔 9 个月设计的，由美国 BELTSVILLE 试验站首先提出的，这种体系适宜于多胎品种的母羊，一般首次在母羊产后第 4 个月配种，以后几轮则是在第三个月配种，即 1 月份、4 月份、6 月份和 10 月份产羔，5 月份、8 月份、11 月份和翌年 2 月份配种。这样，全群母羊的产羔间隔为 8～9 个月。

(4)三年五产体系　三年五产体系又称为星式产羔体系，是一种全年产羔的方案，由美国康乃尔(CORNELL)大学伯拉·玛吉(BRAINMGEE)设计提出的。羊群可被分为 3 组。开始时，第 1 组母羊在第一期产羔，第二期配种，第四期产羔，第五期再配种；第 2 组母羊在第二期产羔，第三期配种，第五期产羔，第一期再次配种。如此周而复始，产羔间隔 7.2 个月。对于 1 胎 1 羔的母羊，1 年可获 1.67 个羔羊，若 1 胎产双羔，1 年可获 3.34 个羔羊。

(5)机会产羔体系　该体系是依市场设计的一种生产体系。按照市场预测和市场价格组织生产，在有利条件下，如有利的饲料年份，有利的价格，进行 1 次额外的产羔。无论什么方式、什么体系进行生产，尽量不出现空怀母羊。如有空怀母羊，即进行 1 次额外配种。此方式对于个体养羊生产者是很有效的一种快速产羔方式。

总之，在选择配种产羔体系之前，应该考虑地理生态、繁殖特性、管理能力、饲料资源、设备条件、投资需求、技术水平等诸因素，认真分析后，做出最佳选择。

3. 母羊多胎技术　母羊的多产性是具有明显遗传特征的性状。从解剖学上分析，母羊是双角子宫，适合怀双胎。从生产实践中，不少母羊不仅可以产双羔，甚至可以产 3 胎和 4 胎。提高母羊的产羔率，可以大幅度提高生产经济效益。因此，在养羊发达的国家，如澳大利亚、新西兰等，一直非常重视母羊产双羔的研究。

目前，用于提高母羊产双羔率的方法主要有四种：第一是采用促性腺激素，如PMSG诱导母羊双胎；第二是采用生殖免疫技术；第三是应用胚胎移植技术；第四是采用营养调控技术。

(1)促性腺激素　对单胎品种的母羊多采用这种方法。一般是在母羊发情周期的第12～13天，一次注射PMSG 700～1 000毫克，或用孕酮处理12～14天，撤栓前注射PMSG 500毫升以上，一次注射HCG 200～300毫升。在非繁殖季节，需要增加激素剂量。据报道，注射500毫升PMSG可提高每只母羊的产羔指数0.2～0.6。PMSG处理的弊端是不能控制产羔数，剂量小时，双胎效果不明显，剂量大时，则会出现相当比例的3胎或4胎，影响羔羊成活率，有时还会造成母羊卵巢囊肿。促性腺激素处理可与同期发情处理结合，即在同期处理时适当增加促性腺激素的剂量，可以达到提高双羔率的目的。直接用促性腺激素，因母羊对激素反应的的敏感性存在的个体差异，处理效果有时不确定，选用这种方案时须作预试，因品种、地区而确定合理的剂量和注射时间。

(2)生殖免疫技术　生殖免疫技术为提高母羊多胎性提供了新的途径。该技术是以生殖激素作为抗原，给母羊进行主动免疫，刺激母体产生激素抗体，或在母羊发情周期中用激素抗体进行被动免疫，这种抗体便和母羊体内对应的内源激素发生特异性结合，显著地改变内分泌原有的平衡，使新的平衡向多产方向发展。

(3)胚胎移植　应用这一技术可给发情母羊移植3～4枚优良种羊的胚胎，不但能达到一胎双羔，还可以使普通母羊繁殖良种后代，在生产中具有很大的经济价植。

(4)营养调控技术　营养调控技术提高母羊双羔率，主要包括采用配种前短期优饲、补饲维生素E和维生素A制剂、白羽扁豆、矿物质微量元素等，实践证实，这些措施可以提高母羊的繁殖率。

依各地的生产条件，对配种前的母羊实行营养调控处理，加大短期的投入，可以达到事半功倍的效果。一般情况下，采取这种处理，在配种前的短期内使母羊活重增加3～5千克，可以提高母羊的双羔率5%～10%。待配种开始后，恢复正常饲养。对经过生殖免疫处理的母羊于配种前20天补饲维生素E和维生素A合剂，可以显著提高免疫处理的效果。

四、产羔与接羔

母羊配种怀孕后，经过5个月左右的妊娠时间即可分娩。产羔与接羔是养羊的又一个重要生产环节。做好接羔及其护理工作是提高羔羊存活率的重要环节，要做好计划，周密安排。

(一)产羔前的准备工作

1. 推算预产期 母羊从受精卵着床开始到分娩的期间叫妊娠期，羊的妊娠期一般150天左右。羊的预产期可用公式推算：即配种月加5，配种日期数减2。

2. 产房的准备 在妊娠母羊群进入分娩期以前，产房要修整完善，并做好产房的防寒保温工作。产羔期间产房温度一般5℃～15℃为宜。产羔前应提前3～5天把产房打扫干净，墙壁和地面用5%碱水或2%～3%的来苏儿消毒，在产羔期间还应消毒两三次。产羔母羊尽量在产房内单栏饲养，因此，在产羔比较集中时要在产房内设置分娩栏，既便于避免其他羊干扰，又便于母羊认羔，一般可按产羔母羊数10%设置。提前将栏具及料槽和草架等用具检查、修理，用碱水或石灰水消毒。羊床上铺干净柔软的褥草(要消毒)。准备碘酊、酒精、高锰酸钾、药棉、纱布及产科器械。

3. 用具、备用品和记录的准备 产羔前，必须把产羔所用的饲槽、水槽、草架、水桶、拌料用具，以及与接产有关的器械、药品、标记和记录等用品准备齐全，消毒备用。

4. 饲草、饲料的准备 母羊在临产至产后的20天，要停止放牧，饲草、饲料一定要种类多、数量足、质量优。精料选择营养比较全面的配合料；干草最好是富含豆科牧草和适口性强、容易消化的杂拌干草，还要有一定数量的块根块茎饲料和青贮饲料。特别是准备好多羔时用的代乳品。

5. 羊群调整 产羔前，应当根据繁殖母羊的配种记录，按预产期的前后顺序，重新组成羊群，以利于组织和安排产羔期的生产，以便观察和及时发现临产的母羊。

(二)接产技术

1. 分娩前征象 临近分娩时，乳房膨胀，乳头竖立，手挤时可有少量浓稠的乳汁；骨盆韧带松弛，尾根两侧下陷，腹部下垂，肷窝凹陷，阴唇肿大潮红，有黏液流出；行动迟缓，排尿次数频繁，时而回头看腹部，常单独呆立墙角或趴卧，四肢伸直，不爱吃草，站立不安，有时鸣叫，前肢挠地，临产前有努责现象。发现上述现象，应快速送入产房，用温水洗净外阴部、肛门、尾根、股内侧和乳房，用1%～2%来苏儿溶液消毒。羊水破出后，一般不出30分钟，羔羊便可产出。

2. 接产方法 首先用温水洗净乳房，并挤出几滴初乳，再将母羊尾根、外阴部、肛门洗净，用1%来苏儿溶液消毒。母羊生产多数能正常进行，羊膜破水后10～30分钟，羔羊即能顺利产出，两前肢和头部先出，当头也露出后，羔羊就能随母羊努责而顺利产出。产双羔时，先后间隔5～30分钟，个别时间会更长些，母羊产出第一只羔羊后，仍表现不安、卧地不起、或起来又卧下、努责等，就有可能是双羔，此时用手在母羊腹部前方用力向上推举，则能触到一个硬而光滑的羔体。经产母羊产羔较初产母羊要快。

羔羊产出后，应迅速将羔羊口、鼻、耳中的黏液抠出，以免引起窒息或异物性肺炎。羔羊身上的黏液必须让母羊舔干,既可促进新生羔羊血液循环,又有助于母羊认羔。母性差的羊不舔羔身的黏液,要在羔羊身上撒布些炒香的玉米面,诱其舔食。如果寒冬季节露天或产房里温度过低时,要注意把羔羊用布或干草迅速擦干,以免受凉感冒和冻死,但是要防止异味感染,引起母羊拒绝羔羊吮奶。产下的羔羊如有包被胎衣产出时,要及时撕破,使羔羊露出。

羔羊出生后,一般都是自己扯断脐带,这时用0.5%碘酊在断端消毒。如果脐带未断,先将脐带内血向羔羊脐部挤压,在离羔羊腹部3～4厘米处剪断,然后打结并立即涂抹碘酊消毒。胎衣通常在母羊产羔后0.5～1小时能自然排出,接产人员一旦发现胎衣排出,应立即取走,防止被母羊吃后养成咬羔等恶癖。

3. 难产处理 初产母羊应及时助产。阴道狭窄,母羊体弱,胎儿过大等均可引起难产。助产的方法是拉出胎羔,在破水后30分钟,如母羊努责无力,羔羊仍未产出,即可助产。助产人员应根据情况采取不同措施助产术。

胎羔过大时,将阴门用剪刀扩大(产后要立即消毒缝合),再把胎羔两前腿送回去后反复伸拉2～3次,趁母羊用力努责时顺势将胎羔拉出,但严禁用力过猛。

胎位不正时,常见的胎位不正有头出前肢不出、前肢出头不出、后肢先出、胎儿上仰、臀部先出以及四肢先出等。此时需先弄清楚属于哪种不正胎位,如见头不见腿或见腿不见头时应及时将母羊后躯垫高,防止胃肠压迫子宫内的胎羔,然后助产者将手臂消毒,涂油(或涂肥皂液),待母羊阵缩时,将胎羔推回腹腔,手伸入阴道,用中、食指摸明胎儿位置后予以纠正,让母羊自然产出,或借母羊努责时顺势拉出。助产应及时,过早不行,过迟母羊精力消耗太大,羊水流尽不易产出。

4. 假死羔羊的处理 羔羊产出后,身体发育正常,心脏仍跳动,但不呼吸,这种情况叫做假死。假死的羔羊主要是过早呼吸而吸入羊水，或者是子宫内缺氧，分娩过程太长以及受凉所致。但有时死胎和假死往往分不清，如果肛门紧闭可能是假死，张开则死胎。

羔羊出现假死现象时，先立即清除呼吸道内吸入的黏液、羊水、擦净鼻孔，向鼻孔吹气或进行人工呼吸。或提起羔羊两后腿，使羔羊悬空并拍击背部、胸部。或让羔羊爬卧后用两手有节律的推压胸部两侧，假死的羔羊一般都能复苏。因受凉而造成的假死，应立即移入暖室进行温水浴，水温从 38℃开始，逐渐升至 42℃。

(三)羔羊的护理

羔羊出生后，体质弱，抵抗力低，适应能力差，容易生病。羔羊出生后，一般 10 分钟左右便能独立起来，并寻找乳头吃奶。为了使初生羔羊尽快吃到初乳，此时接产人员应协助羔羊找到母羊的乳头，并协助和护理羔羊吃好初乳。一定要确保羔羊能吃到 3 天以上的初乳，否则羔羊不易成活。对失去母羊或母羊奶不够吃的羔羊，都要尽快地为羔羊找到保姆羊，或实行人工哺乳或哺育(具体方法见饲养管理)。

羔羊在出生后 4～6 小时，便开始自行排泄胎便。如果生后 24 小时仍然排不出胎便，此时就要采取灌肠办法促使胎便排出。羔羊出生以后，应当立即与母羊一起送到分娩小圈内哺育 5 天左右。转入母仔小群生活 5～10 天，便可转为母仔大群饲养。

(四)产后母羊的护理

母羊在分娩过程中，体能消耗过大，失去的水分多，新陈代谢功能下降，抵抗力减弱。对产后母羊的护理，应注意保暖、防潮、避免受凉感冒；要保持产圈干燥、清洁和安静。产羔后 1 小时左右，应给母羊饮 1～1.5 升温水或麸皮盐水，切忌喝冷水。喂饲少量的优质干草或其他粗饲料。前 3 天尽量不喂精饲料。饲喂精饲料时，要先少再逐渐增多。随着羔羊吃初乳的结束，精料量可逐渐增至预定量。

五、提高羊繁殖力的技术措施

(一)繁殖力的表示方法

在肉羊的繁殖和育种过程中，往往需要对羊群的繁殖力进行评估，以便了解母羊群体的繁殖状况，从而对群体繁殖力的遗传进展、母羊群体结构、公羊的繁殖性能等有一个比较全面的认识。有关母羊繁殖群体的一些繁殖力参数计算方法如下。

1. 能繁母羊比率 主要反映羊群中能繁殖的母羊比例。能繁母羊(适龄母羊)主要指 10 月龄(山羊)和 1.5 岁(绵羊)以上的母羊。计算公式如下：

$$能繁母羊比率=\frac{本年度终能繁母羊数}{本年度终羊群总数}\times100\%$$

2. 空怀率 计算公式如下：

$$空怀率=\frac{(能繁母羊数-受胎母羊数)}{能繁母羊数}\times100\%$$

3. 受配率 受配率表示本年度内参加配种的母羊数与羊群内适龄繁殖母羊数的百分率。主要反映羊群内适龄繁殖母羊的发情和配种情况。计算公式如下：

$$受配率=\frac{配种母羊数}{适龄母羊数}\times100\%$$

4. 受胎率 受胎率指在本年度内配种后妊娠母羊数占参加配种母羊数的百分率。

(1)总受胎率 指本年度末受胎母羊数占本期内参加配种母羊的百分率。反映母羊群中受胎母羊数的比例。计算公式如下：

$$总受胎率=\frac{受胎母羊数}{配种数}\times100\%$$

(2)情期受胎率　指在一定的期限内受胎母羊数占本期内参加配种母羊发情配种总次数的百分率。反映母羊发情周期的配种质量。计算公式如下：

$$情期受胎率=\frac{受胎母羊数}{情期配种数}\times100\%$$

5. 产羔率　指产羔母羊的产羔数占分娩母羊数的百分率。反映母羊妊娠及产羔情况。计算公式如下：

$$产羔率=\frac{产出羔羊数}{分娩母羊数}\times100\%$$

6. 羔羊成活率　指在本年度内，断奶成活的羔羊数占出生羔羊数的百分率。计算公式如下：

$$羔羊成活率=\frac{成活羔羊数}{产出羔羊数}\times100\%$$

7. 繁殖成活率　指本年度内断奶成活的羔羊数占适龄繁殖母羊数的百分率。计算公式如下：

$$繁殖成活率=\frac{断奶成活羔羊数}{适龄繁殖母羊数}\times100\%$$

以上各种繁殖力指标一般每个年度要统计一次。如果繁殖力指标下降较快，就要求育种者或生产管理者对羊群进行具体分析，找出原因。特别是在肉羊育种中，当一个育种群体的繁殖力指标没有按照育种计划改变时，首先就要对群体的饲养管理、繁殖技术等外部条件进行研究；其次是要对种公羊进行检查，因为育种群体的种公羊是经过严格的选择而确定的，一般有较高的育种值，是群体繁殖力提高的推动者，它的优劣对整个群体的遗传进展有较大的影响。对种公羊的检查包括：种公羊的饲养管理情况、繁殖生理状况、育种值、配种情况等。

(二)提高繁殖力的技术措施

繁殖力是单个种羊生殖机能的强弱和生育后代的能力,是养羊生产中的重要环节,只有提高羊群繁殖力才能增加羊只数量和提高质量,获得较好的经济效益。农村饲养山羊一般以户为单位,羊群多是大小、公母混群,长期野交乱配和近亲繁殖容易造成品种退化,种羊繁殖力低,羊群增长慢,经济效益低。提高羊群的繁殖力应采取以下措施。

1. 选择优良品种,引入多胎品种的遗传基因 不同品种的羊之间繁殖力存在着很大程度差异,坚持长期选育可以提高整个羊群的繁殖性能。山羊中一般无角母羊的产羔数高于有角母羊;有肉髯母羊的产羔性能高于无肉髯的母羊;一般初产母羊能产双羔的,除了其本身繁殖力较高外,其后代也具有繁殖力高的遗传基础。据报道,初产单羔的母羊,随后 3 胎平均每胎产羔数为 1.33 只、1.31 只和 1.4 只,而初产双羔的母羊随后 3 胎平均每胎产羔数分别为 1.73 只、1.71 只和 1.88 只,可见应选留初产双羔的母羊继续作种,也可选用双胎公羊与双胎母羊交配的后代母羊作种。种公羊用高产母羊的后代选育和用好优良种公羊,能迅速有效地提高整个生产羊群的繁殖力。种公羊一般通过其母亲的繁殖成绩和后裔测定来进行选择,必须来自年产双胎、每胎不低于 2 羔的母羊后代,且同胞姐妹繁殖性能好、后代繁殖力高。

2. 提高羊群中能繁母羊比例 母羊承担繁育羔羊的重任,提高能繁母羊的比例是提高羊群繁殖力的重要措施。农户养羊,由于生产水平限制和消费习惯等原因,羊群中 2~3 岁的非种用“长寿羊”过多,致使能繁母羊比例降低,降低了整个羊群的繁殖水平。以肉用为目的的肉羊生产应大力提倡和推广羔羊当年出栏屠宰。山羊适宜繁殖的年龄为公羊 1.5~5 岁、母羊 1.5~7 岁,母羊到 5 岁时达到最佳生育状态,随后生育能力逐渐降低,到 7 岁后逐渐会出现一些生育障碍，并由于体况变差，繁殖成活率会呈现下降。因此，7 岁以后的基础母羊应逐渐有计划地淘汰，不断补充适龄母羊，努力提高壮年母羊的比例和质量，使羊群中母羊占 70%，能繁母羊达到 50%以上，以保持羊群旺盛的繁殖能力。

3. 提高种公羊和繁殖母羊的饲养水平　营养条件对公、母羊的繁殖能力有很大的影响。充足而全面的营养，可以提高种公羊的性欲，提高精液的品质，同时可以促进母羊的发情和排卵数的增加。由于气候的季节性变化，存在着牧草生长枯荣交替的季节性不平衡。枯草季节，羊采食不足，身体瘦弱，影响羊的繁殖受胎率和羔羊成活率。随时保持种羊的繁殖体况——中等偏上的膘情，是保证种羊繁殖能力的基本条件。因此，在配种前 1 个月左右、怀孕后期、哺乳期要补饲精料和优质牧草，每只羊每天喂给 100～150 克精料，除白天早出晚归、延长放牧时间外，夜晚还应添加青草和干草。过肥的公、母羊易引起生理性不孕，故在补饲的同时，应注意合理的日粮搭配和让公、母羊有适当的运动。

4. 开发应用繁殖调控技术

(1)诱导发情　是在母羊乏情期内，借用外源激素引起正常发情并进行配种，缩短母羊的繁殖周期，提高繁殖力。其方法主要有以下 3 种：①羔羊早期断奶。实质是缩短母羊的哺乳期，使母羊提早发情，但早期断奶要求羔羊的培育条件较高，必须解决人工乳及人工育羔等方面的技术问题；②激素处理。激素处理可消除季节性休情，使母羊全年发情配种。具体方法是：先实行羔羊早期断奶，再用孕激素处理母羊 10 天左右，停药后注射 PMSG，即可引起发情、排卵；③生物学处理。包括环境条件的改变及性激素。环境条件的改变主要调节光照周期，使白昼缩短，达到发情排卵的目的。性激素是在正常配种季节之前，把公、母羊混群，使配种季节提前，缩短产后至排卵配种的时间，以达到提高母羊繁殖力的目的。

(2)同期发情　是用外源激素或其他药物对母羊进行处理，暂时改变其自然发情周期的规律，人为地把发情周期的进程控制并调整到相同阶段，以合理组织配种，使产羔、肥育等过程一致，提高管理效率。同期发情主要有以下两种方式：一是延长母羊发情周期，为以后引起同期发情准备条件。用孕激素处理母羊，抑制卵泡的生长发育，经过一定时间同时停药，随之引起同期发情。二是缩短发情周期，促使母羊提早发情。利用与上述性质完全不同的激素，抑制黄体，加速消退，降低孕酮水平，促进垂体促性腺激素的释放，引起发情。处理方法：①将浸有孕激素的海绵置于子宫颈外口处，处理10～14天后取出，当天肌内注射PMSG 400～500单位，一般30小时左右即有发情表现，发情当天和翌日各输精一次或与公羊自然交配。常用孕激素的种类和剂量为：孕酮400～450毫克，甲孕酮50～70毫克，甲地孕酮80～150毫克，18-甲基炔诺酮30～40毫克，氟孕酮20～40毫克。②每日将一定数量的药物均匀拌入饲料，连喂12～14天。药物用量为阴道海绵法的1/10～1/5，最后一次口服药的当天，肌注PMSG 400～750单位。③将前列腺素$PGF_{2\alpha}$或其类似物，在发情结束数日后，向子宫内灌注或肌注一定量，能在2～3天内引起母羊发情，以上处理适合大群饲养。

(3)超数排卵　超数排卵可扩大优秀种羊的利用率，提高群体的生产力。方法是在母羊发情周期的适当时间，注射促性腺激素，使卵巢比正常情况下有更多卵泡发育成熟并排卵，经过处理的母羊可一次排卵几个甚至十几个。超数排卵的处理方法是在成年母羊发情到来前4天，即发情周期的12或13天，肌内或皮下注射PMSG 600～1100单位，出现发情后即行配种，并在当日肌内或静脉注射HCG 500～750单位，即可达到超排目的。母羊的多产性，不仅决定于排卵数，而且与子宫怀多胎的能力有关。

(4)控制光照及温度　由于光照的缩短和温度的降低可促进

性腺活动，可以利用控制光照的方法来改变母羊的季节性活动。美国科学家深德泊格在春季将公羊隔离后，限制光照 10 周以上，然后再把公羊放入母羊群中，结果比对照组公羊所配的母羊多产羔羊 2.5 倍。又有饲养证明，母羊在赤道光照条件下饲养 1 年，可使季节性发情母羊的季节性活动消失，发情时间分散，一年中任何一个月份都可以发情配种。在夏季将光照和温度控制在与 10 月份相似的条件下，能显著提高母羊的繁殖率。

(5)促使母羊产双胎、多胎　常用的促进母羊多胎的技术措施主要有 3 种：①补饲法。在配种前 1 个月改进日粮，特别提高蛋白质水平，催情补饲，提高母羊发情率，增加排卵数，诱使母羊产双胎甚至多胎。

②双羔素法。双羔素也是一种激素类药物，它可促使卵细胞发育、成熟，以提高母羊的排卵数。目前国内外已有几个单位研制和生产上述双羔素。英国、澳大利亚和我国上海生化所都生产，在母羊配种前 7 周第 1 次免疫，间隔 3 周后第 2 次免疫，每只每次颈部皮下注射 2 毫升双羔素。中国农业科学院畜牧研究所研制的双羔素有水剂和油剂两种类型，水剂型在母羊配种前 5 周、2 周分别进行 2 次免疫，每次、每只剂量为 1 毫升。油剂型则在母羊配种前 2 周免疫注射 1 次，每只注射剂量为 2 毫升。新疆农业大学研制的有新八—Ⅰ型和新八—A 型双羔素两种，使用新八—A 型双羔素，只在母羊配种前 3 天进行一次免疫注射，使用新八—Ⅰ型双羔素先对母羊做发情鉴定，于发情周期的第 14 天免疫注射，母羊再发情时即可配种。据资料报道，应用上述几种双羔素可提高产羔率 50%～57%，效果显著，但应用效果受品种、母羊体况、繁殖年龄、胎次、营养状况等因素的影响，多胎品种效果好于单胎品种，营养好的母羊好于营养差的母羊，青壮年母羊好于体弱多病母羊。多羔素诱产多胎技术操作简单、成本低、效果好，推广应用的前景非常好。

③孕马血清促性腺激素(PMSG)法。在发情周期第 12 天或 13 天,皮下注射 PMSG 600～1 100 单位。由于不同品种间对激素的敏感反应差异较大,实际使用时,应针对使用对象进行小群预试,然后确定剂量。本法配合使用抗 PMSG,效果更好。

六、羊的选种与选配

(一)种公羊的选择

1. 体质外貌选择 体质外貌是种公羊生长发育和生产性能的外在表现,体质外貌鉴定是选择种公羊的重要手段,选择种公羊时要求外貌健壮,睾丸发育良好,雄性特征明显,经常检查精液品质,及时发现和剔除不符合要求的公羊,并注重从繁殖力高的母羊后代中选择培育公羊。

2. 系谱选择 此法是依据个体的父母、祖父母的成绩来选种。

3. 同胞测定 此法包括"全同胞测定"和"半同胞测定",是按照其同胞(即兄弟姐妹)的表现成绩选种,主要用于:①某羊上一胎的同胞或半同胞表现好时;②某些性状如产肉性能等无法直接测量的。

4. 后裔测定 此法按照其后代的表现成绩选种,这是目前最准确的选种方法,但其缺点是时间太长,因为只有其后代表现出成绩时(如体重和产羔数等)才能使用。在实际运用时,可以通过此方法印证早期选种的准确性和可靠性,如果证明早期选种可靠,那么请记住原来是怎样选的,再经过细心的观察和完善,对今后准确的早期选择好羊是很有益的。

在羔羊断奶时,以系谱选择为主。在羔羊断奶至成年期,以个体生长发育和生产性能选择为主。重点考虑日增重及饲料转化率。在有一定数量后裔时,以后裔成绩为主进行综合选择。

(二)母羊的选择

选育高产母羊是提高繁殖力的有效措施,坚持长期选育可以提高整个羊群的繁殖性能。

1. 选留多羔种羊 母羊的繁殖力是有遗传性的。由多羔羊育成的母羊,产多羔的潜力也大。在选留母羊时,应选留羔多,羔羊初生重大、泌乳性能好的个体。幼龄母羊应选自多胎的羔羊。在第一胎生产多羔的母羊在以后的胎次中有较大的生产多羔的潜力。一般初产母羊能产双羔的,除了其本身繁殖力较高外,其后代也具有繁殖力高的遗传基础,这些羊可以选留作种用。

2. 根据母羊的外形选留种羊 统计表明,山羊中一般无角母羊的产羔数高于有角母羊,有肉髯母羊的产羔性能略高于无肉髯的母羊。但无角山羊中容易产生间性羊(雌雄同体,不能生育),因此,山羊群体中应适当保留一定比例的有角羊,以减少间性羊的发生。

(三)选配方法

选配可分为表型选配和亲缘选配两种类型。表型选配是以与配公、母羊个体本身的表型特征作为选配的依据,亲缘选配则是根据双方的血缘关系进行选配。这两类选配都可以分为同质选配和异质选配,其中亲缘选配的同质选配和异质选配即指近交和远交。

1. 表型选配 即品质选配,它可分为同质选配和异质选配。

(1)同质选配 具有同样优良性状和特点的公、母羊之间的交配,以便使相同特点能够在后代身上得以巩固和继续提高。通常特级羊和一级羊是属于品种理想型羊只,它们之间的交配即具有同质选配的性质;或者羊群中出现优秀公羊时,为使其优良品质和突出特点能够在后代中得以保存和发展,则可选用同群中具有同样品质和优点的母羊与之交配，这也属于同质选配。例如，对于肉用体型好、产肉性能高的肉用型品种母羊，选用肉用体型好、产肉性能高的肉用型品种的公羊与之相配，可以使后代在体格和肉质上得到继承和发展，这就是“以优配优”的选配原则。

（2）异质选配　选择在主要性状上不同的公、母羊进行交配，目的在于使公、母羊所具备的不同优良性状在后代身上得以结合，创造一个新的类型；或者是用公羊的优点纠正或克服母羊的缺点或不足。用特、一级公羊配二级以下母羊即具有异质选配的性质。例如，用生长发育快、肉用体型好、产肉性能高的肉用型品种公羊，与当地适应性强、体格小、肉用性能差的土种母羊相配，其后代在体格大小、生长发育速度和肉用性能方面都显著超过母本。在异质选配中，必须使母羊最重要的有益品质借助于公羊的优势得以补充和强化，使其缺陷和不足得以纠正和克服，这就是“公优于母”的选配原则。

2. 亲缘选配　即基因型选配，指具有一定血缘关系的公、母羊之间的交配。如双方有较近的血缘关系，叫近亲交配，简称近交；反之，较远血缘关系的交配，叫作远亲交配，简称远交。在养羊业中，一般认为共同祖先到交配双方的代数总和不超过 6 代者（近交系数大于 0.78%）算近交，而超过 6 代者（近交系数小于 0.78%）则为远交。

从遗传角度来看，近交可以增加纯合基因的频率，提高遗传纯度，使群体分化。纯合的效果，既造成显性有利基因的纯合，也造成隐性有害基因的纯合。从育种工作的实践来讲，使用亲缘选配可以固定优良的性状、淘汰有害的性状、保持个别优秀祖先的血缘和造成畜群的一致性等。但是，如果亲缘选配使用得不当，则可造成后代生活力减弱，生长发育缓慢，受胎率下降，空怀率、发病率、死亡率上升，甚至出现畸形、死胎等。

近交只宜在培育新品种或品系繁育中固定性状时采用，并只限于那些经过鉴定的优良而健壮的个体。近交选配的作用，主要是使优良公畜遗传性能尽快得到固定，为使优良公畜遗传性能占优势，可多利用公畜（如父女、祖父孙女之间）；为使优良母畜遗传性能占优势，则多利用母畜（如母子、祖母孙子之间）。为固定父母共同优良品质，则多利用同胞、半同胞或堂兄妹间的近交。近交使用时间的长短，以达到目的为限度，以免发生近交衰退。

近交选配应采取下列措施预防不良后果的产生：①严格选择和淘汰。进行近交选配，必须根据体质和外形（除了生产性能外）进行，健康而强壮的公、母羊配种可减轻和避免不良后果。近交所生的后代，要仔细鉴定，选留体质结实和体格健壮的个体继续作种畜。凡体质弱、生活力低的个体，均应坚决淘汰；②血缘更新。血缘更新是把近交的后代和没有血缘关系的同种羊选配，这样的选配可以获得生产力高和生产性能好的后代。

3. 选配注意事项　在实际选配中，个体选配应注意以亲缘选配为依据，以表型选配为条件，这样才能排除外因干扰所造成的假象，选留出真正理想的优良性状，并可将优良性状传给后代，从而提高选种效果。

无论采取哪种选配方式，都应坚持公羊的综合评分等级或育种值应高于母羊，不允许等级高的母羊与等级低的公羊交配，应注意以优配优、以优配中，不可采取“拉平”的方法。

七、羊的纯种繁育

纯种繁育是指在品种内进行繁殖和选育，其目的在于获得育种品质好和生产性能高的纯种。在纯繁过程中，参与交配的公、母羊，可以是有血缘关系的，也可以是没有血缘关系的。

一个品种，常有几个性状需要提高，如生长速度、屠宰率、繁殖率等。在选育中考虑的性状越多，各性状的遗传进展就越慢，如果能建立几个不同性状的品系，然后通过品系间杂交，把几个性状结合起来，提高整个品种的生产性能。因此在现代育种中，常把品种分成互相没有血缘关系的品系，品系成为品种的结构单位。品系繁育一般分三个阶段。

（一）建立基础群

建立基础群时，可按血缘关系组群，也可按性状组群。按血缘组群时，先将羊群进行系谱分析，查清公羊后裔特点，选留优秀公羊后裔建立基础群，同时去除后裔中不具备该品系特点的个体。这种组群方法在遗传力低时采用。按性状分群，则是根据性状表现来建立基础群。这种方法不管血缘而按个体表现组群，常在羊群的遗传力高时采用。

（二）建立品系

基础群建立之后，一般把基础群封闭起来，只在基础群内选择公、母羊进行繁殖，逐代把不合格的个体淘汰，每代都按品系特点进行选择。最优秀的公羊尽量扩大利用率，质量较差的不配或少配。亲缘交配在品系形成中是不可缺少的，一般只作几代近交，以后采用远交，直到特点突出和遗传性稳定。

（三）血液更新

血液更新是指把具有一致遗传性和生产性能，但来源不相接近的同品系的种羊，引入另外一个羊群。由于公、母羊属于同一品系，仍是纯种繁育。血液更新在下列情况下进行：①在一个羊群中或羊场中，由于羊的数量较少而存在近交产生不良后果时；②新引进的品种改变环境后，生产性能降低时；③羊群质量达到一定水平，生产性能及适应性等方面呈现停滞时。血液更新中，被引入的种羊必须在体质、生产性能、适应性等方面没有缺点。

八、羊的杂交改良

(一)杂交繁育

1. 改良杂交 又称为级进杂交、改造杂交、或吸收杂交。指利用某一优良品种(改良品种)彻底改造另一品种(被改良品种)生产性能的方向和生产力水平的一种杂交方式(图 3-1)。

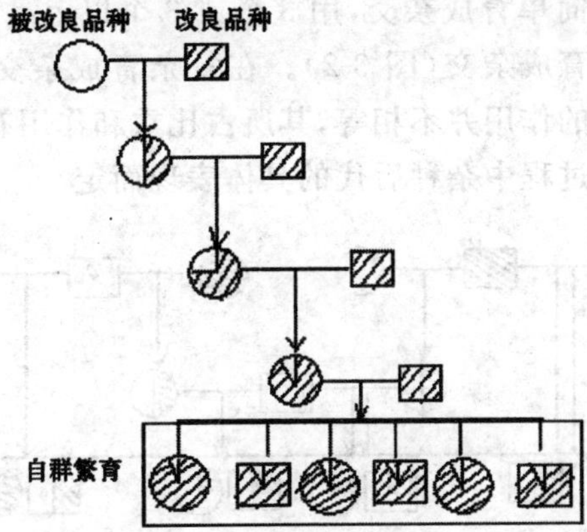

图 3-1 改良杂交示意

(1)操作方法 从改良品种中选择优秀公羊与被改良品种的母羊交配,从其杂交后代中选择优良母羊再与改良品种的优秀公羊交配,如此连续几代,使被改良品种的生产方向及生产力水平逐代趋近改良品种。

(2)应用范围 当现有的品种已经不能满足需要,必须尽快改变其固有的生产力方向和水平时采用;为了尽快获得大量某种特殊用途的羊品种时采用此法;为了尽快提高羊的某种生产性能时采用此法;为了经济有效地获得大量"纯种"羊时采用;为了创造新的羊品种进行过渡性改良杂交(为杂交育种提供母本素材)。

(3)**注意事项** 有明确的改良目标和具体的改良指标(改良杂交成功与否的检验尺度);正确选择改良品种(直接关系改良效果);加强对杂交后代的培育和选择;加强选种选配(尽可能加大优秀公畜的利用强度,如采用人工授精等);逐代分析改良的实际效果。

2. 育成杂交 当原品种不能满足需要时,则利用 2 个或 2 个以上的品种进行杂交,最终育成一个新品种。用 2 个品种杂交育成新品种称为简单育成杂交,用 3 个或 3 个以上品种杂交育成新品种称为复杂育成杂交(图 3-2)。在复杂育成杂交中,各品种在育成新品种时的作用并不相等,其所占比重和作用有主次之分,这要根据在杂交过程中杂种后代的具体表现而定。

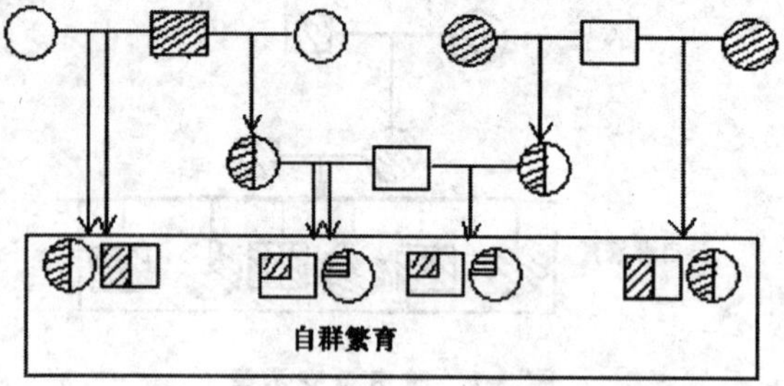

图 3-2 育成杂交示意

(1)**操作方法** 育成杂交培育新品种时一般要经历以下 3 个阶段:

①杂交改良阶段。这一阶段的主要任务是以培育新品种为目标,选择参与育种的品种和个体,较大规模地开展杂交,以便获得大量的优良杂种个体。在培育新品种的杂交阶段,选择较好的基础母羊,能加快杂交进程。

②横交固定阶段。亦称自群繁育阶段,按照确定的育种目标,

用符合要求的公、母羊进行配种繁殖。一般要级进到三或四代以上才进行横交固定。在开始横交时，个体常发生较大的分离现象，应严格选择淘汰，对性状表现明显、遗传性状较稳定的羊只继续留种。

③扩群提高阶段。通过自群繁育，不断地选择与培育，理想型羊只达到一定的数量，这个杂交群体称为品种群。品种群形成后，要在短期内形成品种可采取以下措施：培育优秀种公羊；大面积推广人工授精技术，加快遗传进展；加强选种选配，按照公、母羊的等级确定适宜的配种数量，加快纯繁工作，扩大群体数量；改进饲养方法，在新品种培育过程中，必须提高饲养管理水平，给羊的生长发育创造一个良好的环境条件。

(2)**注意事项**　分析亲本品种的性状特征，筛选父、母本。将繁殖性能高、适应性强、耐粗饲、母性好的品种作母本，其他生产性能好的品种作父本；根据性状的遗传参数等预测杂交效果；严格按照育种目标选育，选优秀个体入繁育群；认真研究所用品种参与杂交的顺序。由于后用的品种对新品种的影响作用更大，所以重要的品种应放在杂交序列的最后。

3. 导入杂交　也称引入杂交。指在某个品种基本上能够满足市场需要，但又存在某些本品种纯繁无法克服的缺点时，适当导入外血(1/8～1/4)以改良这些缺点的杂交方法(图 3-3)。其主要目的是改良羊群中的某种缺点，而不是改变(有时甚至是有意保留)它的其他特性或特征。

(1)**操作方法**　选择一个基本与之相同，但具有针对其缺点的优良品种(引入品种)与原来品种杂交。

(2)**应用范围**　不需要进行根本改造的品种或畜群，仅对某种缺陷改良；需要加强或改善一个品种的生产力，而不需要改变其生产方向；自然条件或经济条件不能满足外来品种的要求；引入杂交只在育种群中应用，切忌在生产区或良种区普遍推广。

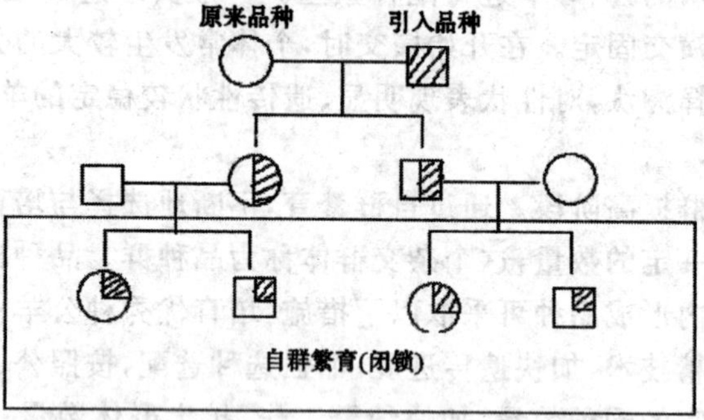

图 3-3　导入杂交示意

(3)注意事项　慎重选择引入品种与个体。引入品种的生产性能、体质类型等要与原品种一致;针对原品种的缺陷有显著优点,且该优点的性状要有高遗传力,严格选择引入公畜;引入外血量要适当。一般外血引入量不超过 1/8～1/4,过多不利于保持原来品种的特性,过少又不能改良原品种的缺点;加强杂交后代的选择与培育。创造有利于引入品种优良性状表现的饲养管理条件,严格选种选配;加强原品种培育。引入杂交是以原品种为基础,必须加强本品种选育,选出优秀母畜,方能达到引入杂交的目的。

4. 经济杂交　就是利用 2 个品种或多个品种杂交产生的一代杂种,只供经济生产之用,而不作种用。这一杂交方式产生的杂种羊具有生活力强、生长发育快、饲料转化率高等特点,多用于肉羊生产,尤其是肥羔生产。但杂种优势并不是在所有品种之间都存在,为了掌握不同种群通过杂交所表现的杂种优势程度或杂交效果优劣,还需进行配合力测定。配合力分为一般配合力和特殊配合力两种。一般配合力是指一个种群与其他各种群杂交所获得的平均效果,如南江黄羊分别与许多山羊地方品种杂交效果都很好,这就是它的一般配合力很好。特殊配合力是两个特定种群之间杂交效果超过一般配合力的杂种优势。杂种优势率的计算方法如下：

$$杂种优势率(\%)=\frac{杂交一代x性状平均值-双亲x性状平均值}{双亲x性状平均值}\times100\%$$

(二)杂种优势的利用

杂种优势是指不同的种群(品种、品系或其他种用类群)杂交所产生的杂种，往往在生活力、生长势和生产性能等方面，表现在一定程度上优于其亲本群体的现象。杂种优势多在经济杂交中产生，理论上，是由于非加性基因作用的结果，包括显性、不完全显性、超显性、上位以及双因子杂交遗传等因素。一般说来，在个体生命早期的性状如断奶存活率、幼龄期生长速度等受的影响较大；近亲繁殖时受有害基因影响较大的性状，杂种优势的表现程度相应地也较大；由于配合力测定费钱费力，品种较多时，不可能都进行杂交组合试验，因此，可以通过以下原则来进行预测，并进行杂交组合试验。

其一，来源差别大时，可以获得较大的杂种优势；

其二，长期与外界隔绝的种群间杂交，一般可获得较大的杂种优势；

其三，遗传力较低，杂种优势较大；

其四，主要经济性状变异系数小的种群，一般杂交效果较好。

同时，杂种优势的程度还取决于进行杂交时亲代的遗传多样性。一般将生长发育快、体型大、饲料报酬高、产肉性能和胴体品质好的现代肉用品种公羊作为杂交父本，将适应性好、繁殖力高、群体数量多的地方优良品种作杂交母本，杂种优势比较明显。

(索效军)

第四章　主要牧草及饲料作物的栽培与利用

一、多年生黑麦草

学名:*Lolium Perenne* L.

(一)起源与分布

原产于西南欧、北非及亚洲西南。1677年英国首先栽培作为饲草,目前已在英国、新西兰、北美和澳大利亚沿海等地广泛栽培。在我国南方等地都有试种,云贵高原、浙江、湖南、四川、湖北等地已大面积生产。

(二)植物学特征

多年生黑麦草为禾本科黑麦草属多年生草本植物。具细弱的根状茎,须根稠密;秆多数丛生,疏丛型,质地柔软,基部常斜卧,高50～100厘米,具3～4节;叶鞘疏松,通常短于节间,叶舌短小。叶片条形,长10～25厘米,宽3～6毫米,被微毛。穗状花序长10～30厘米,宽5～7毫米;小穗含5～11朵小花,长1～1.2厘米。颖短于小穗,具5脉;外稃披针形,具5脉,第一外稃长6～7毫米;内稃等长于外稃,脊上有短纤毛。颖果,梭形,千粒重1.5克。

(三)生物学特性

喜温暖湿润气候,适宜夏季凉爽、冬季不太寒冷、年降水量

1 000～1 500 毫米的地区生长。生长最适温度 20℃。不耐炎热，气温在 35℃以上生长受阻，高于 39℃时，枯萎或全株死亡。在我国南方夏季炎热高温地区，越夏困难，往往枯死；但在夏季凉爽的山区，仍可生长。抗寒性差，难耐－15℃的低温。多年生黑麦草要求肥沃湿润、排水良好的壤土或黏土，亦可在微酸性土壤上生长，适宜土壤 pH 值为 6～7。再生能力强，抽穗前刈割或放牧，能迅速恢复生长。为短期多年生牧草，一般寿命 4～5 年。

一般 9 月中旬播种，冬前株高可达 20 厘米以上，翌年 4 月初为分蘖盛期，中旬草层高达 50 厘米左右，4 月下旬至 5 月初抽穗开花，6 月上旬种子成熟，植株结实后大部分死亡。

(四)栽培技术

多年生黑麦草种子细小，播前需精细整地，保持较好的土壤水分条件。结合耕翻施足有机肥作基肥，一般每 667 平方米施过磷酸钙 10～15 千克。可春播或秋播，但最宜在 9～10 月份播种，以便在冬季或早春提供青饲料。播种方式可条播或撒播，行距 15～30 厘米。播种量每 667 平方米 1 千克，播深 1.5～2 厘米。人工草地宜撒播，每 667 平方米播量可增加至 1.5 千克。多年生黑麦草最适宜与白三叶、红三叶混播。

多年生黑麦草分蘖能力强，再生速度快。试验表明，秋播黑麦草在武汉可刈割至少 4 次，若水肥充足，青草产量还可大幅度提高。在草地管理中，要注意适当追肥，尤其是要注意追速效氮肥。如有灌溉条件，在分蘖、拔节和抽穗期适当灌水，增产效果显著。另外，苗期应及时中耕锄草，以加强对杂草的竞争能力。用于收获种子的多年生黑麦草适宜条播，因其种子极易脱落，成熟时要及时采收。

(五)营养价值和利用方式

多年生黑麦草适口性好,各种家畜喜食。早期收获的饲草叶多茎少,蛋白质含量高,适宜调制优质干草,也适宜放牧利用。多年生黑麦草营养生长期长,可形成茂盛的草丛,叶丛期饲料质量尤佳。据分析,烘干草样粗蛋白质含量占干物质 18.6%,粗脂肪 4.1%,粗纤维 20.1%,无氮浸出物 43.4%,粗灰分 13.8%,钙 0.46%,磷 0.35%。

多年生黑麦草适宜我国南方中高山地区栽培,是冬、春季节较好的饲草,宜刈割青饲,也可晒制干草,同时也可作为放牧场。播种第一年生长快,产草量高,适宜作 3～4 年短期草地利用。一般每 667 平方米产鲜草 3 000～4 000 千克,多者可达 5 000 千克,产种子 50～75 千克。

二、多花黑麦草

学名:*Lolium multiflorum Lam*. 又名:意大利黑麦草。

(一)起源与分布

原产于地中海沿岸,广布于欧洲南部、非洲北部以及小亚细亚广大地区。13 世纪在意大利北部最早种植,后来传播到其他国家。在我国适于长江流域以南地区,江西、湖南、湖北、四川、贵州、云南、江苏、浙江等地均可栽培。

(二)植物学特征

多花黑麦草为禾本科黑麦草属一年生或短寿多年生草本。须根密集,主要分布于 15 厘米以上的土层中。秆直立,高 80～120 厘米;叶鞘疏松,叶舌较小或不明显;叶片长 10～30 厘米,宽 3～5

毫米。穗状花序扁，长 10～20 厘米，宽 5～8 毫米；小穗长 10～18 毫米，宽 3～5 毫米，含 10～15 朵小花；颖质较硬，具 5～7 脉，长 5～8 毫米；外稃质较薄，具 5 脉，第一外稃长 6 毫米，芒细弱，长约 5 毫米；内外稃等长。

（三）生物学特性

喜温热和湿润气候，在昼夜温度为 27℃/12℃ 时生长最快。喜壤土，也适宜黏壤土。最适宜 pH 值为 6～7。不耐寒、不耐炎热，在长江流域地区可越冬，低于－10℃ 时植株会冻死；高于 35℃ 时生长受阻。喜湿润气候，年降水量 800～1 000 毫米时生长最好。长江以南地区利用冬闲田播种多花黑麦草可为冬、春提供饲料，9 月播种至翌年 4 月可刈割 2～3 次，每 667 平方米产鲜草 5 000～6 000 千克。

多花黑麦草分蘖力、再生力强，但不耐低刈，留茬高度以 5 厘米左右为宜，留茬过高则影响产量。

（四）栽培技术

多花黑麦草的栽培技术与多年生黑麦草基本相同，播前需精细整地，做到地面平整，土块细碎，以保出苗。在长江以南适合秋播，以 9 月下旬至 10 月上旬播种为好，最迟不超过 10 月底，以便冬季和翌年春天青刈或放牧。也可春播，但不如秋播产量高。条播或撒播，单播播种量每 667 平方米 1～1.5 千克，行距 15～30 厘米，播深 1.5～2 厘米，如撒播可适当增加播种量。多花黑麦草喜氮肥，每 667 平方米施 15～20 千克，产草量与施氮肥量成直线相关，平均每千克氮素约增产干物质 32 千克。如能结合及时灌溉，亦可提高产量。多花黑麦草种子易脱落，成熟时务必及时收获，种子每 667 平方米产 50～100 千克。

(五)营养价值和利用方式

多花黑麦草适口性好,各种家畜均喜采食。早期叶量丰富,抽穗以后茎秆比重增加,抽穗初期茎叶比为1∶0.5～1∶0.66,延迟刈割其茎叶比为1∶0.35。多花黑麦草品质优良,含有丰富的蛋白质,叶丛期由于茎秆少而叶量多,其粗蛋白质占风干重的2.5%,干草中粗蛋白质达13.4%。

多花黑麦草适于刈割青饲,一般每667平方米产青草3 000～5 000千克,在高水肥条件下可达6 000千克,适宜的利用期是抽穗前期或抽穗期。也可放牧利用,常与多年生黑麦草、红三叶、白三叶等混播,是南方冬、春季家畜的主要饲草。

三、鸭　茅

学名:*Dactylis glomerata* L. 别名:果园草、鸡脚草。

(一)起源与分布

原产于欧洲西部及中部。1870年北美开始栽培,后推广到亚洲、非洲、大洋洲各国。鸭茅在我国野生种主要分布于新疆、天山山脉的森林边缘地带,四川的峨眉山、二郎山、邛崃山脉、凉山海拔1 600～3 100米的森林边缘,灌丛及山坡草地;散见于大兴安岭东南坡地。目前,青海、甘肃、陕西、吉林、江苏、湖北、四川及新疆等地均有栽培,在湖北巴东、兴山、神农架有野生群落。

(二)植物学特征

鸭茅为禾本科鸭茅属多年生草本植物。疏丛型上繁草,须根系,密布于10～30厘米的土层内,最深可达1米以上。秆直立或基部膝曲,高70～120厘米。叶鞘无毛,上部具脊;叶舌长4～8毫米，顶端撕裂状；叶片长 20～30 厘米，宽 7～10 毫米。圆锥花序，长 5～20 厘米；小穗多聚集于分枝的上部，通常含 3～5 朵小花；颖披针形，先端渐尖，长 4～5 毫米；第一外稃与小穗等长，顶端有长约 1 毫米的短芒。颖果长卵形，黄褐色，种子千粒重 1 克左右。

(三)生物学特性

喜湿润而温凉的气候，抗寒性中等，生长最适宜温度为昼/夜 21℃/12℃，耐热性差，高于 28℃则生长受阻。但其耐热性和耐寒性都较多年生黑麦草强。在武汉地区，秋播鸭茅可安全越冬，翌年 5 月达盛花期，6 月中旬种子开始成熟，7 月中旬植株逐渐枯萎。

鸭茅适应的土壤范围较广，在肥沃的壤土或黏土上生长最好。鸭茅为耐阴低光效植物，宜与高光效牧草或作物间、混、套作，以充分利用光能，增加单位面积产量。略耐酸，不耐盐碱，对氮肥反应敏感，施用氮肥可显著提高产量和品质。

鸭茅寿命较长，一般 5～6 年，多者可达 15 年，以第 2、第 3 年产草量最高。春季萌发早，发育快。在武汉地区，3 月初返青，4 月中旬抽穗，5 月中旬开花，6 月中旬成熟，生育期 100～110 天。

(四)栽培技术

鸭茅种子较小，幼苗期生长较慢，要求精细整地，清除杂草。播种期南方各省区春、秋皆可，以秋播为好。春播以 3 月下旬为宜；秋播不迟于 9 月下旬，以防霜寒。播种量单播时每 667 平方米 0.75～1 千克。与红三叶、白三叶、多年生黑麦草等混播时，在有灌溉条件下每 667 平方米用种 0.55～0.7 千克，旱作区增加至 0.75～0.8 千克。单播以条播为好，混播时撒播、条播均可，行距 15～30 厘米，播种宜浅，一般 2～3 厘米。幼苗期应适当中耕除草，施肥灌溉。每次刈割后都应适当追肥，以氮肥尤为重要。

鸭茅以抽穗期刈割为宜，此时茎叶柔嫩，品质较好。收割过迟,纤维增多,品质下降,还会影响再生。留茬不能过低,否则会影响再生。如用于收获种子,氮肥不宜施用过多。此外,因种子成熟时很易脱落,故应在蜡熟或穗梗变黄时及时收获。

(五)营养价值和利用方式

鸭茅草质柔嫩,牛、马、羊、兔等均喜食,细嫩时还可喂猪。鸭茅的营养成分随其成熟度而下降。再生草叶多茎少,基本处于营养生长,粗蛋白质含量为18.4%,与孕穗期营养成分相近,而开花期粗蛋白质下降至8.53%。

鸭茅适合放牧、青贮或刈割干草。连续重牧,植株生长不良;放牧不充分,形成大株丛,叶片变粗而降低适口性,故宜轮牧。播种当年刈割1次,每667平方米产鲜草1 000千克,而第2、第3年可刈割2～3次,每667平方米产鲜草3 000千克以上。在土肥充足的条件下,每667平方米产鲜草可达5 000千克左右。

此外,鸭茅较为耐荫,与果树结合,果—草间作很有发展前途。

四、苇状羊茅

学名:*Festuca arundinacea* Schreb. 又名:苇状狐茅。

(一)起源与分布

原产于西欧,广布于乌克兰的伏尔加河流域、北高加索、土库曼山地、西伯利亚、远东等地。我国新疆有野生种。我国自20世纪70年代从澳大利亚、荷兰、加拿大、美国引进,黑龙江、山东、北京、江苏、江西、湖北等地都有栽培,特别在温暖湿润地区,生长旺盛。

(二)植物学特征

苇状羊茅为禾本科羊茅属多年生草本植物。秆呈疏丛型，上繁草，高80～150厘米。根系发达而致密，多数分布于10～15厘米的土层中；茎秆、叶鞘及叶都较粗糙。叶条形，长30～50厘米，宽0.6～1.0厘米。圆锥花序，长20～30厘米，每节上着生2～4个分枝，主枝长6～8厘米，裸露部分长1.5～2.5厘米，其上着生多数小穗；小穗卵形，长15～18毫米，含4～5朵小花，呈淡绿色。颖窄披针形，有脊，具1～3脉；外稃披针形，具5脉，无芒或具小尖头；内稃与外稃等长或稍短，脊上具短纤毛。颖果长3～4毫米，宽1.2～1.5毫米，深灰或棕褐色。种子千粒重2.51克。

(三)生物学特性

苇状羊茅是适应性最广泛的植物之一。能够在多种气候和生态条件下生长。抗寒又耐热，耐干旱又耐潮湿，在冬季－15℃的条件下可安全越冬，夏季可耐38℃的高温。在湖北钟祥县的试验表明，苇状羊茅连续5年越夏率都达100%，居所有供试牧草之首。除砂土外，苇状羊茅可在多种类型的土壤上生长，有一定的耐盐能力。苇状羊茅最适宜在年降水量450毫米以上、海拔1 500米以下的温暖湿润地区生长。

(四)栽培技术

苇状羊茅较易建植，在春季或秋季均可播种，以秋播为宜，当地温达5℃～6℃时种子即可正常发芽，秋播不宜过迟，一般掌握使幼苗越冬时达到分蘖期即可。播前要求精细整地，清除杂草。为获高产，每667平方米可施过磷酸钙30千克，碳酸氢铵15千克。鲜草刈割或放牧后，追施速效氮肥。播种单播每667平方米用种0.75～1.25千克，条播行距30厘米，播深2～3厘米，与白三叶混播用种 0.5～1 千克。在湖北低山丘陵地区 9～10 月份播种，12～19 天可出苗，1 个月之后出现分蘖，翌年 4 月中旬到 5 月下旬抽穗，5 月下旬至 6 月上旬种子成熟。种子成熟后植株青绿，仅于 8～9 月份出现部分枯死现象，10 月初恢复生长，全年青绿期 10 个月左右。

苇状羊茅苗期生长缓慢，应注意中耕除草，有条件可在越冬前追施磷肥。苇状羊茅每年可刈割 3～4 次，时间以抽穗期为宜。种子即将成熟时要及时收获，每 667 平方米产种子 35～50 千克。

(五)营养价值和利用方式

苇状羊茅枝叶繁茂，生长迅速，再生性强，营养价值高，为多种家畜喜食。据湖北省农业科学院畜牧兽医研究所抽穗期采样分析，其干物质中粗蛋白质含量为 18.5%，一般每 667 平方米产鲜草可达 4 000～5 000 千克。

苇状羊茅植株高大，适宜刈割青饲或晒制干草，为确保品质，刈割应在抽穗期进行。也适宜放牧利用。

五、白 三 叶

学名：*Trifolium repens* L. 别名：白车轴草、荷兰翘摇。

(一)起源与分布

原产于欧洲和小亚细亚，广泛分布于世界温带地区，我国中亚热带以北及暖温带地区以有大面积栽培。在我国云南、贵州、四川、新疆、湖北等地有野生种分布。

(二)植物学特征

白三叶为豆科三叶草属多年生草本植物。主根短，侧根发达，根系浅，主要集中在10厘米以上的土层中，根上着生许多根瘤。茎匍匐，长15～60厘米，多节，无毛。叶互生，具长10～25厘米的叶柄，三出复叶，小叶倒卵形或倒心形，长1～3厘米，宽4～15毫米，先端圆或凹，基部楔形，边缘具细锯齿，叶面有"V"字形白斑或无。托叶卵形，抱茎。花序呈头状，含小花20～40朵；花萼筒状，花冠蝶形，白色，有时带粉红色。荚果倒卵状长圆形，含种子3～4粒；种子心脏形或卵形，呈黄色或浅棕色；种子千粒重0.5～0.7克。

（三）生物学特性

白三叶喜温暖湿润气候，适宜于生长在气温19℃～24℃、年降水量不少于600毫米、pH值5.5～7、排水良好和有灌溉条件的粉砂壤土和黏壤土的地方。白三叶喜阳光充足的旷地，具明显向光性。在荫蔽条件下，叶小而少，开花也不多，其产草量及种子产量均低。

白三叶适应性广，抗寒性和抗热性较红三叶强，亦可耐短时间的水淹，但抗旱性较差。在武汉地区，白三叶3月初开始恢复生长，5月上旬开花，6月上旬至7月上旬种子成熟，自繁力极强，种子随落随生。

（四）栽培技术

白三叶春播或秋播均可，在南方以秋播为宜。在湖北地区，秋播以9月中旬为宜，不能超过10月中旬，否则易受冻害。白三叶种子细小，播前要求精细整地；苗期易受杂草入侵，要及时清除杂草。在南方丘陵、平原地区播种适期为3～4月份和9～10月份，但以秋播为好。在高海拔山区秋播应适当提前，一般于8月播种，春播比平原区适当推迟。播种方式有条播、穴播和撒播。条播行距30～50厘米为宜，一般每667平方米用种量0.3～0.4千克。

白三叶播种时间最好选择雨后，土壤墒情较好时。如播种时干旱少雨，可采用“深开沟、薄盖土”的抗旱播种方法，将种子条播在沟里，薄盖土即可。白三叶也可采用无性繁殖，将带节的茎切为带有2～3个节的短茎进行扦插，其繁殖速度也很快。

白三叶因苗期生长相当缓慢，因此要及时中耕除草，一旦草层形成后，白三叶的竞争能力很强，不必再行中耕。在湖北，7～9月份气温高，干旱少雨，当茎叶出现凋萎时应做好灌溉抗旱工作。

白三叶宜在现蕾至初花期进行刈割，春播当年每667平方米可产鲜草1 000千克，以后每年可刈割3～4次，每667平方米产2 500～4 000千克。用于收获种子的草地，因白三叶花期长达2个多月，种子成熟不一致，因此当多数种子成熟时即可及时收获，每667平方米可收获种子15～30千克，高产者达45千克。每次刈割后应视苗情施磷、钾肥，也可配施少量氮肥，促进早生快发。

(五)营养价值和利用方式

白三叶茎叶光滑柔嫩，叶量丰富，适口性好，为各种畜、禽所喜食。可用鲜草饲喂牛、羊、猪、禽、兔。营养成分及消化率均高于紫花苜蓿、红三叶。天然草地上，牧草的饲养价值随白三叶的比重增加而提高。白三叶无论放牧或刈割主要是利用其叶片，据北京农业大学分析，其蛋白质含量高而粗纤维含量低，粗蛋白质含量高达30.5%，干物质的消化率一般都在80%左右。随着植株老化，消化率的下降速度也比其他牧草慢。

白三叶因其茎枝匍匐，耐践踏，再生力强，适于放牧。无论人工草场或天然草场，宜与禾本科牧草混播。在栽培条件下，与多年生黑麦草、猫尾草、羊茅、雀稗、鸭茅等禾草混播。可采用刈割或放牧的方法控制禾草生长过于茂盛而抑制白三叶的生长，同时也要控制草群中白三叶的比重过大而引起反刍动物采食过量引起臌胀病。一般以禾草与白三叶的比例为2∶1为好，并且禾草和白三叶的混播通过白三叶的固氮作用可减少肥料投入的成本。

目前在湖北大面积栽培的品种主要是“鄂牧1号”白三叶。该品种是湖北省农业科学院畜牧兽医研究所在夏季高温伏旱的生态条件下，用白三叶品种瑞加(Trifolium repens L. cv. Regal)为原始材料，以抗旱耐热为主选性状进行选择，采用自然选择和人工选择相结合的技术路线，经个体选择、分系比较鉴定，多系杂交，品种比较，区域试验和生产试验选育出抗旱耐热的新品种。该品种为多年生草本，主茎短，实心，光滑，基部分枝多，匍匐生长。茎节着地生根。主根茎短，侧面根发达，浅根系。叶层自然高度30～50厘米。头型总状花序，花梗较叶柄长，生于叶腋，有小花20～30朵，种子千粒重0.5～0.6克。抗逆性强，越夏率比原品种提高15%以上，每667平方米产草量4 000～5 000千克，比原品种提高11%左右，品质优良，适应于长江中下游及其以北的广大暖温带和北亚热带地区，在夏季高温伏旱条件下耐热性优于其他同类品种。

六、红 三 叶

学名：*Trifolium pratense* L. 别名：红车轴草、红荷兰翘摇。

(一)起源与分布

原产于小亚细亚和欧洲东南部。在欧洲各国及前苏联、美国、新西兰等海洋性气候的地区广泛栽培。我国云南、贵州、湖北、新疆等地有野生种。巴东红三叶在湖北省已有100余年的栽培历史，广泛分布于湖北省的巴东、建始、恩施、利川等县，其中以巴东红三叶为主的草地面积达8 667公顷，常见于公路旁、山坡、林间草地和疏林草地中。

(二)植物学特征

红三叶是豆科三叶草属多年生草本植物。茎直立或渐向外伸,高 30～80 厘米,有疏毛。根瘤卵球形,粉红色至白色。叶互生,三出复叶,小叶椭圆状卵形至宽椭圆形,长 2.5～4 厘米,宽 1～2 厘米,先端钝圆,基部圆楔形,叶脉在边缘稍突出成不明显的细齿,叶面具灰白色“V”字形斑纹;小叶无柄;托叶卵形,先端锐尖。花序腋生,头状,含花 100 余朵,具大型总苞,总苞卵圆形,具纵脉;花萼筒状,萼齿线状披针形,最下面 1 齿较长,有长毛;花冠蝶形,红色或淡紫色。荚果倒卵形,小,长约 2 毫米,果皮膜质,有纵脉;种子椭圆形或肾形,棕黄色或紫色,千粒重 1.5 克左右。

(三)生物学特性

红三叶喜温暖湿润气候,在夏天不太热、冬天又不太寒冷的地区最适宜。当温度超过 35℃时生长受阻,持续高温、且昼夜温差小时易死亡。在湖北省,海拔 800～1 800 米的山区,年均气温 9.4℃～13℃,最高气温 26.5℃～35.4℃,最低－10℃～－15℃,年降水量 1 650～1 743 毫米,无霜期 150～220 天的地方,生长良好。抗寒力中等,在武汉地区难以越夏。红三叶以排水良好、土质肥沃、富含钙质的黏壤土为最适宜,壤土次之,在贫瘠的沙土地上生长不良。喜中性至微酸性土壤,适宜 pH 值为 5.5～7.5。在武汉地区,9 月下旬播种,翌年 4 月下旬现蕾,5 月中旬开花,6 月中旬种子成熟,全生育期 240～250 天。

(四)栽培技术

红三叶种子小,因此播前要求精细整地,消除以根茎繁殖的杂草。在新开垦地和瘦地,必须施足基肥。在有机肥料不足的情况下,每 667 平方米施磷肥 25～30 千克,施碳酸氢铵 10 千克左右。

在湖北省播种以 9 月份秋播为好，不宜过迟，以免影响翌年产量，在气温较低的山区，可提前 1 个月播种。单播每 667 平方米用种量 0.75～1 千克，条播行距 20～30 厘米，播深 1～2 厘米，与禾本科牧草混播用种 0.2～0.3 千克，播种方法以豆、禾草隔行条播为好。

苗期生长缓慢，须注意及时清除杂草。当草层高度达 40～50 厘米或达现蕾、初花期时即可刈割，留茬高 6～8 厘米。每年可刈割 3～4 次，依不同自然气候条件而异。在湖北省平原及低海拔丘陵地区，7 月份应停止割草，以利安全越夏。红三叶花期较长，一般可达 1 个月以上，种子成熟期不一致，当花序 70%～80%变成褐色时，即可收获。一般每 667 平方米产种子 15～30 千克。

(五)营养价值和利用方式

红三叶是优质的豆科牧草，在现蕾、开花期以前，叶多茎少，现蕾期茎叶比 1∶1，始花期为 0.65∶1，盛花期为 0.46∶1。据分析，其粗蛋白质占干物质的 17.71%，粗脂肪为 2.30%，有机物质消化率达 65.70%。红三叶主要作为人工割草地利用，对各种家畜适口性都很好。在湖北恩施，每年 3 月份返青，4 月份利用，直至 10 月底，利用期达 6～7 个月，在恩施大山顶第一年每 667 平方米产鲜草 2 500 千克，第二年达 3 500 千克。在鄂西地区，群众栽培红三叶喂猪，用野生的红三叶放牧，可节省大量精料，但在早春应注意防止臌胀病。

红三叶适宜青割、放牧，又可青贮和调制干草。作青饲以盛蕾或初花时最好，与禾本科牧草如多年生黑麦草、鸭茅、牛尾草等混播，1～2 年内即可建成优质人工草场。

七、紫花苜蓿

学名：*Medicago sativa* L.

(一)起源与分布

原产于小亚细亚、伊朗、外高加索和土库曼高地。是世界上栽培最早、面积最大的牧草，被称为“牧草之王”。公元前126年引入我国，国内分布范围甚广，西起新疆、东到江苏北部。紫花苜蓿在世界上至今已有2000年的栽培历史。

(二)植物学特征

紫花苜蓿为豆科苜蓿属多年生草本植物。根系发达，直根系，主根入土2～6米。侧根着生很多根瘤，多分布于地下20～30厘米的区间。茎直立或斜生，绿色或带紫色，粗0.2～0.5厘米，高60～110厘米，茎上多分枝。羽状三出复叶或多出复叶，小叶长圆状倒卵形或倒披针形，长7～30毫米，宽3.5～15毫米，先端钝，具小尖刺，叶缘上部1/3处有锯齿，两面无毛或疏被柔毛；托叶狭披针形。总状花序腋生，具小花5～20余朵，紫色或蓝紫色；花冠蝶形。荚果螺旋形，成熟时黑褐色，内含种子2～8粒；种子肾形，黄褐色，陈旧种子变为深褐色，千粒重2.33克。

(三)生物学特性

紫花苜蓿为虫媒异花授粉植物，喜温暖半干旱气候，多分布于长江以北地区，适应性广。生长最适温度25℃左右。根在15℃时生长最好，在灌溉条件下，可耐受较高的温度。耐寒性很强，5℃～6℃即可发芽，能耐－5℃～－6℃的低温。由于根系入土深，抗旱性很强，在年降水量250～800毫米，无霜期100天以上的地区均可种植。喜中性或微碱性土壤,pH 值 6～8 为宜。不耐强酸或强碱土壤,在地下水位高,排水不畅,年降水量超过 1 000 毫米的地区不适宜种植。在湖北省西南山区进行的牧草引种试验表明,9月下旬播种的紫花苜蓿在 11 月中旬开始分枝,翌年 4 月中旬现蕾,5 月初开花,株高 80 厘米左右,5 月中旬至结荚期,6 月初种子成熟,生育天数 220～240 天。紫花苜蓿大部分品种在湖北低山丘陵地区不能结籽或荚不饱满,只有少数品种有少量种子成熟。

紫花苜蓿对土壤选择不严,除重黏土、低湿地、低酸、强碱外,从粗沙土至轻黏土都能生长,以排水良好土层富含钙质生长最好。不适于酸性土壤栽培,因其影响根瘤的形成。地下水位不宜过高,生长期内最忌积水,连续淹水 24～28 小时即大量死亡。再生能力强,在湖北低山丘陵地带可刈割 3～4 次,产草量每 667 平方米可达 4 500 千克。

(四)栽培技术

紫花苜蓿种子细小,幼苗早期生长缓慢,整地务必精细,要尽量做到深耕细耙,上松下实,以利出苗。有灌溉条件地方,播前应先灌水;无灌溉条件地区,整地后进行镇压,以利保墒。

紫花苜蓿种子一般都有硬实现象,在播种前,采用晒种 2～3 天或短期高温处理(50℃～60℃,15 分钟～1 小时),或将种子与沙混合揉搓均可提高种子发芽率。在湖北省,紫花苜蓿播种时间以秋播为宜,一般在 9～10 月份,最迟不超过 10 月下旬。在贫瘠土地上种植紫花苜蓿要施足有机肥和磷肥作基肥,磷肥以每 667 平方米 30 千克为宜;在酸性较强的土壤上种植应施入适量石灰,深层施耕,1 周之后再进行播种,播种量一般每 667 平方米 0.75～1 千克,播种量的多少对第一年产草量有显著影响。播种方式以条播最为常见,行距 30 厘米,密行条播能很快覆盖地面,抑制杂草生长,同时可提高产量和质量。播种深度在土壤湿润时为 1.5～2 厘米，干旱时播深2～3厘米，播后进行镇压以利出苗。

紫花苜蓿在播种当年最首要的管理措施是清除杂草以利幼苗生长。因紫花苜蓿系豆科植物，根部有大量根瘤菌，能固定空气中的游离氮素，因此，在一般情况下不需施氮肥，但在苗期，施少量氮肥能加快植株生长。在紫花苜蓿夏季刈割之后，要及时中耕除杂。在温暖、潮湿的天气紫花苜蓿易发生霜霉病，防治方法是在发病初期使用波尔多液喷洒1～2次，也可提前刈割，阻止蔓延。

(五)营养价值和利用方式

紫花苜蓿富含粗蛋白质、维生素和矿物质，且蛋白质的氨基酸组成比较齐全，必需氨基酸含量高，适口性好，为各种家畜、家禽所喜食。紫花苜蓿的叶比茎粗蛋白质含量高1～1.5倍，粗纤维含量小于50%，因此越是幼嫩，营养价值越高。紫花苜蓿的营养价值与收获时期关系较大，幼嫩期含水量高，随着生长阶段的延长，蛋白质含量逐渐减少，粗纤维显著增加。因此在初花期进行刈割的紫花苜蓿消化率高，适口性好。

紫花苜蓿可作为草食家畜的主要饲料，幼嫩紫花苜蓿是最好的蛋白质补充饲料。可刈割晒制干草或配制混合饲料，其与禾本科牧草、青刈玉米混合青贮，不仅饲用效果好，又能防止家畜因采食过多而引起的臌气病。从经济利用角度来考虑，播种后2～4年内生产力高，以青刈或调制干草为宜，5年以后，可作为放牧地，应有计划地做到分区轮刈或轮牧。

八、多花木蓝

学名：*Indigofera amblyantha* Craib. 别名：野蓝枝、马黄消。

(一)起源与分布

多花木蓝广布于我国河北、山西、河南、江苏、浙江、广东、广西、福建、江西、四川、陕西和甘肃等地。多生于海拔 300～1 200 米处山沟灌丛中。

(二)植物学特征

多花木蓝是豆科木蓝属多年生灌木。高 80～200 厘米,茎直立,枝条密被白色柔毛。羽状复叶,小叶 7～11 枚,倒卵形或卵状矩圆形,长 1.5～4 厘米,宽 1～2 厘米,先端圆形,有短尖,基部宽楔形,全缘,两面被毛。总状花序腋生,长 3 厘米左右;蝶形花冠,淡红色,长约 5 毫米。荚果条形,棕褐色,长 2.5～6 厘米,有柔毛;种子褐色,长圆形。千粒重 7.7 克。

(三)生物学特性

多花木蓝喜温暖而湿润的气候,适宜在暖温带及亚热带中、低海拔地区种植,夏季高温,雨量充足的地区,生长最旺。在冬季温度低,但无持续霜冻地区,可保持青绿。如遇严霜,则叶片脱落,枝条仍能安全越冬。春季,枝条上开始萌发嫩芽。自然脱落的种子,也能在地表过冬,与嫩芽同期出苗生长。多花木蓝喜湿,耐旱,但不耐水渍,低洼地不适宜种植。对土壤要求不严,在 pH 值 4.5～7 的红壤、黄壤土上,均生长良好。喜光,但又具有一定的耐阴性。具较强的抗逆性,栽培范围广,且未发现严重的病虫害。在湖北武汉地区,4 月中旬播种,7 月下旬开始开花,8 月初达盛花期,11 月中旬种子成熟,生长第 1 年株高可达 1.6 米,全生育期 200 天左右。之后第 2 年 4 月返青,6 月底开始陆续开花,花期可长达 4 个多月,种子自 10 月份开始成熟,直至 11 月份,此时植株停止生长,基部叶发黄脱落,冬季落叶,但荚果可不开裂一直挂在植株上。

(四)栽培技术

多花木蓝种子硬实率较高，播种出苗率低，为了提高种子的出苗率，播前可用浓 H_2SO_4 浸泡 15 分钟或浓度为 100 克/升的 KNO_3 溶液浸泡 6 小时，发芽率可提高至 72%，利于种子在田间出苗。

播种前整地，要求翻耕松土 20 厘米，每 667 平方米施用畜粪 400～500 千克作基肥，同时混入过磷酸钙 30 千克。春、夏、秋均可播种，在湖北低山丘陵地区以春播为宜，可直播，也可育苗移栽。条播、穴播均可，用于生物围栏时条播，行距 30～45 厘米，株距 20～30 厘米，株间呈"品"字形排列。多花木蓝种子细小，播种深度为 1～2 厘米。其苗期生长缓慢，应及时中耕除杂，追施少量速效氮肥。株高达 100 厘米左右时，可刈割利用。留茬高度应不低于 15 厘米。每次刈割后追施磷、钾肥每 667 平方米 10 千克。种子每 667 平方米产 20～25 千克。

(五)营养价值和利用方式

多花木蓝营养丰富，植株无刺、无异味，茎叶柔嫩，不含有毒、有害成分，具甜香味，品质优良，草食家畜均喜采食。盛花期茎叶比为 4∶1，其嫩枝叶为牛、羊、兔所喜食，种子含蛋白质约 30%。在宜昌地区，白山羊羔羊用多花木蓝肥育，不补精料，当年出栏重达 35 千克，被当地农民称之为"壮羊草"。多花木蓝可刈割青饲或青贮，也可晒制干草或干草粉，饲用时，最好与禾草混喂。每 667 平方米鲜草产量一般为 1 500～2 500 千克，第 1 年可刈割利用 2～3 次，第 2 年为 4～5 次。

多花木蓝除作为生物围栏和家畜饲草外，还是良好的水土保持植物，现被广泛用于高速公路、铁路等护坡和地被景观植物。另外，多花木蓝长达 4 个多月的开花期也是一种良好的蜜源植物。

九、狗 牙 根

学名：*Cynodon dactylon*（L.）Pers. 别名：绊根草。

（一）起源与分布

狗牙根在世界广泛分布于热带、亚热带和温带沿海地区。非洲、欧洲、亚洲的南部各国均有分布。在我国广泛分布于黄河以南各省（自治区），我国有 2 种及 1 变种。多分布于路旁和草地，可形成一定面积的单优势种株丛。

（二）植物学特征

狗牙根为禾本科狗牙根属多年生草本植物。具根状茎或匍匐茎，节间长短不一；秆匍匐，长可达 2 米。叶舌短，具小纤毛；叶片条形，叶长 2～10 厘米，宽 1～3 毫米。穗状花序 3～6 枚，呈指状排列；小穗排列于穗轴的一侧，长 2～2.5 毫米，含 1 小花；颖片等长，短于外稃；外稃具 3 脉，脊上有毛；内稃约与外稃等长，具 2 脊，颖果成熟时易与稃片分离，种子千粒重 0.25 克。

（三）生物学特性

狗牙根为暖季型禾草，喜热而不耐寒，气候寒冷时生长差，易遭受霜害。在日平均温度 24℃以上时，生长最好；当平均温度下降至 6℃～9℃时，生长减缓；再下降至－2℃～－3℃时，茎、叶落地死亡。以根茎和匍匐茎越冬，翌年以休眠芽萌发生长。狗牙根能抗较长时期的干旱，但产量下降。

狗牙根适应的土壤范围很广，从沙土至重黏土均能生长，但以在湿润且排水良好的中等至黏重的土壤上生长最好。在武汉地区，狗牙根 3 月中旬开始返青，7 月上旬开始抽穗开花，8～9 月份在气温较高但雨量丰富的时候生长旺盛，青绿期260天左右。

（四）栽培技术

狗牙根种子因发芽率低，故一般采用根茎和匍匐茎进行无性繁殖。具强大的营养繁殖力，在水肥适宜的条件下，日生长速度平均0.91厘米。如采用无性繁殖，在早春时将其匍匐茎和根茎挖起切成长6～10厘米的小段，最好留2个节，直接播撒在整好的土地里，然后踩实，以便使其与土壤接触。栽植后视土壤墒情适当浇水。移栽行距20～25厘米，株距15～20厘米，覆土3～5厘米，土面露出1～2节。每667平方米可施钙镁磷肥40～50千克作基肥，以增加产草量。在种植后的20～30天因生长较慢，要及时中耕除草。在每年霜冻前1个月，应停止刈割或放牧，保持草层厚度，以利越冬。

（五）营养价值和利用方式

狗牙根草质柔软，其茎微甜，叶量丰富，黄牛、水牛、马、山羊及兔等牲畜均喜采食。据各地报道，狗牙根的粗蛋白质、无氮浸出物及粗灰分含量较高，特别是细嫩时期，其粗蛋白质可占到干物质的17.58%。狗牙根生长较快，在武汉地区自然条件下至少每年可刈割3～4次，每667平方米产鲜草3000千克，在肥沃的壤土产草量更高。另外，因狗牙根较耐践踏，一般宜放牧利用，但也可调制干草或作青贮料，在株高30厘米以上即可刈割利用，推迟会使粗纤维含量增加。

十、杂交狼尾草

学名：*Pennisetnm americanum* × *P. Purpureum* cv. 23A×N51。

(一)起源与分布

19 世纪 40 年代初最先在南非培育出以象草为母本的杂交种，其后美国、印度等国家也杂交培育成功以美洲狼尾草为母本的杂交种，并应用于生产。杂交狼尾草是美洲狼尾草 Pennisetum americanum L. Leeke Tift23A 和象草 *P. Purpureum* Schumach. N51 的杂交种。现今在世界上热带、亚热带地区都有栽培。1980 年江苏省从美国引进种子，湖北省在 1987 年从江苏省引进试种，现已遍及江苏、浙江、福建及广东、广西等地。

(二)植物学特征

杂交狼尾草为禾本科狼尾草属多年生草本，株高一般可达 3.5 米，最高可达 4 米以上。须根发达，根系扩展范围很广，主要分布在 1～20 厘米土层内，下部茎节有气生根。秆圆柱形，株型松散。叶长 60～80 厘米，宽 2.5 厘米，深绿色，叶缘粗糙，表面光滑或疏被细毛，叶鞘光滑无毛，与叶片连接处有紫纹。圆锥花序密集呈穗状，黄褐色，长 20～30 厘米，穗径 2～3 厘米；小穗近于无柄，2～3 枚簇生。

(三)生物学特性

杂交狼尾草的亲本来源于热带、亚热带地区，温暖湿润的气候适宜生长。当日平均气温达到 15℃以上时，开始生长，25℃～30℃生长最快。耐低温能力差，气温低于 10℃时生长明显受到抑制，低于 0℃的时间过长则出现冻害。抗旱力强同时又耐湿，在武汉地区即使在干旱少雨季节，仍可获得较高产量，其根部淹水数月也不死亡。对土壤要求不严，喜沙土、黏土、微酸性土壤和轻度盐碱土。据报道，在含盐 0.1%的土壤上生长良好，含盐 0.5%的土壤仍能出苗。但以土层深厚的黏质土壤为佳。

杂交狼尾草在湖北地区播种时间为4月下旬,1周后出苗,至7月下旬达盛花期,8月中旬种子成熟,全生育期112天,冬天在自然条件下死亡。

(四)栽培技术

杂交狼尾草为三倍体杂交种,故不能形成花粉,子房发育不良,通常不结实,因此主要通过根、茎无性繁殖利用。在我国福建泉州以南地区可以自然越冬,但在江苏、浙江、湖北,需根茎越冬繁殖。栽培要选择土层深厚、疏松肥沃的土地,结合耕整,一般每667平方米施2 000千克左右有机肥作基肥。在湖北地区,当平均气温达到15℃左右时,即可将保种的根、茎进行移栽或扦插。种植时要选择生长100天以上的茎作种茎,繁殖时将有节的部分插入土中1～2厘米,行距60厘米,株距20厘米。也可分根移栽,这种方法成活率高,移栽密度可以稀一些,一般行距60厘米,株距45厘米。成功越冬的杂交狼尾草3月份开始萌发,5～7月份生长旺盛,8月份抽穗,9月份小穗逐渐脱落,10月份小穗脱毕,仅剩小穗主轴,叶片枯死。

杂交狼尾草对氮肥需求量大,每667平方米施20千克氮肥,比不施肥增产50%。对微肥锌也很敏感,在缺锌的土壤上种植,叶片发白,生长不良,特别是在幼苗期如不及时补施,会造成植株死亡。适宜在株高120厘米左右时开始刈割,之后要及时追肥,留茬高度15～20厘米。

(五)营养价值和利用方式

杂交狼尾草基本上综合了象草高产和美洲狼尾草适口性好的优点,可作牛、羊的青饲料,年可刈割5～6次;而作鱼、兔、鹅、猪等畜禽的青饲料,年刈割8～10次,一般每667平方米产鲜草8～10吨。除了青刈外,也可晒制干草或调制青贮料。供草期在6～10

月份。

杂交狼尾草营养价值较高，粗蛋白质占干物质的9.95%，粗脂肪3.47%，粗纤维为32.90%，无氮浸出物43.46%，粗灰分10.22%，对杂交狼尾草的利用最好在早期，时间太迟草质变得粗糙，抽穗后牛羊将会拒食。

十一、象　草

学名：*Pennisetum purpureum* Schum. 又名：紫狼尾草。

（一）起源与分布

象草原产于非洲热带区域，现世界热带和亚热带地区已广泛栽培。我国在20世纪30年代从印度、缅甸等国家引入广东、四川等地试种。现已遍及南方各省（自治区），尤其在广东、广西、福建、江西、湖南、四川、云南等省有大面积栽培。在湖北近年来也被广泛种植。产草量高，管理粗放，利用期长。

（二）植物学特征

象草是禾本科狼尾草属多年生草本植物。须根强大，深可达4.5米，但主要分布于40厘米的表土层中。植株高大，在温暖潮湿季节，中下部的茎节能长出气生根。一般株高2～4米，高的可达5米以上。茎丛生，秆直立，有节，直径1～2厘米。分蘖性强，通常达50～100个。叶互生，长40～100厘米，宽1～3厘米，中脉粗壮，边缘粗糙。叶舌短小，纤毛状，长2～3毫米，叶鞘光滑无毛或有粗密的硬毛。圆锥花序圆柱状，黄褐色或黄色，长20～30厘米，径1.5～3厘米（刚毛除外）；每花序约由250个左右的小穗组成，小穗常单生，含3枚小花；第1颖微小，长约0.5毫米，先端钝，脉不明显，第2颖披针形，长约2毫米，先端尖，具1脉；第1外稃长约为小穗的4/5,第2外稃与小穗等长,种子成熟时易脱落。

(三)生物学特性

象草喜温暖湿润气候,适应性极广,能耐短时间霜冻,在武汉地区需适当保护方可越冬。当气温在12℃～14℃时开始生长,25℃～35℃时生长迅速,8℃～10℃时生长受抑制,5℃以下生长停止,如土壤冻结则会冻死。象草具有强大的根系,能深入土层,耐旱力较强。据湖北省农业科学院畜牧兽医研究所观测,在武汉地区8～9月份高温干旱下仍能生长。对土壤要求不严,沙土、壤土、微碱性土壤以及贫瘠的酸性土壤、黏土都可种植,而以深厚肥沃的土壤最为适宜。在瘠薄缺肥的土壤条件下,象草生长缓慢,茎细弱,分蘖少,叶片短小,色黄,产量低。由于象草产量高,再生力强,生长迅速,每年可多次刈割,且可连续利用数年,故对肥料要求较高,需施用大量有机肥和氮肥。耐旱性强,但只有充足的水分才能获得高产。

在武汉地区,象草3月底返青,可持续利用至11月份,其中5～8月份生长最快,之后生长缓慢,据观测,象草在武汉地区不抽穗,也无开花结实现象,在生产上多采用无性繁殖。

(四)栽培技术

选择土层深厚、疏松肥沃、排水良好的田地,耕翻平整。施充足的有机肥作基肥,一般每667平方米1 500～2 500千克。象草的结实率和发芽率均低,一般在生产上采用茎秆进行扦插繁殖。春季3月份选择生长100天以上粗壮无病虫茎秆作种茎,3～4个芽切成一段,株距50～60厘米,种芽向上斜插,出土2～3个节。或将种茎平放,芽向两侧,覆土5～7厘米。也可挖穴种植,穴深15～20厘米,种茎斜插,每穴1～2苗,每667平方米用种茎100～200千克。栽植后灌水,10～15天即可出苗。栽植时间以春季为好。生长期间注意中耕除草，适时灌溉和追肥，以保证全苗壮苗，加速分蘖和生长。当株高达100厘米时即可刈割，每隔25～30天刈割1次，留茬高以6～8厘米为宜。每次刈割后也要及时中耕除草和施肥，以利再生。留种用的象草应减少刈割次数，保证贮藏前有100天以上的生长期，株高应在2米以上，抓紧在当地霜冻前砍倒进行贮藏，下窖时，割去部分梢头叶，层层排放，堆至高出地面20厘米，先盖一层梢头叶，再盖一层细土，窖的四周，开好排水沟，以后随气温的降低或升高，再行加厚或耙薄土层。

(五)营养价值与利用方式

象草是热带和亚热带地区一种高产的多年生牧草。年可刈割6～8次，一般每667平方米产鲜草5000～10000千克。象草不仅产量高，而且利用年限较长，一般为3～5年，如栽培管理利用得当，可延长至5～6年。适期刈割的象草，鲜嫩多汁，适口性好，消化率和利用率都比较高，牛、羊、马等家畜都喜采食。细嫩时期也是猪、鱼的好饲草。据广西畜牧所采样分析，象草的粗蛋白质占干物质的10.58%，粗纤维为33.14%，粗脂肪占1.97%，无氮浸出物占44.7%，粗灰分为9.61%。青刈高度以饲喂对象而异，饲喂奶牛或肉牛，在高度为100～120厘米时利用，喂羊和猪在60厘米左右，养鱼和家禽要在30厘米以下。

象草除四季给家畜提供青饲料外，也可调制干草或做青贮料。此外，象草的根系十分发达，种植在塘边、堤岸，可起到护堤保土作用。象草能给土壤留下大量的有机质和氮素，有改良土壤结构的作用，也可作为其他多年生作物的覆盖材料，是一种用途较广，有很高经济价值的饲用植物。

十二、墨西哥类玉米

学名:*Euchlaena mexicana* Schrad.

(一)起源与分布

墨西哥类玉米原产于中美洲的墨西哥和加勒比群岛。中美洲各国、美国、日本南部和印度等地均有栽培。我国20世纪80年代初从日本引入,主要在长江以南地区栽培,是一种高产优质的饲料作物。

(二)植物学特征

墨西哥类玉米是禾本科假蜀黍属一年生禾草。须根发达,秆粗壮,直立,丛生,高3.5米左右。叶片披针形,光滑无毛,叶色淡绿,叶脉明显。叶鞘包茎,叶舌膜质,叶脊光滑,着生短小茸毛,叶缘具密齿,中肋白色;单性花,雌雄同株,雄花为圆锥花序,着生于茎秆顶部,花药黄色,花粉量大;雌花长在叶腋处,数量较多,距地面5～8节以上,每节着生一个雌穗,每株7个左右,肉穗花序,花丝青红色。每穗产种子8粒左右,种子互生于主轴两侧,外有一层苞叶庇护,种子纺锤形麻褐色,千粒重80克。

(三)生物学特性

墨西哥类玉米喜温暖湿润气候,适宜生长在海拔500米左右的平地。种子发芽的最低温度为15℃,最适温度为24℃～26℃。生长最适温度为25℃～35℃。耐高温,38℃高温仍生长旺盛,但不耐寒,气温降至1℃生长停滞,低于0℃或遇霜冻则死亡。对土壤要求不严,适于pH值6.5～7.5的微酸性或微碱性土壤。不耐涝。

墨西哥类玉米生长旺盛，分蘖力强，一般单株分蘖可达15～30株，最多可达55株以上。在南方，3月中旬播种，9～10月份开花，11月份种子成熟，全生育期245天。分蘖的植株，开花晚，成熟比主茎迟15天左右。

(四)栽培技术

墨西哥类玉米播种要选择平坦、肥沃、排灌方便的地块，地要深耕15～25厘米，每667平方米施有机肥1 500～2 000千克作基肥。选种粒较大，整齐一致的种子进行播种，因播种要求温度为18℃～25℃，因此在湖北播种时间为3月下旬至4月上旬。播种方式为条播或穴播，条播行距50厘米，播种量每667平方米0.5千克。穴播，穴距50厘米×50厘米，每穴2～3粒种子，播深2厘米。墨西哥类玉米苗期生长缓慢，要注意中耕除草，分蘖至拔节期生长加快，日生长量2.1～3.7厘米，可每667平方米追施氮肥5～10千克，并结合中耕培土。干旱缺水对生长影响较大，如连续10～15天无雨，叶尖出现萎蔫现象就需及时灌水。如青饲，每次刈割后需追施氮肥。种子田在雌穗花丝枯萎变黑、茎叶变黄收获，过晚易落粒，造成损失，每667平方米可收种子50千克左右。

(五)营养价值与利用方式

墨西哥类玉米质地脆嫩，多汁、甘甜、适口性好，青饲、青贮、干草为牛、羊、马、兔、鹅所喜食，也是淡水鱼类的优良青饲料。开花期饲草干物质中粗蛋白质含量为9.5%，粗脂肪2.6%，粗纤维27.3%，无氮浸出物51.6%，粗灰分9%，利用时要现割现喂，喂多少割多少。刈割期随饲喂对象有异。鹅、猪、鱼以株高80厘米以下为好；牛、羊、兔可在株高长至100～120厘米刈割青喂。若超过120厘米，下部茎纤维增多，利用率下降。再生性强，在湖北每年可刈割3～4次，每667平方米产鲜草5 000～7 500千克。

十三、苏丹草

学名:*Sorghum sudanense*(Piper) Stapf(Sudangrass).

(一)起源与分布

苏丹草原产于非洲的苏丹高原,在非洲东北、尼罗河流域上游、埃及境内有野生种分布。我国东北、华北、西北和南方热带、亚热带地区都有栽培。

(二)植物学特征

苏丹草是禾本科高粱属一年生草本植物。须根,根系发达,入土深可达 2 米,根量的 60%~70%集中分布在 1~50 厘米土层内。茎高 2~3 米,茎粗随密度不同而变化,一般为 0.8~2 厘米,直立,圆形光滑,中空,近地面茎节常产生不定根。分蘖能力强,数目因栽培条件不同而异,一般为 20~30 个。叶片宽线形,长 45~60 厘米,宽 4~4.5 厘米,光滑,叶缘粗糙。叶鞘无毛,叶舌膜质,长 3~4.5 毫米,圆锥花序,卵形或椭圆形,长 30~50 厘米;无柄小穗披针状椭圆形至披针形,长 4~8 毫米;颖密被白色长柔毛;外稃膜质透明,被丝状长柔毛,先端具 1~2 厘米膝曲的芒。颖果倒卵形,长 3.5~4 毫米,宽 2~2.5 毫米。籽粒成熟后外壳颜色有黄色、红色和黑色。千粒重 10~15 克。

(三)生物学特性

苏丹草属喜温植物,不抗寒,怕霜冻。种子发芽最适温度为 20℃~30℃,最低温度为 8℃~10℃,苗期对低温敏感,气温下降至 2℃~3℃时即受冻害,已长成的植株具有一定抗寒能力。苏丹草因根系发达,抗旱能力强,在年降水量仅 250 毫米地区种植,仍可获得较高的产量。在生长旺季，如严重缺水可影响产量，但雨水过多或土壤过湿也对生长不利，容易遭受病害，尤其容易感染锈病。苏丹草对土壤要求不严，无论沙壤土、重黏土、微酸性土壤或盐碱土均可种植，但过度瘠薄的土壤和盐碱土应注意合理施肥。

(四)栽培技术

苏丹草忌连作。因生长期需要从土壤中吸收大量养分，因此需要深耕 8～22 厘米，并施足基肥，一般每 667 平方米施有机肥 1 000～2 000 千克，复合肥 20～30 千克。当春季表土 10 厘米处地温达 12℃～14℃时即可开始播种。为保证整个夏季都有青绿饲料，应采取分期播种的方法，每隔 20～25 天播一期。播种方法多采用条播，行距 40～50 厘米，播深 4～6 厘米，播种量每 667 平方米 2 千克左右。幼苗生长缓慢，应注意中耕除草，干旱时适当浇水。每次刈割之后应及时追施速效氮肥，一般每 667 平方米 10 千克尿素，以提高再生草产量。苏丹草种子成长不一致，当大多数种子由绿色转为褐色时，就需及时采收，每 667 平方米可收种 50～100 千克。但因该草是风媒花，和高粱亲缘关系接近，自然状态下易发生杂交，为保证种子纯度，留种田必须和高粱相距 400 米以上。

(五)营养价值和利用方式

苏丹草营养价值高，适口性好，各种牲畜都喜采食，也是鱼的高产优质青饲料之一。以青饲料为目的的苏丹草宜在营养期株高 1 米左右刈割，此时茎秆含糖丰富。如用于调制青贮饲料则以抽穗至开花时刈割为宜。调制干草则以开花期刈割为好，其茎叶比玉米、高粱柔软，茎秆也比其细，故调制容易。苏丹草幼苗期含氢氰酸，饲喂时要注意防止中毒，最好在植株高达 50～60 厘米以上时刈割，刈割后稍加晾晒，即可避免牲畜中毒。为提高苏丹草的品质和产草量，可与一年生豆科作物混播，尤其作为奶牛青饲料轮刈利用时，更为必要，利用时间应在豆科牧草现蕾时刈割，否则会影响豆科牧草的再生力。苏丹草每 667 平方米产鲜草一般为 4 000～5 000 千克。

（刘　洋　蔡　化）

第五章 人工草地的建植与管理

一、人工草地的概念

人工草地是在人为农业措施的强力干预下，结合所在地区的具体生态条件和一定的经济利用目标，选择适宜草种而建立的特殊人工植物群落，就其生态学本质来说，实际上是取代原生植被的处于人为农作措施维护下的亚稳态。人工草地作为草地经营体系中的一部分，使草与家畜的关系进一步协调，可全面提高草地生产能力。一般而言，一个地区、一个国家，人工草地面积占天然草地比例愈大，畜牧业的生产水平就愈高，对于靠天养畜的依赖性就愈小。建立人工草地是发展集约化草地畜牧业、实施生态恢复与重建以及实行可持续发展和循环经济战略的重要措施。

世界上草地畜牧业发达的国家如新西兰、澳大利亚和美国等，其人工草地在总草地面积中占有很大的比重。人工草地可有效解决饲料的季节不平衡，以充分发挥天然草地的生产力，例如美国的人工草地每增加10%，草地畜牧业生产便可提高100%。因此，人工草地是达到先进的草地农业系统、实现草地畜牧业可持续发展的必须条件之一。

在我国，人工草地往往是与传统的以粮为本的农业相对立的，农民除草尚来不及，何谈种草！人们将仅有的人工草地附属于畜牧业或限于牧区。20世纪80年代初，著名科学家钱学森教授曾提出草业的概念，将草业与农业、林业并论，目前这一概念被越来越多的人所接受。随着我国农业现代化、商品化的发展，农业结构开始相应调整，大农业的观点逐步被人们接受，传统种植业的二元种植结构(粮食、经济作物)开始向三元种植结构(粮食、经济作物和牧草饲料)转变,引草入田被越来越多的农民看成是顺理成章的事情。如果实现南方草山草坡开发 1 330 万公顷,年产牛羊肉的能力可达 300 万吨,相当于生产粮食 2 700 万吨,可以缓解国家粮食缺口。如果建成 1 330 万公顷人工草地,其畜产品产量将相当于 2 个新西兰。可见,南方草山草坡的开发对保证我国的食物安全和现代草地畜牧业发展均具战略意义。

人工草地就植物组成而言,主要分为三种,即豆科草地、禾本科草地和两者混播草地。根据利用年限,可分为一年生草地和多年生草地。多年生草地又可分为短期草地,利用年限为 2～3 年;中期草地,利用年限为 4～8 年;长期草地,利用时间在 10 年以上。依据利用方式,可分为放牧草地和刈割草地(包括青饲、青贮、调制干草)。

二、国内外人工草地的发展概况

世界上发达国家畜牧业产值一般占农业总产值的 50%以上,这些国家十分重视人工草地的建设。新西兰草地总面积为 1 420 万公顷,其中已建成人工草地 1 067 万公顷,占全国草地面积的 3/4。荷兰、英国已将草地建成 100%的人工草地;美国草地总面积与我国相似,早在 20 世纪 60 年代人工草地已占天然草地的 10%,若加上农田中的草地,人工草地占草地总面积的 29%。我国的人工草地近年来尽管有了较大的发展,但仍仅占草地总面积的 1.6%,加上改良和飞机播种的草地面积也仅占 2.7%。同发达国家相比,我国人工草地不仅面积小,而且运用机械、施肥、灌溉等管理措施相差较大,单位面积产草量仅为西欧的 1/2。

我国人工草地种草的历史悠久,但人工草地建设仍处于发展时期。据 1997 年统计,全国累计种草保留面积 1 547.49 万公顷,这其中包括人工种草、改良天然草地、飞机补播牧草三项。如果将后两项看作半人工草地，即我国人工和半人工草地面积之和也仅占全国天然草地面积的4.68%。我国人工草地和半人工草地虽不多，但全国各省、自治区都有，以内蒙古自治区最大，有443.34万公顷，达到100万公顷以上的依次有四川省、新疆维吾尔自治区、青海省和甘肃省。各地人工种植和飞播的主要牧草有苜蓿、沙打旺、老芒麦、披碱草、草木樨、羊草、黑麦草、鸡脚草、聚合草、无芒雀麦、苇状羊茅、白三叶、红三叶，以及小灌木柠条、木地肤、沙拐枣等。在粮草轮作中种植的饲草饲料作物有玉米、高粱、燕麦、大麦、蚕豆及饲用甜菜和南瓜等。由于人工草地的牧草品质较好，产草量比天然草地可提高3～5倍或更高，因而在保障家畜饲草供给和畜牧业生产稳定发展中起着重要的作用。

我国南方水热条件好，生长期长，草地生产力高，生产潜力大；同时，南方劳力、资金相对较多，科技水平较高。专家指明，未来我国畜牧业的发展重点必将向水热条件、经营条件更好的南方农区转移。

我国南方指秦岭、淮河以南，青藏高原以东的广大地区，土地总面积约为2.6083亿公顷，天然草地总面积为7958万公顷，草地总面积占全国土地面积的8.3%，为南方土地总面积的30.51%，其中可利用的草地面积占70%以上，是南方重要自然资源之一。受传统农业思想和农业生产习惯的影响，我国南方的草山草坡，大多数处于自生自灭的沉睡状态，30%的草地居于轻度利用，40%处于未利用状态。自20世纪80年代以来，通过“七五”至“九五”国家科技攻关项目以及农业部的示范性开发，我国南方山地人工草地的建植、管理、利用以及防止退化技术已基本成熟并相互配套。以豆科牧草白三叶和红三叶与多年生黑麦草、鸭茅等禾本科牧草混播而建立的多年生人工草地，可与新西兰的人工草地相媲美，形成了独特的“亚热带山地常绿温带草甸”景观。在良好管理条件下，这类以三叶草为基础的人工草地每公顷牧草干物质产量在7 500～8 500千克。据统计，2002年在南方13个省、自治区，人工种草产量比天然草地提高5～10倍。江西省千烟洲红壤丘陵综合开发试验区多年的试验证明，人工草地每年最低可获12.5吨/公顷的青干草产量，高者可达45吨/公顷，平均可饲养215个牛单位/公顷。在湖北宜昌，人工草地面积0.13公顷可养1只绵羊，平均每只羊年产净毛2千克；0.667公顷可养1头牛，18月龄体重达250千克。其生产性能较传统的北方牧区天然草地生产力高10倍，较北方人工草地的生产力高3倍。

虽然近年来我国南方草业发展速度较快，但整体水平还较低，单位面积载畜量仅为2～3个绵羊单位/公顷，说明南方草地生产水平仍处于粗放经营阶段。迄今为止，我国南方13个省、自治区已建成的人工草地和改良草地占总草地面积不到4%，远远少于美国的15%和新西兰的75%，不能满足畜牧业稳定、优质、高产的需要。在新西兰、澳大利亚每公顷草地建设投资约合1 200元人民币，而我国南方目前不到15元。由于缺乏资金投入与科技支撑，导致人工草场建设普遍存在品质差、经营粗放、效益低等缺点，生产规模得不到扩大，新建的草场难于稳定。

当前我国南方的草业正处于发展的初期阶段，国家和政府应该在资金、政策、科技方面加大力度，以推动南方草业生产和技术进步，加快草地畜牧业的规模化、集约化建设，推动草地产业化水平的提高。通过草地的高效合理开发，发展质量效益型的南方草地产业，实现经济、生态、社会效益的统一，促进南方草业健康发展。

三、人工草地的作用

(一)提高牧草产量

人工草地牧草生长迅速,产草量高,一年可多次利用。例如云贵高原白三叶与多年生黑麦草混播草地,夏季雨热条件俱佳时每20～30天就可放牧利用1次,牧前草地生物量(干物质)达1 800～2 500千克/公顷。牧草生长期长,大部分地方可全年生长,全年牧草供给较平衡。利用时间长,是最经济的饲料作物,多年生草种在合理利用条件下一次种植可多次和多年利用,并长期维持较高的生产力。贵州威宁1985年建植的白三叶/多年生黑麦草混播草地,现在仍然保持5 000千克干物质/公顷的生产力。

(二)改进牧草品质

人工草地,尤其是混播草地,营养元素全面。豆科牧草干物质中蛋白质占18%～22%,含各种必需氨基酸,且含丰富的钙、磷、胡萝卜素和各种维生素如维生素B_1、维生素B_2、维生素C、维生素E等。

(三)改良土壤,防止水土流失,保护生态环境

培土增肥作用显著,人工草地牧草根系发达,可增加土壤有机质,改变土壤结构,增加肥力,提高后作产量。研究表明,白三叶草地每年每公顷可从大气中固氮100～300千克。另外,人工草地牧草抗逆性强,适应性广,茎叶茂盛,覆盖度大,能有效防治水土流失,保护生态环境。

四、人工草地的建植技术

人工草地不同于农田作业，有其自身特点，涉及的主要技术措施有播前整地和施肥、播种、混种、田间管理和草田轮作等。

（一）播前整地和施肥

牧草的生长发育和所有植物一样都需要光、热、空气、水分和养料。牧草只有生长在土壤疏松，水分、养料充足，无杂草和病虫害，理化性状良好的土壤上才能获得高额产量。所以，播前整地是人工草地建植成功的第一步。

1. 地段选择 地段选择的正确与否直接影响人工草地和饲料地能否建设成功的关键，也是决定饲草料产量高低和品质优劣的重要因素之一。地段的选择要根据该地区农牧业生产和产业布局来合理规划，并有计划、有步骤地进行，原则上要尽量满足牧草和饲料作物对自然条件和生产条件的共同要求。尽量选择地势相对平缓开阔、便于田间作业、土壤质地和水热条件较好、适合牧草生长的地段，如果降水不足，则应有灌溉条件。整地前彻底清除地段上原有植被、石块和障碍物等杂物，消灭杂草，将残茬、枯枝落叶和农家肥翻入土层，增加土壤有机质，提高土壤肥力。平整地面、蓄水保墒是人工草地建植成败的关键，也是保障牧草高产稳产和持续多年利用的基础，必须十分重视。

南方山区地形复杂，年降水量大（一般在1 000～1 200毫米），为防止水土流失，坡度在25°以上的山地不宜采取全耕措施，可以进行带垦。带垦是在坡地上按等高线（即与坡向垂直的方向），进行带状耕翻或轻耙，每耕翻2～4米宽的地面，留下1～2米宽不耕翻，以利于水土保持或减轻风蚀。但在垦带栽培的牧草，往往不能有效地控制杂草，因为栽培牧草竞争力较弱，相邻的未垦带地天然植被极易侵入。

在南方山地坡度大于 30°的地方如进行人工种草，可采取免耕法，直接在茬地上播种牧草，也可用配有割茬犁刀的特殊播种机具播种，并用除草剂控制杂草。免耕法可使土壤表层保留较多的残茬及枯枝落叶覆盖层，有利于水分渗透和减轻土壤侵蚀。

2. 土壤表面处理 我国南方土壤大多呈酸性，需要施入石灰调节土壤酸碱度，以 pH 值 6.5 左右为宜。强酸性土壤每 667 平方米施石灰 500～700 千克。石灰一般作基肥施用，如待耕地块酸度较高，建议在牧草种植前 3～5 个月先施推荐用量 1/2 的石灰，播前整地时再施剩余的 1/2 石灰，这样有助于石灰和耕作层土壤的充分混合，从而在播种前就使土壤的酸度得到很好的中和，以满足牧草及饲料作物生长的需要，施一次石灰可维持 4～5 年。酸性土壤施石灰有利于豆科牧草根瘤的发育，在无条件大量施石灰时，用石灰与根瘤菌剂混合制成豆科种子丸衣，也有良好效果。石灰忌与人粪尿、铵态氮混合使用或混存，也不能与磷肥混合使用。

在南方的沿海滩涂地方如建植人工草地，则可结合开挖排水工程，修建成台田，达到降低地下水位，既利于排水，又可达到防止盐渍化的目的。

3. 施肥 人工草地建植前应对土壤氮、磷、钾及有关微量元素含量进行测试，或查阅当地土壤调查资料，了解土壤养分水平，以便制定施肥计划。施肥是提高牧草产量，保证草地持久利用的重要技术措施。

草地施肥有两个基本途径：一是直接施有机肥料或无机肥料。有机肥料包括厩肥、畜粪、人粪尿、泥炭堆肥、绿肥等，但应注意是否腐熟。一般有机肥作基肥用，施量为每公顷 30 000～45 000 千克。无机肥料是以矿物质为原料通过化学方法精制而成的，有氮肥、磷肥、钾肥、钙肥、钼肥和硼肥等。

施肥的另一途径是通过豆科牧草的固氮作用给草地土壤增加

氮素。据资料介绍新西兰种植胡衣阿白三叶草地每年每667平方米草地可固氮26.7千克,相当于57千克尿素的含氮量,红三叶、紫花苜蓿等豆科牧草也有这样的功能。

牧草种类不同,需肥量也不同。禾本科牧草需氮肥较多,应以氮肥为主,配合施用磷、钾肥。豆科牧草则应以磷肥为主,在幼苗期根瘤尚未形成时,可施用少量氮肥,以促进幼苗生长,钾肥亦需适当配合施用。禾本科牧草和豆科牧草混播的草地,首先要多施磷肥,促进豆科牧草根瘤的形成,固定氮素,进而促进禾本科牧草的生长。在牧草的不同生长期,需肥量也不同,禾本科牧草吸收养料最多的时期是分蘖至开花期,豆科牧草是分枝至孕蕾期。应根据不同肥料的特性,适时适量施用,以满足牧草生长的需要。

(二)播种技术

1. 种子的准备和处理 牧草种子品质的优劣、选择和处理的好坏是人工草地种植成功与否的前提,应注意以下几点。

(1)种子质量 播种前首先要检查所用种子是否具有国家授权的牧草种子质量检验机构的质量检验合格证书,其播种用的种子必须纯净度高、籽粒饱满匀称、生活力强且无病害,彻底清除杂质、不饱满的种子及杂草种子;且一般要求豆科牧草种子含水量为12%～14%,禾本科牧草种子的含水量为11%～12%。无性繁殖材料要求健壮、无病、芽饱满,并能就近供种。

(2)播前晒种 将种子摊在地面,厚5～6厘米,在阳光下暴晒,晒2～3天,可促进种子的后熟,打破牧草种子休眠,提高发芽率。

(3)种子处理

①为增加禾本科牧草种子的流动性,必须去壳、除芒、脱颖,从而保证播种质量。生产中常用以下两种方法:一是碾磨去芒:将种子均匀地(以不压碎种子为标准的厚度)铺在碾盘上碾压,待芒、壳

和种子脱离后，用人工或机械簸出，即为无芒壳种子；二是除芒机除芒：随着牧草种子清选机的出现，禾本科牧草种子可以直接用除芒机去芒，同时还可去掉颖、果铃、穗簇等附属物。

②用农药拌种既能防止鸟类与地下害虫吞食牧草种子，又能防止部分牧草的疾病（如禾本科牧草的黑粉病、黑穗病）。

③部分豆科类硬实种子（红三叶、白三叶、紫花苜蓿）由于种皮外有一层排列坚密的长柱状马氏细胞，水分不易浸入，必须进行处理，以提高发芽率。处理方法有以下几种。

其一，擦破种皮。该方法是处理硬实种子最常用、最简便的方法，当种子数量不多时，可将种子和粗沙子同时装在一个口袋里，然后用力揉搓或用木棍敲打，使其擦破种皮；当用种量大时，可用碾压的方法，让其互相磨擦而擦破种皮。用碾压方法时，一般要把种子铺得厚一点，以免压碎种子，用这种方法处理豆科种子，可使发芽率大大提高，最高达 90%以上。如果是存放多年的豆科牧草种子，应先做发芽试验。

其二，变温浸种。把硬实种子放入温水中浸泡，水温以不烫手为宜，浸泡一昼夜后捞出，白天放在强光下暴晒，夜间移至阴凉处，需经常浇水或覆盖湿的麻袋，使种子始终处于湿润状态，2～3 天后，种皮开裂，即可播种。

其三，恒温处理。将种子放在 40℃～45℃的温水里，可去掉种子的硬实性；在 105℃的高温下处理 4 分钟，效果良好。

其四，化学处理。用 1%的稀硫酸浸种半小时，然后用清水浸泡 1 小时或用流水冲洗 10～20 分钟，置于阴凉地，阴干后播种，效果也很好。

④初次种植豆科类牧草必须接种专用的根瘤菌，以提高牧草的产量。进行根瘤菌接种时，要正确选择根瘤菌的种类。豆科牧草的根瘤菌分为八个可以互接种族，同族的豆科牧草和饲料作物可以互相接种，不是同族的，不能互相接种。接种方法有以下

几种。

其一，干瘤法。取豆科植物开花盛期的健壮植株，将其根部轻轻挖起，用水洗净，切掉地上部分，在通风、阴暗地方将其慢慢阴干。在豆科植物播种前将已阴干的地下根部磨碎，最好加一些粘合物，即可进行拌种。一般用量为每 667 平方米用 5～10 株干根粉，也可以用比干根重 1.5～3 倍的清水与弄碎后的干根混合，在 20℃～30℃的条件下，放置合适地方（主要是避光）使其繁殖，经 10～15 天后，即可用来拌种。

其二，鲜瘤法。用半斤晒干的菜园土或河滩泥，加一小杯草木灰，搅拌均匀后盛入大碗盖好蒸 0.5～1 小时，冷却后将选好的根瘤 30 个或阴干的豆科植物根 5～10 株磨碎，用少量冷开水或米汤拌成菌液，与蒸过的土壤拌匀，然后置于 20℃～25℃条件下培养 3～5 天，每日略加冷水翻拌，即可制成菌剂，每 667 平方米取 50 克左右。

其三，根瘤菌剂法。此法使用简便，用根瘤菌剂接种的标准比例是每千克种子拌 5 克菌剂。播种前按说明书规定用量制成菌液，喷洒在种子上，充分混匀，使每粒种子都粘到菌液，拌好后立即播种。

进行根瘤菌接种时必须注意：根瘤菌不能和太阳光直接接触，拌种要在阴暗、潮湿的地方，之后立即播种。用其他药物拌过的种子，不能再拌根瘤菌；已接根瘤菌的种子，不能再与生石灰和大量肥料接触。酸性土壤对根瘤菌不利，在播前应施用石灰中和土壤酸性。接种根瘤菌的种子应播在湿度和排水较好、通气良好的土壤。

2. 播种要求 播种是牧草生产中关键性的一步，为达到苗齐、苗全、苗壮，必须认真做好播种工作。牧草播种技术主要包括播种期的确定、播种方式的选择及播种深度和播种量的把握。

(1)播种期 牧草播种和农作物播种一样，要求适时，适时播种不但能提高单位面积产量，而且能保证下茬作物正常生长。适时播种的原则有3点：一是牧草的类型，明确该牧草是冷季型还是暖季型，一般籽粒苋、苦荬菜、美洲狼尾草、宁杂3、4号狼尾草等适宜春播，长江以南地区在4月初，黄淮地区在4月中旬，黄河以北地区在4月中下旬即可播种。而多花黑麦草、冬牧70黑麦、苕子、草木樨等以秋播为宜，黄河以南地区为9月份。紫花苜蓿、红三叶、白三叶既可春播，又可秋播。二是气候因素，牧草播种应避开连续阴雨天气或干旱季节，最好在雨后进行播种。三是满足牧草生长过程中的一些生理条件(如有些牧草的春化阶段)；另外，应避开当地野生杂草的生长旺季。

(2)*播种方法和方式* 建设人工草地有3种播种方法，即单播、混播和保护播种。单播牧草因牧草种类、土壤肥力和气候条件的不同，采用的播种方式也不同。两种或两种以上的牧草在同一块地上的同行或隔行播种称为混播。混播一般采用豆科牧草与禾本科牧草混播，有的则采用同科中的多种牧草混合播种。混播也应因地制宜，不能采用单一方式。把多年生牧草种植在一年生作物之下，这样的播种方式叫保护播种，优点是减少杂草对多年生牧草的危害和防止水土流失，也能增加播种当年的收益。

播种方式有点播、撒播、条播和带肥播等。

点播是间隔一定距离，挖穴播种，适于在较陡的山坡荒地上播种。该方法节省种子、出苗容易、管理方便，一般适用于玉米、菜类牧草，如墨西哥类玉米、苦荬菜、菊苣等。

撒播是将种子均匀地撒在土壤表面，然后轻耙覆土。优点是播种技术简单、便于推广，可在雨前大面积抢播。目前有人工撒播和飞机撒播两种。采用这种方法，播前应选好地块，平整压实，然后撒上种子，用耙或镇压器轻耙镇压，以保证种床紧实、防止播种过深，且要求播前清除杂草，以减轻苗期杂草的危害。

条播是每隔一定距离把种子播种成行，且随后覆土。条播行距的大小视牧草种类和利用方式而定，一般为15～30厘米，植株高大的牧草宜宽，低矮的宜窄。有灌溉条件的干旱地区，通常采用密条播，行距一般为15厘米；在没有灌溉条件的干旱及土壤瘠薄地区，一般采用30厘米的行距。收种用的牧草，行距一般45～60厘米，以利于个体生长发育，提高种子产量。

带肥播是一种比较先进的播种方法，在播种时将肥料直接撒施在种子下面，使幼苗在生长发育中能吸收足够的养分，施肥和播种同时进行。施肥深度一般在种子下面的4～6厘米处。带肥播种不仅能减少播种量，提高出苗率，加速幼苗生长发育，还能有效防止杂草危害。

(3)播种量和播种深度　牧草播量的多少因牧草的生物学特性、种子质量以及土壤肥力、整地质量和利用方式的不同而异。整地精细、水肥条件充足时，播种量就可比整地粗糙、肥力不足的少。分蘖、分枝能力强的牧草，在土壤条件适宜时，播种量亦可少些，种子田播量应减少。主要牧草的播种量见表5-1。

表5-1　主要牧草的播种量　(单位：千克/667平方米)

牧草名称	播种量	牧草名称	播种量
紫花苜蓿	0.75～1.0	菊苣	0.3
白三叶	0.25～0.5	红三叶	0.6～1.0
一年生黑麦草	1.0～1.5	苦荬菜	0.5～0.6
杂交苏丹草	2.0～3.0	皖草2号	1.5
墨西哥类玉米	0.3～0.5	籽粒苋	0.1
串叶松香草	0.5	冬牧-70	10.0

一般播种量指种子用价为100%，实际上种子用价均低于100%，所以要用种子用价进行调整。实际播种量的计算公式为：

实际播种量＝种子用价100%时的播量/种子用价

种子用价＝种子纯净度×发芽率

种子纯净度＝(试样重量－杂质重量)/试样重量×100％

发芽率＝种子发芽粒数/供试种子粒数×100％

牧草种子大小差异明显，覆盖的土层厚度将会直接影响牧草种植的成败。另外，土壤含水量、土壤类型也影响牧草种子的播种深度。通常豆科牧草播种深度比禾本科牧草浅些。牧草种子小，在沙质土壤上，以2厘米深为宜；大粒种子3～4厘米；中等黏重的土壤1.5～2厘米；较黏重的土壤应更浅些，尤其是豆科牧草，不宜过深，否则影响出苗。

3. 保护播种　在种植多年生牧草时，为减少杂草对牧草幼苗的危害，提高播种当年单位面积的收获量，同时防止水土流失，经常把牧草播种在一年生作物之下，这种播种方式叫保护播种，一年生作物则称为保护作物。保护作物一般应具有分蘖少、成熟早、早期发育速度比牧草慢的特点。生产中要全部满足这些条件比较难，但选择保护作物必须充分考虑这些条件。小麦、大麦、燕麦、豌豆、苏丹草、谷子、玉米、高粱、大豆等都可作为保护作物。牧草种类、地区类别、土壤状况、生产条件、经济利用等因素决定了保护作物的选择，同时也决定可否采取保护播种。保护作物的播量为其单播时播量的75％或50％，二者可同时播种，亦可将保护作物提前10～15天播种，播种方式以间行条播较好。

为了减轻保护作物对牧草的抑制作用，作物应及时收割，最好在入冬前给牧草留出1个月以上的单独生长时间。如果因施肥或气候等原因，保护作物生长过于繁茂，可以全部或部分割掉。另外，也应加强杂草防除工作。

4. 飞机播种　20世纪60年代，世界上广泛使用飞机进行人工草地建植和改良。新西兰约70％的草地靠飞机播种或施肥作业，建植或管理人工草地。我国20世纪70年代在黄土高原区飞播沙打旺获得成功，随后飞机种草技术在全国迅速推广。至80年代末，全国累计飞机播种牧草面积达116万公顷，取得了显著效益。飞机种草的优点是作业速度快，效益高，成本低，作业效果好，飞播草地产草量高，且不受作业地形的限制，尤其适用于山地水土流失严重的地区。

飞机播种的主要技术环节有4个：一是选择好播区。飞播区地块要集中连片，面积不小于667公顷，播区内有效播种面积应在70%以上，并有适宜飞播的气候和土壤条件。同一播区内地形高差要小，视野开阔，最好为长方形，便于飞行作业。二是播区规划。首先对播区进行实地调查，包括立地条件、气候情况以及社会经济情况，在调查基础上做出播区规划，划定范围，确定飞行作业方向（飞行方向与风向要一致）和设置航标。三是选择适宜的草种，本着适应当地自然条件和适宜飞播的原则，尽量采用乡土草种。种子要求中、小粒型，种皮薄，雨后发芽和成苗快。适宜于南方草山飞播的草种有：黑麦草、白三叶、红三叶、柱花草、雀稗等。颗粒小或轻的种子需要大粒化处理，豆科牧草种子最好接种根瘤菌，并进行丸衣化处理。四是确定适宜的播种期，一般在雨季来临，最好连阴雨的前几天播种。

目前我国用于牧草飞播的飞机型号有运5、运11、伊尔18、米8和贝尔212等。

（三）牧草混播

人工草地主要采用混合牧草，混合牧草是几种牧草混合播种在一块土地的同行或间行内。混播牧草通常采用豆科—禾本科牧草混播，亦有同科牧草混播。

1. 混播牧草的优越性

（1）*具有比单播草地高而稳定的产量*　我国原西北农业科学研究所试验，苜蓿与鸡脚草混播比单播增产12.4%，苜蓿与无芒雀麦混播较单播增产16.1%，苜蓿与高牛尾草混播增产23.2%。

混播牧草增产的原因主要在于不同类型牧草叶量及根系分布均匀，能够充分利用光、二氧化碳及土壤养分、水分，可制造更多的有机物质。同时，由于不同类型牧草的寿命不同，生长速度也不一样，当其中一种牧草衰退时，另一种牧草可以弥补上。

(2)*含有较完全的营养成分*　豆科牧草含有较高的蛋白质、钙和磷，而禾本科草含有较多的碳水化合物。在混播草地中，禾本科牧草利用豆科牧草所固定的氮，从而提高了自身的蛋白质含量。如猫尾草与三叶草混播，猫尾草蛋白质含量比单播时增加10.4％。

(3)*具有较好的适口性*　利用混播草地调制干草，豆科牧草叶片可完整保留，而单播豆科牧草调制干草时，叶片容易脱落，营养价值明显降低。

(4)*有利于恢复土壤结构，提高土壤肥力*　禾本科牧草根系属于浅根系，具有大量纤细的须根，主要分布在1～20厘米的土层中；而豆科牧草属深根系，入土深度达1～2米或2米以上。在根系发育上，它们之间起着互补作用，增加了根系重量，枯死后又成为腐殖质的来源。

混播牧草还具有较强的抑制杂草和病虫害的能力。

2. 混播牧草的选择及组合类型　在选择混播牧草时，应考虑以下原则。

第一，构成混播牧草的成分，必须适应当地的自然条件，选择牧草抗逆性(如抗旱、抗寒、抗病虫害等)强和产量高的品种。

第二，混播牧草的成分必须由不同生物学类群的牧草组成。生物学类群包括分蘖类型(如禾本科牧草的根茎型、疏丛型、密丛型等)、枝条特性(如上繁草、下繁草等)以及寿命长短等方面。

第三，混播牧草的成分，应根据利用目的、利用年限、利用制度等多方面考虑。根据不同的利用目的可分为：刈草型混播草地，放牧型混播草地，刈草—放牧兼用草地。

刈草型混播草地：主要目的是作刈草场，利用年限较长，一般4～7年或更长。选择的牧草应该是发育一致、中等寿命的上繁草。豆科牧草以主根型为主，如紫花苜蓿、红豆草、沙打旺、红三叶等。禾本科牧草主要为疏丛型，如猫尾草、黑麦草、羊草、披碱草、老芒麦等。

放牧型混播草地：利用年限7年或7年以上，属于长期放牧使用，选择的牧草要以长寿命的下繁禾本科和豆科为主。如禾本科的早熟禾、红顶草、羊茅、冰草等；豆科的白三叶、黄花苜蓿、天蓝苜蓿等。为了使前期能获得一定产量，还应包括一些中等寿命或两年生的豆科及禾本科牧草。

刈草—放牧兼用草地：利用年限4～7年或更长，为满足刈草及放牧两方面需要，除采用中等寿命和两年生上繁草外，还须包括长寿命放牧型的下繁草。

根据利用年限和参加牧草成分，混播牧草的配合可分为以下几种。

简单混播牧草，利用2～3年，包括2～3个种，分属1～2个生物类群。如：苜蓿＋鹅观草；红三叶＋猫尾草＋鸡脚草。

比较复杂的混播：利用4～6年，包括4～5种，分属3个生物类群。如苜蓿＋无芒雀麦＋鹅冠草＋冰草；杂三叶＋猫尾草＋无芒雀麦；红三叶＋杂三叶＋猫尾草＋看麦娘。

复杂的混播牧草，长期利用，包括6～8种牧草，4个或以上生物类群。如红三叶＋高燕麦＋杂三叶＋看麦娘＋白三叶＋猫尾草。

总之，混播牧草的组成比例，因利用目的不同、利用年限、生境条件及利用方式等的不同，均有所差异。如从地区条件看，比较湿润的区域，豆科牧草比例适当增加；在干旱地区，则应减少或两者比例相当。从利用年限来看，一般利用年限短的草地，豆科牧草比例可高些；利用年限长的草地，禾本科牧草比例高些。从利用方式来看，刈割利用的上繁禾草比例大些；放牧利用的下繁禾草比例高些；刈牧兼用的，上繁禾草略大于下繁禾草。混播牧草的比例大小不能一概而论，要因地制宜，根据当地自然条件、牧草品种、草地利用年限、利用方式等因素综合考虑。

3. 混播草地的播种量、播种时期和播种方法 混播牧草的播种量与单播相比应多些，如 2 种牧草混播，是其单播量的 70%～80%，3 种或 3 种以上的牧草混播，则相同科的 2 种按其单播量的 35%～40%，另一种按 70%～80%的播量播种。这是较为粗略的确定方法，另外，还可采用单播的播种量乘以该草在混播牧草中所占的百分比来确定其在混播中的播种量，各牧草播量之和即为混播牧草的总播量。

混播牧草播种时期应根据混播牧草的生物学特性及土壤、气候条件来决定。如组成混播牧草的品种均为春性或冬性，就可同时播种，否则应分期播种。禾本科牧草苗期生长较细弱，易受豆科牧草抑制，可在秋季播种禾本科牧草，在翌年春季播种豆科牧草。

混播牧草的播种方法有以下几种。

同行播种：各种牧草播种于 1 行，一般行距 15 厘米。

交叉播种：一种或数种牧草与另一种或另几种牧草垂直方向播种。

间条播：3 种以上牧草播种时，每种牧草相间条播。

宽窄行相间播种：15 厘米窄行与 30 厘米宽行相间条播。

撒条播：条播与撒播相结合。

（四）田间管理

人工草地建植后如想获得高产，还需进行必要的田间管理。有效的田间管理是顺利建立和维持高产人工草地的必要措施，主要包括田间杂草防除、施肥、灌溉和病虫害防治 4 个方面。

1. 田间杂草防除 杂草不仅影响植物生长，还影响饲草品质，尤其对多年生牧草，因早期生长较为缓慢，更易受杂草危害，所以人工草地播种第一年要及时消灭杂草。另外，有些杂草为有毒植物，可造成畜禽中毒。防除杂草的主要措施如下。

(1)调整播种时间　春季播种，往往杂草危害比较严重，主要是宿根性杂草和春季萌发的其他杂草，如条件允许，可在夏季或秋季播种，此时杂草长势减弱，且在播种前通过耕翻耙耱，将杂草全部翻压下去，充当绿肥，之后再播种牧草，可减少杂草数量。

(2)轮作或刈割　有些杂草危害牧草有一定范围，如菟丝子对紫花苜蓿危害比较严重，而对禾本科牧草危害较轻，可通过轮作不同牧草来减少杂草危害。另外，刈割也是一种常用的方法，即在杂草种子未成熟前，连同牧草一起刈割。对于白茅等一些牲畜能利用的杂草，如成片萌发，待其长至 20～30 厘米时，用喷雾器喷洒 0.3%～0.5%的盐水，提高适口性，再利用牛、羊反复重牧，最好设临时围栏，避免其他牧草遭受践踏。这种方法能有效控制其生长，从而减少根茎贮存物质，避免开花结籽，最终使杂草稀疏和逐渐死亡，然后再补播优良牧草。

(3)化学药品防除　对于杂草比较严重的草地可选用化学除草剂防除，使用前需仔细阅读使用说明，有条件可请有关技术人员做指导。如要除去紫花苜蓿等豆科牧草中的单子叶杂草，可用氟乐灵、苯胺基甲酸等；若要除去黑麦草等禾本科牧草中的双子叶杂草，可用 2,4-D、2,4-D-丁酯等。使用除草剂最好在晴朗无风的时候进行，一般在露水干后或雨后叶面雨水蒸发后使用。除草剂在杂草幼苗期和盛花期使用效果最好，使用 3 周后牧草才能刈割饲喂畜禽。

此外，还可采取施腐熟厩肥、精选种子等办法避免杂草种子混入田间。

2. 施肥　人工草地的施肥分为两种，一种是播种前的基肥，结合整地将腐熟的农家肥施入；一种是牧草生长期的追肥。

(1)**基肥** 基肥的施用以有机肥为主,一般需腐熟。施基肥时,应深施,分层施,多种肥料混合施。施基肥最好同耕种结合起来,增产效果比春季施肥好。基肥的施入量可根据牧草的种类、肥料的质量等因素确定,一般每667平方米施有机肥2 000~3 000千克。

(2)**追肥** 在牧草的生长期,根据牧草生长需要施一定量肥料叫追肥。追肥的使用时间一般在牧草分蘖、拔节、现蕾以及每次刈割后,主要以速效型化肥为主。豆科牧草施肥应在分枝后期至现蕾期以及每次刈割之后,追肥以磷钾为主,每667平方米施2.5~5千克;苗期应加施一定量的氮肥,一般每667平方米施尿素3~5千克。禾本科牧草在拔节以后至抽穗期以及每次刈割之后,主要以氮肥为主,每667平方米施尿素7~10千克。混播牧草地追肥以磷钾肥为主,追肥最好分期实施,结合灌水效果更好。

3. 灌溉 灌溉是提高牧草和饲料作物产量的重要措施,人工草地灌溉可使牧草产量提高3~10倍,甚至更高。因此,有条件的地方尽可能对人工草地进行灌溉。牧草的灌水时间应根据土壤的含水量而定,一般禾本科牧草土壤持水量约75%,豆科牧草为50%~60%。同时也与牧草种类、生育期和利用目的不同而有所不同。一般放牧或刈割用的多年生牧草,灌溉的时期是在全部牧草返青之后,可以浇1次返青水。禾本科牧草从拔节至开花甚至到乳熟期,豆科牧草以分枝后期至现蕾期,可浇水1~2次。每次刈割之后,也应灌溉1次。

土壤的持水量过多,易造成通气不良,导致烂根。如紫花苜蓿在水中浸泡24小时以上,就会死亡,菊苣在低洼地区易发生烂根现象。因此,牧草不仅应注意灌溉,也要及时排水。

4. 病虫害防治 必须掌握病虫害的发生、发展规律和危害对象,然后采取对症下药的办法进行有效防治,争取做到及时针对性的防治。为确保畜产品安全,用药以"低毒、低残留"为原则。人工草地常见病害有锈病、叶斑病、霜霉病和菌核病。其中菌核病用多菌灵、石灰水喷洒效果较好。其他病害均可用波尔多液、石灰硫磺合剂、多菌灵、托布津等防治。常见虫害有蚜虫、盲蝽和潜叶蝇。蚜虫集中侵害幼嫩部分，使受害植株嫩茎幼叶卷缩；盲蝽危害叶，使其卷缩，花蕾干枯；潜叶蝇在叶表皮下潜食，使叶枯黄，这 3 种害虫都可用乐果、敌百虫和氯氰菊酯等防治。

(五)草田轮作

将牧草(以豆科牧草为主)引入农田，种植数年再改种粮食或其他作物，或者豆科牧草与粮食或经济作物复种、套种或间混种植。草田轮作是牧草生产与粮食或其他作物生产的结合。就人工草地而言，参与轮作草地多以单播多年生牧草为主，以及一部分多年生混播人工草地(割草地或放牧地)和一年生或越年生牧草。草田轮作主要在半农半牧区和农区展开。某些农业发达的国家，将这种耕作制度发展成为草地农业，即草地占农田 30%以上，甚至有的草地超过农田的面积。我国草田轮作的历史悠久，如紫花苜蓿在农田种植已有 2 000 年的历史，但发展缓慢，至今全国的苜蓿种植面积仅为 134 万公顷。而与我国国土面积和草地面积相似的美国，仅有 200 多年苜蓿的种植史，而苜蓿面积已达 1 067 万公顷。近年来，我国农区、半农半牧区的草田轮作正在发展，开始接受草地农业的新概念，由传统的农业二元种植结构向三元种植结构发展，预示着中国大农业发展的必然趋势。

1. 草田轮作的好处

(1)有效地利用土壤肥力，使饲料和牧草都能获得高产　各种饲料作物和牧草，对土壤的营养元素和耕作技术要求不同，从而对土壤的影响也不同。例如，麦类消耗土壤氮肥比豆科作物要多，而豆科作物根部的根瘤菌能固定空气中的氮素。中耕作物破坏土壤团粒较为剧烈，而多年生牧草，特别是混播牧草能丰富土壤中的有机质，恢复土壤团粒结构。采取合理的草田轮作制度，能更好的发挥土壤肥力，充分利用地力，使牧草或饲料作物均可获得高产。

(2)改善饲料品质　蛋白质是家畜所必需的营养物质，推行草田轮作制不仅可以栽培豆类作物，如豌豆、秣食豆等，而且可以在人工草地上种植豆科和禾本科混播牧草，可大大提高干草和放牧饲草中蛋白质的含量。

(3)减少和防除病虫害及杂草的危害　某些病虫害，往往只危害某种牧草和饲料作物，而对另一种则无害，因此，连作会使病虫害加剧，产量下降，实行轮作可以减少病虫害。另外，一些杂草和某些植物经常伴生，连作会使杂草更易生长和繁殖，采取轮作可减少杂草危害。

(4)充分利用土地资源　推行草田轮作制，实行种草、种粮，可以有效地解决饲草、饲料等问题，发展多种经营，充分利用土地资源。

2. 多年生牧草或饲料作物在轮作中的地位

(1)禾谷类　主要是糜粟及各种麦类，还有玉米、高粱、一年生禾草等。禾谷类的籽实是良好的精饲料，茎叶可作粗饲料，在结实前还可刈割作为青饲料或调制青贮及干草。禾谷类除谷子外，多数都耐连作，高粱和苏丹草则比较耗费地力。如果禾谷类与豆类作物混播，可以提高产量和质量。

(2)豆类　主要是大豆、豌豆、蚕豆和野豌豆等，对土壤肥力要求不高，且豆科作物的根部有根瘤菌，可丰富土壤中的氮素，是各种禾谷类作物良好的前作。

(3)块根、块茎及瓜类　主要包括饲用甜菜、胡萝卜、马铃薯和瓜类等。马铃薯和饲用甜菜要求土壤中钾肥较多，不耐连作，禾谷类作物是它们良好的前作。

(4)多年生牧草　多年生牧草可提高土壤肥力，特别是多年生豆科牧草。因此，它们的后作应该是经济价值高的作物，而前作应该是中耕作物或休闲地。多年生牧草播种当年生长缓慢,易被杂草危害,应当采取保护播种。

3. 草地轮作需要注意的问题

第一,考虑自然条件,特别是土壤条件,把需要和可能结合起来,使生产满足需要,合理利用土壤资源。

第二,掌握畜牧业生产情况、发展规模及饲草饲料的需要情况(种类及数量)等。在此基础上合理安排牧草和饲料的种类和比例。

第三,根据各种作物对土壤肥力的要求,妥善安排茬口,注意把主要的牧草或作物安排在最好的茬口上。

第四,根据草地利用形式(刈草、放牧或兼用),确定牧草种类,同时根据对草地的要求,确定面积和利用年限。

第五,正确的轮作要做到积极、充分地培养地力,用地与养地相结合,才能不断提高土壤肥力,实现持续高产。

第六,轮作制的制定与实施中,如何处理稳定性与灵活性是实现轮作的基础。应根据生产单位所处的条件,如土壤、地形、水利等,采用 2 个或 2 个以上轮作体系,以便更好地适应各种条件。

五、人工草地的合理利用

我国人工草地近年来发展较快,而南方建植的人工草地很少用来直接放牧,大部分用来割草利用。任何草地频繁的刈割都会造成退化现象,如草丛疏松,高度降低,草质变差等。因此,只有合理有效地利用割草地,密切注意割草地群落的再生、土壤肥力及草群的复壮等情况才能保证草地的可持续利用。

(一)造成割草地退化的原因

第一,因连年强度利用,被割牧草没有时间正常积累营养,影响牧草再生和根系的发育，降低了根茎的繁殖能力。

第二，禾本科牧草孕穗期或之前被刈割，使得种子繁殖机会减少，从而影响割草地的更新。

第三，连年刈割又不施肥，将会间接消耗土壤中大量营养物质，如氮、磷、钾等，土壤逐渐贫瘠。

第四，割草地留茬较低，陈草少，草地防风能力降低，土壤水分蒸发加快，土壤蓄水能力显著降低。土壤易旱化，结构变紧，从而抑制牧草生长。

(二)牧草的收割时期

牧草的收割时期是较为关键的一个环节，不仅影响当年收获干草的数量和质量，也会影响第二年、甚至第三年刈割草地的生产力。人工草地作为割草地时，除应注意刈割时期外，还要考虑刈割高度和刈割次数。刈割时期应兼顾牧草质和量两方面，刈割高度和刈割频率应根据牧草生物学特性、栽培土壤、气候条件和管理水平来决定。

1. 适期刈割　牧草在生长发育的不同阶段，其各种营养物质含量有着明显的不同，随着牧草的生长，尽管牧草干物质产量在不断增长，但其体内的营养物质如粗蛋白质、胡萝卜素含量却在减少，相反其粗纤维含量逐渐增加。过早刈割牧草品质虽然好，但产量不高，经济效益低；过晚刈割牧草品质下降，适口性差。一般来讲，豆科牧草在初花期，禾本科牧草在抽穗期刈割较好。

确定牧草的适宜收获期应统筹考虑以下两个方面。

一是当年牧草产量和营养物质含量：依据牧草生育期内地上部分产量增长和营养物质积累的动态规律，确定在牧草营养物质总收获量最高时期进行收获。试验表明，草地产量的最高时期一般都在牧草开花期。从牧草营养成分动态看，对家畜营养最有价值的粗蛋白质在生长的最初阶段最高，以后随着发育程度而逐渐减少，同时随着植物的生长，叶表面积逐渐增大，碳水化合物的合成能力逐渐增强，因而纤维含量增加，而蛋白质在逐渐下降，刈割过晚，会降低牧草品质，且会影响下茬牧草产量。

二是刈割时期对翌年草地产量的影响：试验表明，翌年草地的最高产量是在本年开花期刈割条件下获得的。相反，翌年草地产量主要取决于牧草地下部分器官贮藏的营养物质的积累情况，而地下部营养物质的最高积累期是在开花期，因此，1 年内最后一次刈割的适宜时期应选在牧草开花初期。

2. 刈割频度　刈割频度是指在每年生长期内适宜的割草次数。牧草 1 年中刈割的次数取决于当地的自然气候条件、灌溉条件、管理条件和牧草的生物学特性等。一般而言，气候温暖湿润、无霜期长、水肥条件好、管理水平高的地区可刈割多次；相反，气候干旱寒冷、生长季节短、管理比较粗放的地区则应减少刈割次数。

3. 刈割高度　刈割留茬高度的适中与否，可影响牧草的再生性及产量和质量。一般而言，牧草刈割后的留茬高度越高，干草的收获量越低，草地产量的损失就越大，反之亦然。留茬高度一般为 3～5 厘米，最后一次刈割时间不能太晚，最迟应在初霜来临前 30 天进行。各种牧草的留茬高度见表 5-2。

表 5-2　各种不同牧草的刈割留茬高度（单位：厘米）

牧草品种	留茬高度	牧草品种	留茬高度
紫花苜蓿	5～7	菊　苣	15～20
黑麦草	3～4	皖草 2 号	6～10
苦荬菜	15～20	杂交苏丹草	7～8
籽粒苋	30	串叶松香草	5～10

牧草刈割应注意以下几个问题：一是牧草刈割最好选择在晴朗天气进行；二是苏丹草、高丹草、象草等茎秆较粗的牧草刈割时

刀口不能平割，切面要斜向上；三是高丹草、甜高粱、苏丹草等苗期或刈割后新生的茎叶中含有氢氰酸，特别在干旱或寒冷条件下氢氰酸含量增加，此时不能刈割用于饲喂畜禽，要等牧草长至50～60厘米时，刈割后稍加晾晒，以避免畜禽中毒。

应强调的是个别牧草的收割时期要按其特性决定，如一些粗糙或品质不良的牧草，应在孕穗期就收获，避免牧草成熟后影响适口性。粗糙高大的禾本科草，如针茅果实有芒针，必须在抽穗期刈割；芦苇应在抽穗期前茎上长出6～8片叶时刈割。黎科的一些植物多在结实期收割，此时含苦味物质较少、营养物质含量较高。

大面积草地多用机械割草，机械割草时要注意风力和风向。风力大于5级时，要停止割草，顺风割草损失要较逆风大。

（三）干草的调制

牧草收割后，根据当地天气情况，可采取不同干燥办法，使牧草含水量迅速下降至15%～17%。此便能保存较长时间。具体方法见本书第七章。

六、人工草地的更新

人工草地利用不合理或管理措施不当，另外受气候、土壤等因素的影响会使其发生不同程度的退化现象，退化草地单靠自然恢复往往是缓慢的，甚至会加剧逆向演替，因此，对退化草地加以改良十分必要。

（一）草地改良的依据

首先要调查清楚草地的生产状况，了解草地植物群落的变化，明确现有草地种群及生物量的变化，特别是草层中优良牧草的丰富度和发育程度。其次要调查地面和土壤状况，包括地面的平整程度。土层厚度、结构、营养元素以及土壤的酸碱度、含盐量等。在了解和分析草地生产现状的前提下，结合生产需要及现有的经济实力，制定切实可行的改良计划。

(二)制定草地改良的方案

草地改良的整体方案通常分为2种：即治标改良和治本改良。

治标改良是在对原有土壤不做大变动的情况下，采取某些技术措施提高草地生产能力，包括：围栏封育、松土补播或浅耕翻、施肥和灌溉等。草地治标改良投资较少，简便易行，易被群众接受，已被广泛采用。治本改良则是将草地全部翻新，然后采用单播或混播的方法重新建植人工草地。

(三)草地治标改良方法

1. 封滩育草 封滩育草就是将退化草地封闭一定时期，禁止放牧或割草，使牧草充分生长，恢复生机，以提高草地生产力。这是一种简单易行、投资少、见效快的草地改良措施，此方法可成倍提高草地的产草量，改变植被成分，提高草地生产力。在湿润的南方草山草坡采取封育措施，改良退化草地亦属可行，如贵州省威宁县封育草山200公顷，当年和翌年产草量分别提高4倍和8倍。

2. 松耙和浅耕翻 以根茎型禾本科牧草为主的退化草地或干旱草地，可用松耙或浅耕翻的方法进行改良更新。人工草地种植多年后，植被地下根茎盘根错节，加上家畜或作业机械的踏压，草地土壤形成坚实的密结层，使草地的产草量逐年下降。对这类草地进行松耙或浅耕翻可以明显提高草地的生产能力。

3. 补播 补播是在退化草地不被破坏或较少破坏原有植被的前提下，播入一些适应性强、饲用价值高的牧草，通过增加草群的种类和覆盖度来提高草地的产量和品质。补播是国内外广泛采用的改良退化草地的有效措施之一，一般可提高草地产草量

30%～100%。具体操作如下。

(1)**选择适宜地段**　首先对原有植被稀疏或刈割退化的草地，尤其是河泛草地最适宜补播。其次在滥垦乱挖草地，植被破坏，造成水土流失或风蚀危害地区，在消除原有不理想的植被后，补播豆科或其他优良牧草。

(2)**确定适宜播期**　根据各地气候、土壤条件而定，宜在雨季来临之前播种，以确保出苗，如秋播，要使幼苗在入冬前有充分的生长时间，以利越冬。在雨量丰富的南方草山草坡地区，春、夏、秋均可补播，但以秋季最为适宜。中、高海拔地区，宜在8月份进行；低海拔地区，可在9～10月份进行。

(3)**选择适宜草种**　根据草地改良目标选择适应性强、产草量高、饲用价值大的草种。但要注意牧草的季节平衡，考虑近期和长远的草地生产能力，还要兼顾草地的经济效益和生态效益。一般以当地野生或驯化栽培的牧草为主；引入外地草种，应根据同纬度同类气候条件下容易成功的品种，经过小区试种后再大面积推广。我国草地分布广泛，各地生态条件差别大，按不同区域和主要草地类型选用草种。

我国东部沿海滩涂草地：高冰草、田菁、紫花苜蓿、沙打旺和草木樨等。

南亚热带中、高山草地：多年生黑麦草、意大利黑麦草、鸭茅、苇状羊茅、早熟禾、白三叶、红三叶、杂三叶、百脉根、多花木蓝和美丽胡枝子等。

南方亚热带低山丘陵草地：苇状羊茅、毛花雀稗、巴哈雀稗、狗牙根、意大利黑麦草、柱花草、银合欢、白三叶和截叶胡枝子等。

热带和亚热带草地：卡松古鲁狗尾草、糖蜜草、毛花雀稗、棕籽雀稗、宽叶雀稗、巴哈雀稗、虎尾草、狗牙根、马唐、象草、柱花草、大翼豆、山蚂蝗和银合欢等。

(4)**补播方法**　较小面积可用手摇播种机人工撒播，简便快捷。大面积草地改良常用机械补播,可用草地松土补播机或普通圆盘开沟播种机。在地形复杂的草地,采用飞机播种已日趋普遍。也可采用放牧家畜补播,如新西兰的某些牧场主在不能使用机械作业的陡坡草地,借助家畜饱食三叶草籽后撒播。将吃到半饱的牛群赶到处于种子成熟期的白三叶草地采食,之后将家畜驱赶到陡坡草地,三叶草种子随着家畜的粪便散布,此方法可能是最为经济的补播方式。

(5)补播草地的利用　补播后的最初一两年应禁止放牧或刈割草地,使幼苗能充分生长发育,但也要根据该地区的土壤及水分条件来确定放牧强度或刈割次数。

4. 火烧　火烧也是草地改良的措施之一,多用于草地植被的更新和管理。火烧对于利用价值较低的杂灌木和枯死草层的清除有着积极作用,火烧后可增加土壤肥料,提高土壤温度,促进牧草萌发,使牧草生长茁壮并整齐一致。火烧在南方主要用来控制芒蕨类或杂灌木,一般在早春进行,时间过迟将会伤害幼芽,过早会造成风沙侵蚀。采用火烧措施要特别注意防止火灾,在森林附近不能烧荒。确定火烧地段后,要事先打出防火带,防火带宽度至少应是被烧植株高的 7 倍。选择适宜天气,有风天气不能进行,在火烧过程中要组织人员监控。

5. 施肥　施肥是草地复壮,改善草层结构,提高产草量,改进牧草品质的重要措施。草地施肥量的多少是反映一个国家草地集约化经营的尺度。世界上一些发达国家对草地施肥量逐年增加,新西兰早在 20 世纪 60 年代,施肥草地占草地面积的 1/3 以上。有些国家草地除了大量施用氮、磷、钾三要素肥料外,还特别重视微量元素的应用,同时开辟生物肥源和植物生长素等。

我国草地施肥尚处于初始阶段,大面积人工草地施用氮、磷、钾化肥量远远不及其他国家,近年来对生物肥料、微量元素、稀土以及植物生长素的施用研究和示范推广,日益受到重视,并开始使用飞机进行大面积喷施。实践证明,上述措施投资少,效益高,实施方便,有发展前途。

（田　宏）

第六章 南方天然草地的管理与改良利用

一、南方天然草地的特点

(一)概 况

南方天然草地泛指南方的草山草坡、草场草坡、草场、草山等，它的范围在秦岭山地至淮河一线以南的广大地区；地处北纬 15°～33°，东经 100°～125°之间，包括四川盆地、云贵高原、湖南、湖北、皖南、苏南、浙江、江西、福建、台湾、广东、广西、海南等地各种类型的山丘草场，总面积 7 958 万公顷，其中可利用面积约 6 500 万公顷，大部分分布在亚热带。各省、自治区天然草地面积见表 6-1。

表 6-1 我国南方各省(自治区)总土地面积、天然草地面积及可利用草地面积

省(自治区)	土地总面积(万公顷)	天然草地面积		可利用草地面积(万公顷)
		面 积(万公顷)	占总土地面积(%)	
江 苏	1012	41.3	4.09	32.6
浙 江	1237	317	25.63	207.5
安 徽	1399	163.3	11.68	148.5
福 建	1238	204.8	16.55	195.7
江 西	1671	444.2	26.58	384.8
广 东	1781	326.6	18.34	267.7
海 南	340	95	27.95	84.3

续表 6-1

省(自治区)	土地总面积(万公顷)	天然草地面积		可利用草地面积(万公顷)
		面　积(万公顷)	占总土地面积(%)	
广　西	2367	869.8	36.75	650
湖　北	1856	635.2	34.22	507.2
湖　南	2119	637.3	30.07	566.6
四　川	5626	2253.8	40.06	1962
贵　州	1757	428.7	24.40	376
云　南	3817	1530.8	40.10	1192.6
合　计	26083	7958.1	30.51	6579.2

摘自《中国草地资源数据》,农业部畜牧兽医司等编．1994

由于气候的不同,人们通常把南方草地分为热带草地和亚热带草地 2 大类。这些地区气候温暖、雨量充沛,无霜期长,适宜各种牧草生长,因而形成了牧草种类多,数量大的特点。据有关资料报道,已查明的就有 1 467 属 5 000 余种种子植物,其中 1 000 余种为可食性牧草。牧草生长繁茂,草层高、盖度大、再生能力强、生长期长、产草量高,这是南方草地的又一个特点。如亚热带高山草甸每公顷产鲜草 6 000～12 000 千克,最高达 30 000 千克;天然草地的产草量每公顷一般在 1 500～2 500 千克干物质,干物质中粗蛋白质含量一般为 3.5%～10.5%,粗纤维含量一般为 30%～50%。相对而言,南方的草甸类草地的粗蛋白质含量比草丛和灌草丛类草地高 1 倍左右,而粗纤维含量则仅相当于草丛和灌草丛类的 60%左右。作为南方天然草地主体的草丛和灌草丛草地不仅干物质产量低,而且营养品质较差、适口性低,限制了其利用价值。据分析,9 月份以后,粗蛋白质、粗脂肪含量急剧下降,明显低于北方干草地。因此,对南方天然草地的改良是必要的。

(二)草地的自然环境条件

1. 丰沛的水热条件 我国南方属季风气候区域，具热带和亚热带气候特征，年均温为14℃～28℃，≥10℃的积温为4 500℃～9 200℃，年降水量1 200～2 500毫米，干燥度小于1，干湿季节明显，具有由南向北、由东向西、由低到高的明显气候差异，这些使南方草本植物的分布和种类区系成分具有多样化的特点。

2. 多样的地貌类型 在长期的地质时期中，不断受抬升、褶曲、断裂、湖凹冲积及剥蚀等作用影响，整个地区的地势差异呈现西高东低、中间高、南北低的特点。由于地貌类型多样，地形切割破碎，使我国南方草地草本植物的生长发育与分布具有明显的地带性、垂直性与地域性，草地出现分散与多变的特点，这就一定程度地制约和影响着草地的放牧利用。

3. 充足的水利资源 河湖众多，水网密布，是我国南方水文条件的显著特点，它为南方平原丘陵区草食家畜饮水、人工草地的灌溉和畜产品加工用水提供了充足的水源，亦使开发南方草地和充分利用南方草地资源成为可能。但在山地丘陵地区地面水资源分布极不均衡，草本植物的生长发育主要依靠天然降水，局部缺水与较为普遍的季节性干旱，常使草本植物过早老化或枯死，这就必然影响草地的产草量和载畜量，为南方草地的放牧利用带来一定困难。

(三)草地的群落学特征

南方草地是以草本植物为主、稀疏散生乔木与灌木的灌草丛，亦即人们通称的“草山草坡”。由于不适当的采伐和火烧，地带性季雨林、常绿阔叶林遭到破坏，地表裸露，生境(特别是土壤条件)变干，喜阴湿常绿乔木的幼苗发育受到抑制，地带性植被不能较好地自然恢复与发展，在演替阶段上就形成草山草坡这一类次生植被，它亦是形成草地特殊外貌和结构的重要原因。

在种类组成上，南方草地约有草本植物500～600种，其中以热带和亚热带的科属占优势，但也有少量温带和世界广布的植物区系成分渗入。植物的种属和区系组成具有纬度、经度和垂直地带性变化规律。一般由北向南，植物的科、属、种数量增加，区系组成中的热带性草本种类亦增多。

同一纬度地带，由于东、西两面受季风气候影响较大，植物科、属、种，以及区系组成中的热带成分比中部的多。在垂直地带性方面，丘陵地亚热带草坡的植物种类要比山地亚热带草坡多。以上群落的植物组成特点，不仅为南方草地的放牧利用供给丰富多样的饲用植物资源，而且为不同形式的畜牧业经营提供了可能。

根据以上群落特征，可将南方草地植被概括为以下特点：①次生性：是地带性植被破坏以后演替而成的；②退化性：与热带、亚热带森林植被相比，南方草本植物群落表现出植物组成单调、层次数量和层外植物种数均有减少的特点；③不稳定性：草地植被在短期内均可出现正反向演替；④草本植物资源的局限性：如在草本植物资源中，按草群重量组合的禾本科可达70%～90%，而豆科植物的种类少、数量不多；⑤伴生木本植物的多样性。

(四)草地的特点及利用现状

1. 草场面积大，载畜潜力大，但目前放牧利用率低，草食家畜少　中国南方有大面积的草场，可利用草地4 600多万公顷。可是南方在现饲养的大牲畜中，仅利用了天然草地的40%，相当于每头牛利用的草地面积仅为0.43公顷，牲畜所需饲料的主要来源是农副产品，草地的放牧利用率是很低的。若按世界草地平均每1.14公顷饲养1头大牲畜计，在未被利用的60%草地上，还可饲养3 176万头大牲畜，可见南方草地生产潜力之大。

2. 草地的产量高，但局部地区环境恶化，一经改良，可较大地提高牲畜饲养量 充足的光热和雨水资源，使南方草本植物生长繁茂，且有很长的青草期，比我国北方草地的产草量多3～6倍。但目前对于这部分资源的利用并不合理，如今是边远地区的草地未被利用，而居民点附近的草地，则因不重视草地建设，又采取不适当的自由放牧方法，使近村庄草地过牧、滥牧，因此优良牧草不断减少，有毒有害草本植物残留或滋生，杂类草增加。同时，铲草皮、搂柴草加剧了草地的水土流失，生态环境恶化，导致牲畜营养水平下降。因此，目前我国南方多以粗纤维为主的饲草饲养役用牛，其经济指标同国外半集约或集约饲养的牛相比，是很低的。

3. 草场分散，区域差异大，草地牧业发展不平衡 南方的草地具有分散、零星的特点，在整个地区又以东、南面最为明显。以江西为例，境内草地面积虽大，但连片的667公顷(万亩)以上的草地仅占总草地面积的1/10；零星、分散的草地资源，因不利于放牧利用，难以建立大型的畜牧场，这不仅造成边远、零星分散的草资源的浪费，而且不利于南方草地畜牧业的发展。

由于地形、气候和草本植物类型的影响，南方草地具有明显的地域差异，表现在境内各地区草地牧业生产水平也就不一样。北部区(包括安徽、江苏、湖北三省)位于北亚热带，这里地势不高，分布着温凉性草丛，且交通方便，经济发达，属于南方草地畜牧业发达的地区，高于全国平均水平。西部区(包括云南、四川和贵州三省)虽然地势高峻，但气候凉爽，草场广阔，草质幼嫩、适口性好，青草期长的暖温性草类，因交通不便，经济不发达，草地牧业的发展并不快。而东、南部区(除以上六省外的九省、直辖市)位于东南沿海，这里以起伏连绵的丘陵地为主，气候温热湿润，分布着暖热性和暖温性草丛，产草量虽高，但草质欠佳，因此目前草地畜牧业发展水平最低。

4. 有优越的牧地环境，良好的畜群基础和社会经济条件　我国南方草地无大的畜牧业灾害性天气袭击，对草、畜的生长发育均不会导致毁灭性灾难，因此是放牧利用的良好环境，也是我国北方草地所莫及的。在本区也培育了一批适于南方草地放牧饲养的家畜，如黄牛、山羊、水牛、黑白花奶牛与黄牛的杂交种，从而为畜牧业的发展奠定了物质基础。

二、草地资源的利用与管理

（一）草地与草地资源的概念

草地在世界各地普遍存在，因植被类型组成和经济生产水平存在差异，在世界各地形成了风格迥然不同的草地风情文化，这是人类文明不可缺少的组成部分。所以，正确认识草地与草地资源。进行科学管理，对草地地区经济和生态的可持续发展有十分重大的意义。

1. 草地　草地的同义语有草场、草山、草坡、草库仑等。草地的定义是主要生长草本植物或兼有灌丛或稀疏乔木，可以为家畜或野生动物提供食物和生产场所，并可为人类提供优良生活环境、其他生物产品等多种功能的土地—生物资源和草业生产基地。

草地生产实质是以草地和家畜为主体所构成的一种特殊的生产资料，它具有从日光能和无机物、通过牧草、到家畜产品的系列能量和物质流转过程。

草地作为一项世界上面积最大的土地—生物资源，除了传统的生产饲用植物以供家畜放牧或刈割后饲喂家畜以生产畜产品的功能外，在当今还有牧养野生草食动物，为野生非牧养动物（如食肉类、鸟类和昆虫等）提供栖息地，以景观和绿地环境为人类提供旅游、娱乐和休息地，提供野生药材、花卉和工业原料，保存和提供遗传资源，保持水土和恢复被破坏的土地等多方面的功能。

2. 草地资源 天然草地是自然界中存在的、非人类创造的自然体，它蕴藏着能满足人类生活和生产需要的能量与物质，是一类自然资源。只有当人类去开发利用，能产生产品和效益，使草地蕴藏的生产价值得以体现，才能成为现实的草地资源。

概括而言，草地与草地资源的根本区别在于：草地是一种自然体，是自然界存在的各种类型、分布于各地的草地的泛称，它只有蕴藏的生产能力；草地资源是经过人类利用、经营的草地，是生产资料和环境资源，是有数量、质量和分布地域的草地经营实体，使草地蕴藏的生产能力变为现实生产力。由于受开发利用条件与程度的制约和影响，在具体地段、具体时间内所能表达的生产力，与草地蕴藏的生产力还不尽相同。既可能是尚未充分发挥，也可能用之过度。同时，草地资源的内涵随着生产的发展，应该扩展为一切天然、人工、副产品饲草料资源的总体。

草地资源经过人类经营而形成产品，这是一个生产和经营过程，习惯上称为草地生产。现阶段，草地生产已在世界范围内发展成了一个产业，即草产业，由于发展潜力很大，被誉为当代的“朝阳产业”。

草地资源具有下列一些基本特征。

其一，整体性。草地资源在构成上是由气候资源、土地资源、生物资源等自然资源和人类生产劳动要素有机叠加的总和，是具有新的特殊功能的复合型资源，如果构成草地的四种因素中有一种发生了变化，就会影响草地的整体，使之发生相应的变化，这样草地生物和环境间的相互作用就构成了草地生态系统。

其二，地域性。由于日地关系和地球本身的一些特点，导致地面太阳辐射、陆地距海洋距离、海拔高度等发生变化，在地球上形成了多种多样的生态环境，造成草地资源质量的差异性。草地的地域性是草地基本特征中最明显的一种特征。

其三，生产潜力的可更新性。只要在合理的经营管理条件下，草地资源是可以不断更新的。

其四，发展过程的不可逆性。在人类的生产干预下，草地的发展变化趋势将越来越迅速，越来越激烈，这种运动过程是不可逆的。

(二)草地资源管理技术

1. 放牧地的合理利用　放牧草地和农田一样，是一种生产资料，通过人的劳动干预将植物生产的各种植物性产品进一步转化成各类动物性产品(如肉、奶、毛和皮等)。植物生产影响作用于动物生产，动物生产又影响和反作用于植物的生产。放牧地的合理利用，就是在正确处理植物生产和动物生产这个基本矛盾的基础上。一方面把植物生产的有机物质最有效地转化为畜产品；同时又通过动物生产的活动，不断地提高植物产品的产量和品质，两者的完美结合，就可使草地畜牧业获得持续高产。

放牧地也是一种可更新的土地资源。在没有人为干扰的情况下，草地生态系统基本是自我维持的，能流规模相对地保持着稳定。在放牧系统中，牲畜处于第一级消费者的地位，在很大程度上受着人为的控制。如果人们为了追求高额产品而无限制地增加牲畜头数，过多地消耗第一性产品，势必造成系统的亏损而导致生态平衡的破坏。

(1)*放牧对草地的影响*　放牧是家畜在草地的一种牧食行为，是人工管护下的草食动物在放牧地上采食牧草并将其转化成畜产品的一种生产方式。在这种生产方式中，放牧家畜以草地为生活条件，一方面采食牧草，从放牧地摄取营养物质；另一方面，家畜在放牧中得到适当的运动，并接受日照和各种气候环境的锻炼，保持机体健康和良好生长。因此，放牧是家畜依赖放牧所提供的丰富营养和适宜的生活条件，在适当的饲养管理下，将利用光能生产的牧草转化成畜产品，达到草地生产目的的主要生产方式。

放牧对草地的影响是多方面的。放牧家畜通过采食、践踏和排泄（粪和尿）对草地产生影响，这些因素影响草地牧草的产量、品质和植物学组成；反之，这些因素又受草地牧草属性的影响。所以，它们之间的因果关系很难加以区分。此外，许多影响还直接或间接地受到环境状况（气候与土地）的影响。

(2)草地载畜量　也称载牧量，其含义是以一定的草地面积，在放牧季内以放牧为基本利用方式（也可以适当配合割草），在放牧适度的原则下，能够使家畜良好的生长及正常繁殖的放牧时间及放牧头数。载畜量有 3 种表示方法。

①家畜单位法：指在一定的时间内，一定面积草地可以放牧的家畜单位数。世界上多数国家采用牛单位，中国和新西兰等国采用羊单位。

②时间单位法：指在一定的草地面积上，可供 1 个家畜单位放牧的天数或月数，即家畜单位天，家畜单位月等。

③面积单位法：指在一定的时间内，放牧 1 个家畜单位所需要的草地面积。英国的草地面积单位含义是在放牧期间能供给 1 头体重 533.4 千克，日产奶 9 升的奶牛所需牧草，而不必加喂其他饲料的草地面积。我国的草地面积单位是：在放牧期间能供给 1 头体重 40 千克的母绵羊及其哺乳羔羊所需的牧草，而不必加喂其他饲料的草地面积。

载畜量根据不同的管理条件和研究水平，可用下列不同的方法进行估测。

其一，牧草产量估测法：估测时需要草地面积（公顷，A）、放牧季的牧草产量（包括再生草，千克/公顷，Y）、草地的利用率（%，U）、放牧家畜的牧草日食量（千克/羊单位天，I）、放牧时间（天数，

D)等参数，如：

$$家畜单位(羊单位)=\frac{Y\times U}{I\times D}$$

其二，营养物质产量估测法：和牧草产量估测法一样，只是参数中牧草产量用可利用能量，日食量用家畜营养需要规定的标准，因此计算的结果较前法更接近生产实际。

其三，放牧试验估测：在一定的草地面积上进行放牧试验，根据放牧天数、家畜头数、家畜体重及生产的畜产品数量，用动物营养学的原理，反推算出家畜采食的可利用能量，再换算为可利用牧草产量的总量，用此参数即可算得更为实际的载牧量。

要注意载畜量的数值只是一个相对稳定的数值，只有相对的意义，因为放牧地处于变化的过程中，载畜量也在多种因素的影响下不断的变化，如气候、土壤、家畜种类、放牧制度等。因此，载畜量的测定不是一劳永逸的，应根据具体情况，经过一定时期以后，重复测定。

(3)*放牧强度*　放牧草地表现出来的放牧轻重程度叫放牧强度。放牧强度与放牧家畜的头数及放牧的时间有密切关系。家畜头数越多，放牧时间越长，放牧强度就越大。如在一块草地上，长时间放牧一种家畜，那么这种家畜喜食的牧草容易被淘汰，破坏植被结构，草地表现出放牧过重；放牧强度也与生草土的发育状况及牧草种类有关。可见，放牧强度是在放牧影响下草地表现出来的一种相对的放牧量。

在生产中可以从放牧草地的外貌，了解某一放牧草地一定历史阶段所表现出来的放牧强度。通常把放牧强度分为五级(表 6-2)。

表 6-2 放牧地按放牧强度的分级

分级	利用状况	表现特征
第一级	不放牧或长久放牧过轻	有大量的枯草倒伏、腐烂，土壤变黑呈酸性，在较潮湿处有灌丛生长；高大杂草如蒿属等大量生长
第二级	放牧适当	植被成分正常，无畜践踏的沟纹，植物生长旺盛
第三级	放牧稍重	在干旱草地杂类草及几种高大的优良禾本科草的生长受到抑制，在较潮湿的草地上早熟禾类受到抑制，羊茅类增多，出现畜蹄践踏的沟纹，在山坡地尤为明显；植被成分与第二级无明显差异，但产量降低有水土冲刷现象
第四级	放牧过重	优良牧草明显减少，杂草和毒草增加，畜蹄践踏的沟纹大量出现；中等雨量就可以造成水土冲刷，有些地方表土已全部消失；优良牧草已少见，毒草大量存在
第五级	放牧过度严重	山坡上畜蹄践踏的沟纹密如网，平地也很密集，表面熟土冲刷尽失，或土质裸露，草地已到了毁灭性破坏的阶段

一般根据利用率确定适宜的放牧强度。

草地的利用率是指适宜放牧量所代表的放牧强度。在符合利用率的条件下，一方面能维持家畜的生产和生活，另一方面放牧地既不表现放牧过重，也不表现放牧过轻，草地牧草能维持家畜正常生长发育。利用率的表示方法是：

$$利用率=\frac{应该采食的牧草重量}{牧草总产量}\times 100\%$$

但是，家畜采食情况总有适当、偏高或偏低的现象。家畜在草地上采食牧草的实际重量叫采食量。采食量所占牧草产量的百分数叫采食率。采食率的估测方法如下：在放牧地上选择几组样方，每组有 2 个样方。一个样方在放牧前刈割称重(A)，另一个样方在放牧后再刈割称重(B),(A-B)即为采食量,然后计算采食率。这种估测采食率的方法叫重量估测法,方便,亦较准确。但要求对照组数目较多,样方植被情况应相近似,并且放牧前后的操作技术应严格一致。

利用率确定以后,可以根据采食率来衡量,检查放牧地的放牧强度。放牧强度在理论上的表现是:

采食量≈利用率——放牧适当

采食量>利用率——放牧过重

采食量<利用率——放牧过轻

利用率这个数值常常是人们观察和计算草地载畜量的一个理论标准。它受下列因素的影响而经常变化:牧草耐牧性强时,利用率可稍高,耐牧性低者利用率应较低。在水土冲刷严重或存在水土冲刷危险的地段,草地利用率应低,以保留较高的植被密度而用于水土保持;无水土冲刷危险的地区,利用率可稍高。草地植被品质不良,适口性较差,其利用率宜低;如果利用率过高,优良牧草将受到重牧而严重退化。在牧草危机期,如早春或晚秋,干旱、病虫灾害发生期等,应规定较低的利用率,一般为40%~50%。为保持水土,不同的坡度应有不同利用率。通常坡度越大,利用率越小。

(4)**放牧期**　是指草地从适于放牧开始到适于放牧结束期间的时间。放牧期是指草地适于放牧利用的时间,而不是针对家畜的需求说的。家畜在草地的实际放牧时期叫放牧日期。放牧期与放牧日期代表了完全不同的两个概念。通常,在草地畜牧业生产中难于按理想的时期来安排放牧日期,但我们应该知道如何避免或弥补由此而造成的损失,从而为草地合理利用提供依据。

适宜开始放牧的时期是指放牧的开始时期不宜过早,也不宜过迟。过早、过迟均对草地畜牧业生产带来不良影响。过早放牧会给草地带来危害,早春草地刚刚返青,刚萌发的牧草此时不能制造养料，只能依靠去年入冬前贮存于根部和越冬芽内的养料来维持生机，如果这时期放牧会使其所贮存的有限养料严重耗竭，丧失生机，影响放牧后牧草的再生，最终导致草地牧草产量降低。尤其是许多萌发较早的优良牧草，首先为家畜所采食，这样年复一年优良牧草会因此而减少，使草地植被品质变坏；早春在水分较多的放牧草地，极易形成土丘、蹄坑和水坑，成为寄生虫病传播的来源；有些地方早春土壤水分多，在过分潮湿的草地放牧，家畜易得腐蹄病和寄生虫病，危害畜体健康；早春牧草刚返青，此时虽适口性好，但产量极低，这时家畜对枯草避而不食，只采食为数很少的幼嫩草，奔走不停，只顾“跑青”，又无法吃饱，结果使家畜能量消耗过多，体质乏弱。

相反，放牧开始过迟，影响再生，则牧草粗老，适口性和营养价值均会降低。

确定始牧的适宜时期要考虑两个因素：一要考虑生草土的水分不可过多；二要考虑牧草需要有一段早春生长发育时间，以避开牧草的第一个“忌牧时期”。

2. 草地放牧制度 放牧制度是草地在用于放牧时的基本利用体系，其中规定了家畜对放牧地利用的时间和空间上的通盘安排，每一放牧制度包括一系列的技术措施。依靠这些措施，使放牧中的家畜、放牧地、放牧时间有机地联系起来。因此，放牧制度不同于放牧技术，同一放牧技术可以在不同的放牧制度中加以运用；而不同的放牧制度，则有明显的区别，不能互相包容。

各种各样的放牧技术或方式，可以归纳为两种放牧制度。即自由放牧与划区轮牧。

(1)自由放牧 也叫无系统放牧或无计划放牧。在广大放牧地上不作轮牧分区规划，牧工可以随意驱赶畜群，在较大范围内任意放牧。这种放牧制度有不同的放牧方式。

①连续放牧：在整个放牧季节内，有时甚至是全年在同一个放

牧地上连续不断地放牧。这种放牧方式，往往使放牧地遭受严重破坏。

②季节放牧地（季节营地）放牧：将草地划分为若干季节放牧地。各季节放牧地分别在一定的时期放牧。如冬、春放牧地在冬、春季节放牧，当夏季来临时，牲畜便转移到夏、秋放牧地上去，冬季来临时再回到冬、春放牧地上来。这样牲畜全年在几个季节放牧地上放牧，但并没有计划利用的因素。仍然是自由放牧的基本形式，不过比连续放牧有了进步。

③羁绊放牧：对一些役畜或病畜常用此方法。一般用两脚绊或三脚绊将家畜羁绊，有时也将 2～3 只家畜以组绳互相牵连，使它们不便远走，但仍可在放牧地上缓慢行动，自由觅食。

④抓膘放牧：多在夏末秋初进行。放牧人员携带饮食卧具，天天转移放牧地，专拣好的草地及最好的牧草放牧，使家畜短时间内肥硕健壮，以备屠宰或越冬度春。这种方式在放牧地宽广时可以采用，但在一般放牧地是不适宜的，因为这会严重造成牧草浪费，而且破坏草地。此外，家畜转移频繁，容易疲劳，相对降低了放牧地生产性能。

⑤就地宿营放牧：是自由放牧中比较进步的一种放牧方式，放牧地区没有严格次序，放牧到哪里就住到哪里，它与“抓膘放牧”有些相似，但对放牧地选择不如“抓膘放牧”来得严格，放牧范围也没有后者广泛。在本质上来说，它是连续放牧的一种改进。因其经常更换宿营地，畜粪散布均匀，对草地有利；并可减轻螨病和腐蹄病的感染，对家畜健康也有利；又因走路少，热能消耗较少，畜产品产量可以提高。因此，是自由放牧中一种较好的方法。

(2)划区轮牧　是有计划的放牧，把草地首先分成若干季节放牧地，再在每一季节放牧地内分成若干轮牧分区，按照一定次序逐区采食，轮回利用的一种放牧制度。

一般的划区轮牧是把一个季节放牧地或全年放牧地划分成若

干轮牧分区，每一分区内放牧若干天，几个到几十个轮牧分区为1个单元，由1个畜群利用，逐区采食，轮回利用。这种放牧制度有不同的轮牧方式。

①不同畜群的更替放牧：在划区轮牧中，往往采取不同种类的畜群，依次利用。如牛群放牧后的剩余牧草，虽不为牛喜食，但羊群可利用，还能继续放牧羊群。

②混合畜群的划区轮牧：在一般划区轮牧的基础上，不是采用单纯的畜群，而把各种家畜组成1个畜群，这一方式可以收到均匀采食，充分利用牧草的效果。

③暖季宿营放牧：当放牧地与厩舍的距离较远时，从早春至晚秋以放牧为主的畜群，每天经受出牧、归牧、补饲、喂水等往返辛劳，可能降低畜产品数量，这时应在放牧地附近，设置畜群宿营设备，就地宿营放牧。

④永久畜圈放牧：当畜群所利用的各轮牧分区在厩舍附近(0.5～2千米)时，没有超出放牧，照管方便，即可利用长年永久畜圈，不必另设临时的暖季宿营地。

⑤系留放牧：这种放牧方式以绳索将家畜系留在一定的放牧地上，以代替划区边界，当该处牧草吃完后，再换地方，继续放牧。这种方法对家畜的控制严格，能充分利用牧草。此种方法多用于高产草地，以放牧较贵重的种公畜、高产奶牛，或患病不能随群放牧的家畜，在农区亦多用此种方式饲养耕牛和肥育牛。

⑥一昼夜放牧：放牧的畜群在每一分区上只停留1昼夜。这一方式适用于人力充足、运输方便的优质放牧地上，可以使家畜采食最好的牧草，同时就地宿营，免去往返之劳，还可以在整个放牧地均匀散布畜粪，收到均匀施肥的效果，这是一种集约经营的放牧方式。

⑦日粮放牧：日粮放牧又叫围栏放牧，一般采用容易搬动的电围栏，将家畜限制在一定的面积内，消耗了大部分的牧草后，再移

到下一个小片，有的几小时移动1次，有的将小片分为白昼和夜间两段。这种方式的集约程度高，在放牧中，畜群进入草地的时间给以限制，其余的时间，停留在牧草已食尽的草上，可以减少浪费，使饲料供应多样化。

在这里还特别需要指出系留放牧、一昼夜放牧和日粮放牧等放牧方式，因为它们在草地的集约化放牧利用中有重要意义。

⑧地段放牧：在自然条件严酷、牧草产量低下、实行小区轮牧有困难的草地，当其生长季内的放牧频率只有1次时，可采用较为粗放、弹性较大的地段放牧制。

划区轮牧与无计划的自由放牧相比，有许多优点：减少牧草浪费，节约草地面积；可以改进植被成分，提高牧草的产量和品质；可以增加畜产品，有利于加强放牧地的管理。因为放牧家畜在短期内集中于较小的轮牧分区内，具有一定的计划，有利于采取若干相应的农业技术措施，诸如清除毒草、灌溉、施肥、补播等措施。另外还可以防止家畜寄生虫病的传播。家畜粪便中常常含有寄生虫的卵，随着粪便排出来的虫卵经过约6天之后，即可变为可感染的幼虫，而划区轮牧，则可经过妥当的安排，不在同一块草地连续放牧6天以上，这就减少了家畜寄生虫病的传播机会。

(3)放牧地划分的原则 目前，我国放牧利用的草地，多是根据季节来划分放牧地，也就是每年依照季节的更替来轮流更换放牧的草地，划分季节放牧地是实施划区轮牧的第一步。

实际上，季节放牧地的划分并不意味着把全部放牧地都按四季划分，在某些情况下，可以分成4个以上或4个以下，也不限于某一放牧地只在某一季节使用，它的时间单位可以是月或季。

划分季节放牧地，主要是依据放牧地的自然条件，如地形地势、植被状况、水源分布等。其目的是使所划分的各个放牧地段能适宜于家畜在各个季节放牧利用。

①地形和地势：地形和地势是影响放牧地水热条件的重要因

素，在山地草地，地势条件表现得较为突出。地势不同，海拔高度不一样，气候条件差异很大，山地草地植被垂直分布明显。因此，在这些地区，季节放牧地基本是按海拔高度划分的，每年从春季开始，随着气温上升逐渐由平地向高山转移，到秋季又随着气温下降逐渐由高山转向山麓和平滩。

②水源条件：为了使家畜正常生长发育，必须满足其饮水需要。因此，放牧地的适宜性与其水源条件有密切的联系。不同的季节，由于气候条件不同，家畜生理需要有差异，其饮水次数和饮水量也不一样。暖季由于气温高，家畜饮水较多，因此要求放牧地必须有充足的水源，而且水源不能太远；冷季家畜的饮水量和饮水次数较少，可以利用那些水源较差或距水源较远的放牧地；泌乳畜、母畜、幼畜及体弱病老畜饮水半径应短一些；冬季和春季饮水半径可稍长。供水点必须有保证人畜用水的各种设备，蓄水池、饮水槽及饮水台等，为了防止家畜践踏和粪便污染周围水源，将水引入槽内，周围有排水沟，排除污水和牲畜便溺。

(4)轮牧小区　根据畜群大小和类型在季节牧场内划分出若干轮牧单元，1 个轮牧单元可使 1 群家畜放牧 1 个完整的周期，通常 30 天。

在轮牧单元内，将草地划分成该群家畜能放牧 6 天的小区，即为轮牧小区。同一块草地两次放牧间隔的时间为轮牧周期。轮牧周期的长短取决于再生草生长的速度，一般再生草生长至 10～20 厘米就可以再次进行放牧。

划区轮牧首先要确定小区数目，而小区数目与轮牧周期、放牧频率以及放牧季节长短、每一小区内放牧天数等有着密切的关系。

适当的第一个轮牧周期确定后，就可以确定小区数目了，它们之间的关系是：

$$\text{小区数目}=\frac{\text{轮牧周期}}{\text{小区放牧天数}}$$

但是，在以后各轮牧周期内再生草产量将减少，不能满足一定天数的放牧，因而势必缩短小区的放牧天数，这样小区的数目就要增加，如此，计算小区数可用下列公式表示：

$$小区数目=\frac{轮牧周期}{小区放牧天数}+补充小区数$$

放牧频率是指各小区放牧的次数，也就是草类可以再生的次数。所以：

$$放牧季=轮牧周期\times放牧频率$$

小区的面积首先决定于放牧地的生产力，其次，畜群头数、放牧天数、牲畜日粮等与小区面积也都有一定的关系。如头数多、放牧天数长、牲畜日粮高，则小区面积大，反之则小。但这些因素一般都是比较固定的，因此放牧地生产力直接对小区面积的大小起着决定性的作用。小区面积的计算公式如下：

$$小区面积=\frac{头数\times日粮\times放牧天数}{放牧地生产力}$$

根据上式计算出来的小区面积，不一定能满足放牧技术的要求，有时计算出来的小区面积，并不能恰当地容纳放牧的畜群，因此在确定小区面积时，还必须考虑放牧密度。

放牧密度是单位面积（公顷）上，在同一时间内放牧家畜的头数，如果密度过大，会使牲畜互相干扰，如果密度过小，也会使家畜游走太多，这样不仅采食率低，且使牲畜体力消耗过大。

3. 割草地管理　割草地是指牧区草地、农区草山草坡、沿海滩涂草地，以及人工、半人工草地中能够进行割制干草的生产地段，它是草地的一个重要组成部分。南方刈割草地每公顷干草产量一般都在 5 吨以上，比优等放牧地产量高 1～2 倍。

割草地选择时应注意以下几方面。

第一，植物应具有再生性强，高大丛生的特性。

第二，割草场地势要平坦，石块、灌木丛少，有利于机械化作业和运输。

第三，割草地土壤应是肥力充足、土层深厚、距离水源近的地方，便于对割草场管理。

第四，割草地周围应设立小牧场或牧点，以缩短运输距离，便于牲畜利用。

从割草地上收获的牧草，按其利用方式可分为青饲、半干青贮、普通青贮、通风干燥、田间干燥、人工干燥和制干草粉等。其中牧草刈割后饲喂牲畜，生产效率最高；其次是人工干燥制成干草粉，制成一般干草，则营养物质损失 1/3 以上。

割草地的草群组成应以上繁草为主，适宜的刈割时期、刈割次数和刈割高度都影响草地的生产能力。

4. 草地综合培育技术 为协调植物生产和动物生产的关系，保持草地生态平衡，提高生态效益，必须对天然草地进行综合培育。所谓草地的综合培育，就是把草地合理利用、科学的经营管理与草地的改良结合起来，目的在于调节和改善草地植物的生存环境，创造有利的生活条件，促进优良牧草的生长发育，使草群表现出在生产上有价值的特性，而且通过农业科学技术，不断提高草地产量和质量。

综合培育技术措施，是治标改良和治本改良方法与培育制度的结合。所谓治标改良，是在原有天然草群的基础上，加强培育和管理措施，如地面整理，改善和调节土壤水、肥、气，清除毒害草、草地封育等草群的复壮改良和延迟利用，补播等草群的更新改良等丰富和复壮草群的措施，保护和提高草地的生产力。所谓治本改良是对严重退化的草地进行耕翻，建立新的植被，变天然草群为人工草群，是草群的重建改良。

在草地培育工作中，合理利用是普遍的，它是通过合理组织畜群，合理的放牧制度，防止草地退化，提高草地生产力的措施；而草地改良是具体的、局部的，只是对有退化趋势的草地采取一些农业技术手段，恢复和提高草地生产力，改良的效果需通过合理利用才能保持。

三、草地的改良

(一)草地改良的概念

草地改良的涵义是：在不破坏草地植被条件下，用生态学基本原理和方法，通过各种农艺措施，改变天然草群赖以生存的环境条件，必要时直接引入适宜当地生存的天然草种或驯化种，改变天然草群成分，增加植被密度和种的多样性，提高草地生产力。

1. 草地改良与草地合理利用的关系　草地改良与利用是既有联系又有区别的两种草地经营措施。这种联系是指它们的共同目的，都是为了提高草地生产力和家畜生产力，合理利用可以起到一般的改良效果，从这个意义上说，改良和利用是相互联系、相互依存的。它们之间的区别，是指改良与利用在共同的目的下各有自己运用的条件和生产技术条件。合理利用是通过合理的组织畜群，采用正确的放牧方法和放牧技术，充分合理地利用草地，维护和培育草地，提高草地生产能力；而草地改良是采用农业技术措施，有效增加有利因素，能较快、定向地促进草地生产力的提高。由于合理利用草地在生产中是普遍实施的，改良草地需要一定的条件，在生产中只能分批分期地进行，而改良的效果也只能在合理利用的条件下才能维持下去。因此，在经营管理草地中，合理利用是基本的，但仅仅依靠合理利用来提高草地生产力，在时间、空间和幅度上，都有一定的限度。从长远观点看，要使草地从小到大，从优变劣，草地改良建设起到主导作用；同时草地改良和建设，又为合理利用草地提供了物质基础。因此，草地合理利用与改良结合起来才能使草地变好。

2. 草地改良与草地现况的关系 正确的草地改良，应该根据草地的具体情况，积极处理各项有关因素，使其按照要求达到改良目的。它是根据一定的目标制定技术措施，以最大限度地发挥草地的优良特性，避免和消除不利因素，有计划地提高土壤肥力和草地生产力。

在正确运用各种措施对草地进行改良时，必须正确认识和处理草地改良与合理利用的辩证关系，以保证草地不断的稳定、高产和可持续发展。

草地现况是自然因素和利用过程的一个历史结果，它表现在地面状况、土壤状况和草群状况 3 个方面，它决定着草地的生产力及应采取的各项改良措施。

(1)草地的地面状况 是指草地在自然因素、人为利用和动物活动的影响下，所产生的不利于生产的条件。它表现在以下几个方面。

①天然的倾斜坡度，造成雨、雪水的流失，使地面受到侵蚀；集水的洼地造成沼泽化，草丘丛生，而这种草丘往往坚韧而有弹性，一般机具不易破坏和铲除，必须用旋转犁或沼地犁才能消灭。

②地面不平坦，常出现孤立的陷坑、凹沟、小洼地，或者相反有各种鼠类、蚂蚁、旱獭等活动造成的土丘、小凸地等。鼠丘的土质松软，容易用拖板或耙将其铲平，而被牲畜踏实的土丘，特别在低湿地，上面形成了生草土，必须用铲或旋转犁才能除去。

③在森林地带由于利用不均匀，产生大量灌丛，减少了草地的有效面积，并使草群中混生高大杂草及有毒植物。灌丛和小阔叶乔木是牲畜感染壁虱的根源，能传染各种疾病。

④地面水蚀和风蚀常发生在岗坡地上，细土被水冲走或刮去，地面被大量小碎砾石覆盖。

(2)草地的土壤状况 土壤是草地植物生长的基础，它能满足植物生长对水、肥、气、热的需要，但在自然条件不利和利用情况不良时，往往不能满足植物生长，经常出现下列一些情况。

①草地表层生草土发育过盛，植被向沼泽化方向演替。生草土层泥炭化，放牧过重加速发展，结果造成嫌气性生境，累积了亚氧化物，不利于草地植物的生长。

②草地土的旱化，它与沼泽化方向相反，花岗地和朝南的坡地上可以看到这种现象，植被变得特别稀疏，表层土很薄，钙集层很厚，坚实，不利于林木及牧草的生长。

③在森林草地带、森林及亚高山地区，可以看到产生具有灰化土特征和特性的灰化土壤。

④草地和荒漠地带出现盐渍土，土壤中含有大量的钠、钾、镁、钙等盐类，草地植被形成盐生植物群落。

⑤在干燥的黏壤土、砂壤土上，由于重牧的影响，会出现土壤表层粉碎现象，不适宜放牧。

(3)草地的草群状况　草群状况是各项生境因素和人为利用影响的综合表现。草群的发育状况直接影响到草地的生产力。在自然和利用的影响下，草群常发生优良牧草衰退、稀疏，不良的牧草发展、增多的现象。因此可以观察到群落中种类成分的变化；减少者的生物量在草群中比重直线下降，而侵入者的比重逐渐增大，增加者通常是先增加，而后生物量再锐减；各种植物的生活力状况，表现于它们的发育是否正常，再生能力大小等；草群状况不良，应通过改良措施使其复壮，如清除杂草，施肥，补播优良牧草改善草群成分，甚至重建新的人工草群。

3. 草地的生产特征　草地是一种在其上进行牧草培育过程的生产地段，在每一时刻草地都处于一定的生产状况之下，生产若干的牧草。所以，草地的自然条件和经营历史反映出草地的生产特征。而不同现况的草地，其生产特性又迥然不同(表 6-3)。草地根据利用方式，通常可分为牧地、割草地和兼用草地。

表 6-3 各种天然草地草群成分比率 (%)

草群成分	割草地	放牧地	兼用草地
上繁的禾本科草	40 以上	10～20	40 以上
下繁的禾本科草	10 以下	30 以上	10～20
缠绕的或根茎性的豆科草	30 以上	10 以上	10～20
杂类草	20 以下	10 以下	30 以下
莎草科草类	5～10	40 以上	5～10

(1)放牧地的生产特征　放牧地草群在生长季内通常被用来放牧若干次,平均为 3～6 次。第一次放牧时,禾本科草达到茎开始由叶鞘内抽出的状态,豆科草和杂类草达到自根茎形成茎枝的状态,而以后各次放牧都视草群达到根出叶充分茂盛的再生,并开始形成茎的状态时进行。放牧地草群利用时通常都是蛋白质含量较高的时候;此外,放牧家畜时不仅吃掉茎叶,而且还踏实了土壤,并在草地上留下粪和尿,在家畜的粪便中常含有寄生虫的卵和幼虫,因而家畜粪便可能使草地受到污染。放牧地的生产特性决定于以下自然条件。

①草地应有足够的表面抗压力和抗踏力,它应具有丰富的有机物质,结构性壤质土壤是最理想的,能防止土壤被踏实或粉碎。

②草地应有足够的覆盖着由牧草地上与地下部分所组成的、致密的、粘结的但有渗透性和弹性的生草土。

③草地草群应有在每次放牧后,能靠分蘖和形成的营养枝而迅速和茂盛的再生的植物所组成。下繁禾本科、株体不高的豆科草和可食的杂草类都属于这一类植物。

④生长地应有足够的水分,但不应超过田间持水量的 50%～60%。在发育根系的土层中,应该有自由的、非毛细水的下降水流。

(2)割草地的生产特点　割草地主要是用来收获干草的。天然的割草地每年可以收获1～2次,第一次收割在6月底之前,草群生长已达开花初期。在第一次收割后,草群再生迅速,至第二次收割时,草群已重新发育至开花阶段。

第二次收割后,草群应能很好的再生,在根和根茎中很好的积累必需的营养物质,假如在第二次收割后再生草的再生力很强,可以考虑再生草的利用。

(3)兼用草地的生产特点　兼用草地在生长期的前半期应该生产一次有价值的、调制干草的收获物,然后经过25～30天以后,草类再生至12～15厘米时,再作为放牧地利用。但应在草类停止生长前3～4周休牧,在降霜前草类应恢复由放牧而受到的损伤。兼用草地的草群应由上繁的和下繁的禾本科草与豆科草混合组成,杂类草的数量不宜过多。在上繁禾本科草类中最好包含许多能在第一次收割后产生大量短营养枝的草种。一次收获干草的草地,往往再生草可以利用放牧,因此,这类草地也是最好的兼用草地。

4. 草地改良的生产措施　不同的草地改良措施起着不同的作用和效果,采用何种改良措施,视草地生产特性和草地现况而不同。因此,深入分析草地现况,了解各种改良措施的性质和作用,以便因地制宜地正确运用各种改良措施或组织综合的改良措施,乃是草地改良中的一项十分重要的工作。

(1)草地改良工作的目的　草地在长期自然因素和利用过程中,特别是在不合理的利用制度下,草地的生产状况出现恶化,造成牧草产量降低,草品质变劣。草地改良的目的在于通过调节和改善草地植物生存环境中水、肥、气、热等状况,创造有利的生活条件,促进草类的生长发育;应用农业科学技术措施,使草群不仅表现在生产上有价值的特征,而且使草地产量和质量不断提高。

(2)草地改良工作的内容　根据草地现况和生产状况的分析,

草地改良工作的内容是改善草地地面状况、土壤状况及草群状况3个方面，而具体的改良措施视3个方面的状况，根据农业技术的特点及其对草地植物的影响而定，一般包括以下一些措施。

①培育技术工作：清除地面石块、土丘、灌木等。

②改善和调节土壤水分：排水、灌溉、积雪等。

③改善土壤的通气性：松耙、浅翻、划破草皮等。

④增进土壤肥力：施肥、施石灰、施微量元素等。

⑤清除杂草及有害草：除莠、焚烧。

⑥丰富和复壮草群：补播。

(3)草地管理的生产综合措施　草地经过一定的改良措施后，虽然它的生产状况得到改善，生产力得到提高，但是若不合理利用，几年以后，改良的草地仍会导致退化。因此，不提倡单纯应用农业技术措施改良草地，而应当把改良草地与合理利用草地结合起来，并与草地经营管理的劳动组织相联系，最大限度地发挥草地生产能力。这种有目的有计划的改良措施、利用制度和劳动组织的结合，称为草地管理的生产技术措施。这个生产综合措施的组成部分包括以下几个方面：①首先对某一草地进行调查研究，确定草地类型，测定草地的生产力；②根据草地生产力，拟定草地合理利用计划；③检查与测定利用对草地的影响及其程度；④根据草地现况，拟定改良草地相应采取的农业技术措施；⑤拟定生产计划，主要是为实现这些技术措施而进行生产物的准备工作；⑥劳动力组织与安排。

草地管理的生产综合措施，是一种系统的草地培育制度，各项内容不应脱节，也不能孤立起来对待，特别是健全合理利用这一环节，否则将会影响这种生产综合措施的效果，不能达到预期的草地培育结果。

(二)草地退化的表现

草地退化有多方面的表现,中度以上的退化可以明显地表现有下列几个主要特征。

1. 草地植物成分和结构变坏　主要表现为植被盖度减少,优良牧草密度和高度降低,不可食草和毒害草相对增加。例如,过去一些非常好的草地由于过牧严重退化,覆盖度减少,优良牧草密度降低,高度降低,不可食草和毒害草增加。

2. 牧草生产能力下降　牧草生产能力是草地退化的最敏感的指标,轻度退化就可以明显感知,随着牧草产量下降程度的增加,草地退化的程度相应加重。

3. 草地石漠化　河漫滩和阶地,原本是极好的草地,由于放牧过度,草皮被毁,沙土裸露,出现沙化,暴雨过后,细沙被冲走,留下冲不动的砾石,形成石漠化。

4. 水土流失严重　草地植被遭到严重破坏后,土壤的蓄水和渗水能力大大降低,地表径流加剧,土壤极易被侵蚀,造成大面积的水土流失。

5. 生物多样性遭到破坏　草地严重退化使生物多样性破坏的主要表现是动植物种的减少和区系的简单化。草地退化,特别是中度退化后,就会造成大量植物种在群落中的消失,天然草地退化、植物减少,也使以草地为生的野生动物陷入危机,种群数量锐减,区系简单化,大多数种类濒临灭种的边缘。

(三)草地改良的措施

1. 禁牧、休牧、轮牧　实行保护与建设天然草地,保障生态安全的新战略,必须按照统筹规划、分类指导、保护优先和可持续利用的原则,根据实际情况,在不同的地区实行不同的保护草地和恢复植被与土壤的方法。禁牧、休牧是最简单、最经济和最有效的保护和培育草地的措施;轮牧除了是合理利用草地的放牧制度外,实际上它也是最重要的草地培育的措施之一。

(1)禁牧　就是对草地实行长期围封,严禁放牧利用。为了迅速和彻底恢复草地植被,发挥其水源涵养、水土保持、防沙固沙、压碱退盐、保护生物多样性、养育野生动物等重要生态环境功能,应在水源涵养区、防沙固沙区、严重退化区、生态脆弱区、特殊生态功能区,实行永久围封禁牧。

禁牧可以使植被在自然状态下迅速恢复,中度退化的草地在禁牧3～4年后,牧草的产量即可接近退化前的水平,禁牧7～8年,产量可能不再增加,但植被的植物学成分尚不能恢复为原始的状态。为了使草地彻底恢复,尤其是土壤遭到破坏的草地,还应使草地继续休养生息,恢复土壤,增强自然生态力,这就需要更长的禁牧时间。需要禁牧的草地主要有以下几种。

①灌丛草地:山坡地灌丛草地牧用价值不高,用砍伐灌木改良的方法也难以收到好的效果,但它是重要的水源涵养地,具有十分重大的生态环境意义,应当禁牧。

②农区或半农半牧区的林间草地:农业比重大的半农半牧区应封山禁牧,恢复草地植被,改善生态环境,家畜应依靠人工草地和农副产品舍饲圈养,农区的零星草山草坡应全部禁牧,恢复草地植被,改善生态环境。

(2)休牧　是一种科学的草地培育措施,是在一定的时期内不利用草地,让草地植物休养生息,恢复生机,提高牧草产量。休牧按时间的长短可分为短期的季节性休牧和长期的年度休牧两种方式;在1年内休牧1个季节或整个生长季休牧称为季节性休牧;连续休牧2～3年或更长称为长年休牧。不管短期休牧或长期休牧,都可以增加草地植被的覆盖度、密度、高度,可以明显地提高牧草产量。长期休牧还可以改善草地植物学成分。优良牧草增加,毒草杂草减少,提高牧草的质量。在水热和土壤条件较好的草地,长年休牧后，牧草产量一般不再增加，可以不再实行全年休牧。

春季和秋季休牧可以使牧草在春季和秋季的危机期避免放牧的危害，有利于春季返青期牧草的生长和秋季牧草地上部分向根部输送贮藏的营养物质，以供翌年春季牧草再生之用。退化草地牧草生机衰退的主要原因，就是长期在牧草的春季和秋季危机期过度利用，多次采食，牧草不能利用茎叶进行光合作用制造营养物质用于生长，被迫大量消耗根部贮藏的营养物质，损害了优良牧草的生机。

在草地过度利用的情况下，牧草得不到开花结实的机会，影响牧草的有性繁殖和草地更新。在休牧的情况下，优良牧草就能开花结实，进行有性(种子)繁殖。由于有性繁殖的后代比无性繁殖的生活力要强，表现为能更好地适应不良条件，生长发育快，株体高大，对杂草竞争力强，因而优良牧草就会逐渐茂盛，产量也就能相应提高了。

长期休牧可以改变草地不良的生境条件。退化草地由于家畜过度啃食牧草和践踏草地，使植被稀疏、地面裸露、土壤坚实。在这种情况下，土壤的水分蒸发加强，通气性和透水性变差，从而引起风蚀、水蚀等水土流失现象。因此，中度以上的退化草地都应给予长期休牧。

(3)轮牧　也称划区轮牧，它是一种科学地放牧利用草地的制度。具体说来，划区轮牧就是把全年的草地划分为若干季带(季节牧地)，在每一个季带内划分为若干轮牧分区和小区，使家畜按照一定的次序逐区采食，轮回放牧的一种制度。在实施划区轮牧的规划时，每一块草地在放牧的时间上都有一定的安排。家畜在小区中放牧时，由于小区的范围有限，它们不能像在自由放牧中有那么多选食牧草的自由。划区轮牧在正确应用时，与自由放牧比较，它都有下列好处：可以减少牧草浪费，节省草地面积；可以改进植被，提高牧草产量和品质；可以减少家畜放牧游走的体能消耗，增加畜产品数量;可以使畜群的营养状况和发情整齐划一,集中发情,便于集中配种,集中产仔,有利于畜群管理;可以防止家畜寄生虫病的传播;有利于草地的日常管理;有利于畜群的日常放牧管理。轮牧的形式有季带轮牧和小区轮牧。

①季带轮牧:就是将畜群全年的放牧草地划分为不同季节利用的季节放牧地,如春、秋放牧地、夏季放牧地、冬季放牧地,不同季带组成了全年完整的季放牧地。一定的季节分别在相应的季带放牧,这样家畜全年就在几个季带上轮流放牧。季带轮牧可以使草地在一个季节(如在春、秋放牧地),或两个季节(如在夏季放牧地),或整个生长季(如在冬季放牧地)得到休养生息,但在每个季带的放牧中仍是无计划的自由放牧。这样,划区轮牧的好处就不能完全体现,因此它是划区轮牧的原始形式。

②小区轮牧:最基本的要求就是在季带轮牧的基础上,将各个季节放牧地划分为几个轮牧分区,每个轮牧分区再划分为若干个轮牧小区,每一个小区放牧不超过 6 天(这是为了避免和减少感染寄生虫病),几个至几十个轮牧小区集合成一个放牧单元,由一个畜群利用,逐区采食,轮回利用。可以看出,小区轮牧是在全年季带轮牧的基础上,对季带内的草地进一步划分为小区后有计划的利用,内容比较复杂,要求较为严格,需要进行规划和设计。

2. 天然草地的培育改良 为了使被破坏的草地植被和土壤快速恢复,应当对草地给予培育改良措施。培育改良草地应按因地制宜、标本兼治的原则进行。所谓治标的方法,是从草地的原有植被和土壤的条件出发,在不改变植被成分的情况下,促进草地植被和土壤的恢复,提高牧草的产量和质量。这种方法由于不包括对草地的翻耕和播种,通常把这种培育方法称为治标改良或简单培育,例如补播、除莠、施肥、灌溉、划破草皮和鼠虫防治等。所谓治本的方法,是在翻耕草地后播种优良牧草,建植高产的人工草地。这是一个彻底改良草地的方法,通常把这种改良的方法称为治本改良或复杂更新。

(1)草地的植被培育措施

①补播:是在不破坏或少破坏草地原有植被的情况下,在草群中播种一些能适应当地生态环境的优良牧草,特别是豆科牧草,借以增加优良牧草种类和数量,达到提高草地生产力的目的。补播牧草改良草地已有很长的历史,并且取得了较好的结果。英国、爱尔兰、瑞士、新西兰等国,通过长期的补播改良,基本上将全国的天然草地改变为改良的半人工草地,大大提高了牧草的产量和质量。补播的牧草应以当地草地的优良草种为主,补播的时间应选择在土壤水分好、草地牧草生长最弱的时期,以利补播草种发芽和生长。补播的方法有人播、畜播和飞播等。畜播是可用废罐头铁盒做成播种筒挂在羊脖子上,羊群边吃草边撒播种子,便把种子踏入土中。飞播的草种一定要事先经过去毛、去芒,并做成丸衣种子,增加种子重量和所需养分,以保证种子能正确地落在需要补播的地方。表 6-4 是适宜不同地区播种的草种。

表 6-4　牧草适宜的播种区

草　种	适宜播种的地区	播量(千克/公顷)
白三叶	湖南、湖北、贵州、四川、云南	3.75
红三叶	湖南、湖北、贵州、四川盆地、云南	2.25
多年生黑麦草	湖南、湖北、贵州山区	15
意大利黑麦草	湖南、湖北、贵州山区	22.5
鸭　茅	湖南、湖北、贵州山区、云南	15
苇状羊茅	湖南、湖北低海拔丘陵	15
光叶紫花苕	贵州、云南	30
十字马唐	贵州、云南	7.5
百脉根	贵州、云南、湖北、湖南	3.75

续表 6-4

草　种	适宜播种的地区	播量(千克/公顷)
矮柱花草	广东、广西、云南南部	7.5
大异豆	广东、广西、云南南部	7.5
狗尾草	广东、广西	7.5

注:摘自张文棠．南方草地的利用与开发,《牧草与饲料》,1992

②除杂:就是清除草地上的毒草和杂草。为了加速草地恢复,提高草地生产力,必须对毒草和杂草加以清除。清除毒草杂草的方法较多,方便有效的有利用人力和机械的挖除法,利用除草剂的化学清除法等。

(2)草地的土壤培育措施

①施肥:与农田一样,草地也需要施肥,这是由于家畜在放牧的过程中将许多牧草营养物质变成畜产品带出草地,长此以往,草地土壤肥力就会下降,需要不断地向草地土壤补充它所需要的营养物质。因此,施肥是草地可持续利用的需要。

施肥是草地培育最有效的措施之一,它可以大幅度增加牧草和畜产品产量,调节草层不同牧草类群的比重,改善牧草营养物质的含量。多施氮肥可以增加草层中禾本科草的比重,多施磷、钾肥可以增加豆科草的比重,因而通过施肥可以定向地改变草地牧草成分。施肥后叶片增多,粗蛋白质含量增加,牧草的适口性变好。

草地施肥可以施用有机肥,也可以施用化肥,但以前者为好。施肥时间和次数要求不严格,有许多试验证明一次大量施肥,肥效可延续 5～8 年,甚至比 1 年多次施用还好。草地施肥也应对土壤养分状况进行诊断,以便有针对性地配方施肥。

②灌溉:水是牧草生长发育的最基本条件之一,水对牧草来说,既是组成成分,又是环境要素。牧草由于营养不足而“饿死”的现象是极其罕见的,而由于水分供应不足而“渴死”的现象却是容

易发生的。因此，灌溉是培育草地最有效的措施之一。在经过数年的灌溉后可使优良牧草成分增加，杂草、毒草减少，由不能割草变为可以割制干草。灌溉还可延长牧草的生育期，从而延长青草放牧期，一般可使返青和枯黄期分别提前和延后 10～15 天。

③划破草皮：山地草甸的草根非常紧密，在土壤上层形成了生草土层，形似地毯，俗称草皮。草皮富有弹性，十分坚韧，耐践踏，保护土壤不被破坏。如果放牧不当，践踏过重，就会使草皮变得过度紧密，土壤的通气性和透水性变差，土壤微生物活动减弱，死根不易分解，植物的可吸收营养物质就会减少；此外，草皮紧密，降水不易渗入土中而从草皮上流走，造成土壤干旱，从而导致植物根系发育受阻，茎叶稀疏，成分变坏，产量降低，草地退化成为秃斑地或板结地。为了改变这种情况，可以反其道而行之，即用机具或人工划破草皮，不翻土，使草皮松动，透水、透气，改善土壤状况，恢复草地牧草生长。

划破草皮的具体方法是用机引的草皮划破机或燕尾犁，或用十字镐每隔 50～60 厘米划破 1 行，草皮划破面积占 15%～20%。要注意划破草皮的裂隙的宽度，裂隙太窄起不到划破的作用，但也不应使草皮翻转或整块位移，这样不利于牧草的恢复。划破草皮的深度以草皮本身的深度为准，一般不应小于 10～15 厘米。在有坡度的地方，要沿等高线划破，以免引起水土流失。划破草皮不应在牧草生长旺盛的时期进行，而以早春或晚秋为好，划破时最好再辅以补播，以便取得更好的效果。

四、草地围栏技术

自从牛羊被驯养为家畜以来，牛、羊一直是牧人看管下放牧在天然草场上或饲养在棚圈里。18—19 世纪，随着资本主义的发展，大规模开发殖民地，大型放牧场在北美、南美大陆以及澳大利亚、新西兰变得越来越普遍，牛羊放牧在无边无际的牧场上，需要牧人去照管，而在那些新开拓地区，劳动力又十分短缺，这就迫使人们去寻找新的放牧方法，围栏放牧正是在这种形势下发展起来的。

最初的围栏一般是就地取材，利用牧场附近的森林和灌木建设木杆围栏，这种围栏毋须特殊器材和技术便能架设，但费工费时，且无木材地区不能应用。19 世纪中叶，随着冶金工业的发展，熟铁丝大量供应市场。随后，强度更高、价格低廉的低碳钢丝又取代了熟铁丝。1874 年美国发明了刺线，这样才奠定了近代围栏的基础。随后的 10 年间，刺线产量猛增，为大规模建设刺线围栏、开发美国西部大草地做出了很大贡献。但是，刺线围栏也有缺点，它能刮伤牲畜的皮毛，而且消耗的金属线和围栏桩仍然较多。于是一种“预制围栏”在美国出现了，并逐渐取代了大部分刺线围栏。网格围栏消耗金属少，需要的围栏桩也少，架设简便，因而成本也更低，很快便在许多以放牧业为主的国家和地区制造和推广。

在我国围栏发展初期，各地曾因陋就简创造过多种形式的围栏，如土墙、草皮墙围栏、石墙围栏、壕沟围栏等。这些围栏形式虽然有就地取材的优点，但缺点很多，如费工费时、成本高、不耐久、且破坏草场，现已大部分被淘汰。目前我国各牧区采用的主要是刺线围栏。近年来，全国各地建立网围栏厂，加工“预制围栏”，预制围栏已部分取代刺线围栏，取得了较好的效果。电围栏架设容易，成本低，但事故较多，需经常维护，不宜用作永久性围栏，一般用作临时性围栏或训练用围栏。

值得注意的是现在许多农牧场虽然使用了很好的围栏器材，但架设起来的围栏却不能保持良好状态。这种情形在国内外都存在，有些围栏仅使用三五年就已东倒西歪，不起作用，而正确架设的围栏可以使用 35 年以上。由此可见，普及围栏架设技术十分重要。

草地围栏的种类很多，从永久性、建设成本综合效果来看，目前主要采用编结网围栏。

(一)编结网格围栏主要材料

1. 编结网　使用时根据围栏的用途，选用不同规格的编结网。常用编结网的规格有 6×90×60 型(表示纬线根数 6 根，网宽 90 厘米，经线间距 60 厘米，下同)、7×90×60 型、7×100×60 型、7×110×60 型、8×110×60 型。

2. 立柱　按规格分为大立柱、中立柱和小立柱 3 种。按建筑材料可分为硅立柱、角钢立柱或其他材料制作的立柱。

(1)角钢立柱　用热轧等边角钢。角钢立柱规格，门柱、角柱 9 毫米×90 毫米×8 毫米，中间柱 70 毫米×70 毫米×7 毫米，小立柱 40 毫米×40 毫米×4 毫米，支撑杆用直径 50 毫米的焊管。在潮湿地区使用角钢，应喷涂防锈漆。

(2)砼立柱　用钢筋、水泥、沙子制成。其小立柱规格：120 毫米×120 毫米×1 800 毫米，120 毫米×120 毫米×2 000 毫米，120 毫米×120 毫米×2 300 毫米；中间柱及角柱规格：160 毫米×160 毫米×2 200 毫米，160 毫米×160 毫米×2 500 毫米。制作立柱的技术要求是：内含冷拔钢筋 4 根，小立柱钢筋直径 6～8 毫米，中间柱及角柱钢筋直径 9～10 毫米，每根柱内有 5 根 8～10＃铁丝固定；水泥标号为 425＃，每根立柱预制挂钩的数目及相关尺寸与刺线围栏和编结网围栏的纬线间距要求一致。

(二)围栏高度的确定

标准围栏的高度为 110～130 厘米，以拦挡小牲畜为目的的围栏高度可降低为 90～110 厘米，以拦挡野生动物为目的的围栏高度视具体动物而定。

(三)围栏架设施工

1. 围栏定线

(1)平地定线　在欲建围栏地块线路的两端各设一标桩，从起始标桩起，每隔30米设一标桩，直至全线完成，使各标桩成直线。

(2)起伏地段定线　在欲建围栏地块线路的两端各设1个标桩，定准方位。中间遇小丘或凹地，要在小丘或凹地依掘地形的复杂程度增设标桩。要求观察者能同时看到3个标桩，使各标桩成直线。

2. 线路清理　对欲建围栏的作业线路要清除土丘、石块等，平整地面。

3. 立柱埋设

(1)围栏中间柱的埋设　为使围栏有足够的张紧力，每隔一定距离需设置中间柱。平坦地区的直线围栏长度应在100～200米之间，设置1个中间柱；若围栏长度超过200米，用中间柱将围栏总长分隔为不超过200米的若干部分。起伏地形的直线围栏，要将中间柱设置在凸起地形的顶部和低凹地形的底部，将围栏分隔成数段直线。

中间柱(角钢中间柱或水泥中间柱)埋深0.7～1米，地上部分与小立柱取齐，然后在其受力的方向上加支撑杆。

(2)小立桩的埋设　地势平坦且土质疏松的地段，间距4～6米，小立柱埋深0.5～0.6米；土壤紧实的地段间距8～12米，小立柱埋深0.3～0.5米；地形起伏的地段，间距3～5米。

①水泥小立桩的埋设：挖坑要求坑口尽量小，以能放入水泥小立柱为限，坑深0.5～0.6米。将水泥小立柱放大坑中，回填土并夯实，线路上各小立柱要成直线。

②角钢小立柱的埋设：先在角钢小立柱底端0.5米处做好埋深标记，按规定间距将小立柱垂直砸入地下，至标记为止。

③角柱、地锚埋设和支撑架设：角柱埋深为0.7～1米，在角柱受力的反向埋设地锚或在角柱内侧加支撑杆。

(3)特殊地段围栏立柱的埋设

①若围栏通过低凹地，凹地两边为缓坡，相邻小立柱之间的坡度变化大于1∶8时，应在凹地最低处增设加长立柱，并将桩坑扩大，在桩基周围浇灌混凝土固定。若雨季有水从围栏下流过，则应在溪流的两边埋设两根如上所述的加长立柱，在两立柱之间增加几道刺钢丝以提高防护性。

②若围栏穿过低湿地，可使用悬吊式加重小立柱，用混凝土块加重，亦可用钢筋作栏桩，以石块加重。

③围栏跨越河流、小溪，若河流宽度不超过5米，可在河流两岸埋设小立柱，使围栏跨越河流；若河流宽度超过5米，则应在河流两岸埋设中立柱。为了防止水流冲毁围栏，不宜在河流中间埋设立柱，应用木杆或竹竿吊在沟槽处起拦挡作用。

4. 围栏的架设　围栏架设要以两个中间柱之间的跨度为作业单元，围栏线端应各自固定在中间柱上。

(1)刺钢丝围栏的架设　刺钢丝围栏纬线的架设要逐条进行，放一道线安装好一道。程序如下。

①首先要在中间柱受力方向的延长点上竖立临时作业立柱，安装张紧器张紧刺线，为避免架设时刺线出现松弛，应由下往上一道一道张紧。

②将刺钢丝线在中间柱的一端绑紧，然后放线。

③用张紧器张紧刺钢丝线，张紧要适度，防止纬线拉断或张紧器滑脱伤人。

④将刺钢丝线固定在中间柱和小立柱上。为防因钢丝热胀冷缩而引起的围栏松动，每隔80～100米加装一个花兰螺丝，各花兰螺丝之间的刺线用活钩或弹簧卡支撑，以便随时进行紧固。

(2)编结网围栏的架设

①施工程序先是固定门柱、拐角柱和受力中立柱，然后展开网片—固定起始端—专用张紧器固定—夹紧纬线—实施张紧—绑扎固定网片—移至下一个网片段施工。

②从中间柱的一端开始，沿围栏线路铺放编结网，将编结网铺在围栏草地内侧，将网格较紧密的一端朝向立柱，起始端留5～8厘米编结网。

③编结网的一端剪去一根经线，将编结网竖起，把每一根纬线线端在起始中间柱上绑扎牢固。

④继续铺放围栏网，直到下一个中间柱，将编结网竖起并初步固定，若需将两部分编结网连接在一起，可使用围栏线铰接器接头。

⑤埋设临时作业立柱，安装张紧器张紧围栏，各纬线张紧力为700～900牛顿，整片围栏受力要均匀。

⑥将围栏另一端相对中间柱的位置除去一根纬线，自中纬线分别向上向下将每根纬线分别绕中间柱绞紧。

⑦将编结网从边纬线向中间逐一绑扎在线桩上。

5. 门的安装 预先将围栏门留好，门宽6～8米，高1.2～1.3米。门柱要用支撑杆予以加固，用门柱埋入环与门连接，加网前将门柱及受力柱固定好。

五、草地主要有害生物及其防治

草地有害生物(病、虫、鼠害及有毒有害植物)是天然草地和人工草地(包括草坪)的主要自然灾害，是引起草地退化、限制草业生产发展的重要因素之一。认识和掌握危害牧草的各种有害生物的发生特点和规律，对于控制其对草地的危害具有重大意义。

虽然草地类型不同，有害生物类群也不尽相同，但大体来说草地有害生物类群主要有：草地病害、草地虫害、草地鼠害和有毒有害植物，其中鼠害和有毒有害植物主要危害天然草地，是草地有害生物的主要类群，病害和虫害主要危害人工草地。

（一）草地病害及其防治

牧草病害的发生可能受到某个因素或两个以上因素的作用，其中直接导致病害发生的因子称病原，非直接致病的因素称诱因。生物病原称病原物，病原物是菌类的称病原菌。遭受病原生物侵染的植物称为寄主。如牧草幼苗遭受高温灼伤，引起病原菌侵染，导致茎腐病发生，被害的幼苗是寄主，高温是诱因，病原菌是直接导致病害发生的因子即病原。

牧草感染病害后其外部形态和解剖结构上表现出的病态现象称为症状。根据症状产生的来源可以分为病状和病征两大类。牧草受到病原物侵染后，牧草本身的病态表现称为病状，主要有：变色、坏死、腐烂、萎蔫、畸形。牧草感染病害后，病组织上出现病原物产生的营养体和繁殖体称为病征，病征主要有：粉状物、霉状物、菌核、粒状物、脓状物或胶状物。

豆科牧草病害主要有锈病、霜霉病、褐斑病。防治的措施有：牧草应提早刈割或放牧以减少田间侵染源的积累，降低再生草的发病率。增施磷、钾肥可提高豆科牧草抗病性。以50％甲基硫菌灵1 000倍溶液浸种4～5小时或以福美双等处理种子，或15％粉锈宁1 000倍液或70％甲基硫菌灵1 000～1 500倍液喷雾防治。

禾本科牧草病害主要有锈病、白粉病、麦角病、赤霉病。防治措施有：清除病株残体，合理施肥，冬季焚烧灭茬，提早刈割；粉锈宁、多菌灵、灭菌丹等药物喷雾也可防治。

（二）草地虫害及其防治

1. 影响昆虫发生的环境　气象因素：包括温度、湿度、光、雨、风、气压等，在自然条件下这些条件是综合作用于昆虫的。土壤因素：包括土壤气候（主要是土壤温度和湿度）、土壤的理化性质等。

2. 昆虫的主要习性及其在防治上的利用

（1）趋性　昆虫对外界某种刺激所产生的反应，即本能地对外界刺激源产生定向活动，不趋即避。趋性主要有趋光性、趋化性、趋温性等。趋性在昆虫测报及防治上有重要意义。

（2）假死性　有些昆虫遇到有惊动，足可立刻收缩，这种习性称假死性。防治上利用这一习性进行机械震落来捕杀害虫。

（3）群集性　在发育的某个阶段，有群集在一起的习性，这些害虫在群集时常是集中消灭的有利时机。

（4）迁飞性　许多昆虫到某一个时期就要迁飞，迁飞使灾害扩散，因此，迁飞前消灭最重要。

（三）草地鼠害及其防治

近几十年来，草地鼠害暴发频繁，造成严重的草地资源损失。害鼠主要通过啃食牧草，与牧畜争草；挖掘洞道，破坏生草层，形成秃掘和次生裸地的镶嵌体；推土成丘，毁坏地表形态，造成水土流失和土壤风蚀的突破口，最终导致了具有荒漠化景观特征的鼠荒地。鼠荒地加速草场荒漠化和石漠化的进程，严重威胁着整个草地生态环境。目前已成为可持续畜牧业发展和草地生物多样性保护的重要限制因子之一。

鼠害防治方法主要有四大类，即物理方法、化学方法、生物方法、生态方法。

物理灭鼠法：器械灭鼠，利用普通工具灭鼠，挖洞、灌水灭鼠，灯光捕鼠，人工捕打，枪击捕杀。

化学灭鼠法：毒饵灭鼠，熏蒸灭鼠。

生物灭鼠法：主要是利用微生物制剂灭鼠。

生态灭鼠法：保护天敌，改变环境，发生地灭鼠等。

(四)草地有毒有害植物及其防治

有毒有害植物一般概略地定义为：对人和牲畜等能产生有害作用的植物。草地上毒草的存在与多寡是影响草地质量的重要因素之一。

由于草地毒草多呈片状集中分布，使草地植物学成分简化，减少生物多样性，使植物群落趋于不稳定状态，抗逆性下降，抵御外界骤变能力差，一旦出现干扰，易于形成退化演替。同时其与优良牧草竞争水肥、光照及空间，降低草地生产率和利用率，加速草地退化，缩短其使用年限。此外，毒草引起家畜中毒，影响家畜的繁殖性能，妨碍畜种改良。且采食有毒有害植物的家畜，其肉、奶产品品质变劣，大大降低了食用和商品价值。因此，草地毒草对草地农业生态系统的四个生产层都会产生不良影响，尤其对初级生产层和次级生产层的危害更大，以至形成典型的“生态经济病”。

1. 分类　根据有毒有害植物体内所含毒物，将草地上主要毒害草做如下分类。

(1)*含生物碱的有毒有害植物*　生物碱是植物有毒成分中最大的一类，已分离鉴定出的生物碱达5 000余种，在已知的8类生物碱中，大多数对牲畜有毒。含生物碱的植物有以下几科：夹竹桃科、小檗科、豆科、罂粟科、毛茛科、茜草科、茄科、百合科、防己科等。

(2)*含配糖体的有毒有害植物*　配糖体是植物体另一种有毒化合物，对配糖体最敏感的是牛，马和羊则不易中毒。对牲畜的毒害作用主要表现在血液循环系统以及对甲状腺等。含配糖体的毒害草主要在以下几科存在：豆科、夹竹桃科、忍冬科、百合科、玄参科和十字花科等。

(3)*萜类化合物的有毒有害植物*　草地植物中所含的具挥发性油、乳胶等萜类化合物，它们对家畜中枢神经系统、消化系统具强烈刺激作用，中毒牲畜多为大牲畜。含这类物质的植物有菊科、木兰科、杜鹃花科、大戟科和瑞香科等。

(4)其他毒物的有毒有害植物　主要是有毒无机物或简单有机物，如硝酸盐、有毒氨基酸等，牲畜长期采食易导致中毒，主要包括蓼科、荨麻科、天南星科和豆科等植物。

2. 防治措施

(1)物理防除　目前主要有人工挖除和火烧，如在毒草连片分布地段动员和组织人工挖除，以减少毒草种群数量，降低其危害，一般在毒草种子成熟前、雨后连根通片不漏地挖除。此外，将围栏封育、施肥灌溉、人工补播、治虫灭鼠等措施结合起来，对草地实施综合培育，提高优质牧草在草群中的比例，以改变有毒植物的适宜生长环境，达到抑制生长的目的。

(2)化学防治　指利用化学药剂来防除，是大部分地区采取的主要方法，如用 2,4-D 丁酯等防除毒草，最佳浓度因时因地而异；最佳防除时期多在开花前期；防治方法以人工或飞机喷雾为主，也可灌根。

(3)生物防治　生物防治是利用自然界寄主范围较为专一的植食性动物或植物病原微生物之间的拮抗或相克作用，将毒草种群控制在经济、生态和美学允许范围内的一种方法。与化学防除相比，具有不污染环境、不产生药害、经济效益高等优点，尤其对于一些特殊环境（如高寒草地）的恶性毒杂草，生物防治往往是最理想的。生物防除主要有：以草治草，即在有毒有害植物混生较多的地段，结合人工挖除毒草及其他草地改良措施，补播竞争力强的优良牧草，利用生物竞争以草治草；以畜治草，即利用家畜牧食、践踏等方式来控制。

（张鹤山）

第七章　羊的常用饲料与加工调制

一、羊的常用饲料

（一）青绿饲料

一般指自然水分含量高（≥45％）的野生或栽培植物，如各种牧草、鲜树叶、水生植物及叶菜类，非淀粉和糖类的块根、块茎和瓜果多汁饲料。

1. 牧草　青牧草包括自然生长的野生牧草和人工种植的牧草。野生牧草种类较多，其营养价值因植物种类、土壤状况等不同而有差异。人工牧草是人工栽培的牧草。其特点是经过人工选育，产量高，营养价值高，质量较好，如苜蓿、白三叶、红三叶、黑麦草、高丹草等。对一些大、中型羊场来说，应该种植部分牧草，以解决夏、秋全部或部分青饲料，在饲喂配合饲料的同时，补喂部分优质人工牧草，不仅可以取代部分维生素添加剂，减少精料喂量，节约饲料费用，而且对于提高公羊的配种能力、母羊的泌乳力、空怀母羊的受胎率、肥育羊的生长速度等均有好处。

2. 叶菜类　包括树叶（如榆、杨、桑、果树叶等）和青菜（如甘蓝、牛皮菜、空心菜、白菜、菠菜等）。它们的水分含量高，有丰富的维生素，具有清火通便作用，营养丰富，适口性好，特别是缺青季节，是羊的好饲料。但这类饲料保存时易腐烂变质，堆积发热后，硝酸盐被还原成亚硝酸盐，如果饲用会造成羊只中毒。

3. 青割饲草　是指在籽实未成熟前把密集种植的农作物，如玉米、大麦、豌豆等进行刈割，饲喂家畜。青割饲料蛋白质含量和消化率均比结籽后高。此外，青割饲料茎、叶的营养含量上部高于下部，叶高于茎，因此收贮时应尽量减少叶部损失。

青绿饲料主要有放牧和青刈舍饲两种利用形式。放牧可以节省人力，羊群又可自由采食，并有充分的光照和运动，有利于羊群的健康；缺点是草地的利用不经济，由于羊的践踏及粪尿沾污使饲草未能充分利用，或因过度放牧而使草质退化。青刈舍饲花费劳力较多，但有计划地适时青刈，可获得数量较多、营养价值较高的青饲料。青刈应新鲜利用，经过堆贮的青饲料易产生亚硝酸盐而引起羊群中毒。生长期的高粱、苏丹草等幼苗含有羟氰苷，在羊体内会产生具有强烈毒性的氢氰酸，应晒干或青贮后饲用。甜菜茎、叶含有草酸，马铃薯茎叶含有龙葵素，饲喂时应限量。此外，利用蔬菜或作物的副产品须防止农药中毒。

(二)粗 饲 料

粗饲料亦称粗料，系指含能量低、粗纤维含量高(≥18%)的植物性饲料，一般可分为青干草、秸秆和秕壳等。这类饲料的资源丰富，是羊主要的补饲饲料。

1. 青干草 天然青草或栽培牧草刈割后经自然或人工(烘干)干燥制成，是冬、春季节补饲的优质饲料。通常豆科植物应在开花初期刈割，禾本科植物应在抽穗期刈割。过早刈割则干草产量较低；过晚则品质粗老，营养价值降低。晒制干草时，要注意叶片的保存和颜色的保护。一般地讲，天气晴朗，养分损失少；深绿色占得越多，养分愈高，淡黄绿色养分减少，白色更少；白毛则已发霉，变黑则已霉烂。

2. 秸秆 指农作物收获后剩下的茎秆部分。营养特点是粗纤维含量高，占干物质的31%～45%，木质素、半纤维素、硅酸盐含量高，如燕麦秸秆粗纤维含量为49%，木质素为14.6%，硅酸盐约占灰分的30%。而且纤维素、半纤维素和木质素结合紧密、质地粗硬、适口性差、消化率低，一般每千克的消化能在 7.78～10.4 兆焦之间。粗蛋白质含量低，豆科秸秆为 8.9%～9.6%，禾本科为 4.2%～6.3%。粗脂肪含量较少，为 1.3%～1.8%。胡萝卜素含量低，每千克禾谷类秸秆为 1.2～5.1 毫克。秸秆饲料虽有许多不足之处，但经过加工调制后，营养价值和适口性可适当提高，仍是羊冬、春季补饲的主要饲料。

3. 秕壳　包括籽实脱粒时分离出的颖壳、荚皮、外皮等，如麦糠、谷糠、豆荚等。一般来说，荚壳的营养价值略好于同作物的秸秆，但稻壳和花生壳例外。

在羊的日粮中，粗饲料占 60%～70%。粗饲料的共同特点是粗纤维含量较高。其中秸秆和秕壳类的粗纤维的木质化程度较高，纤维物质的利用率较低，能量含量低，无氮浸出物和蛋白质含量很低，而且蛋白质的品质较差。用它们直接饲喂羊，不仅粗饲料本身的利用率很低，而且会降低其他饲料的消化率和利用率。因此，用粗饲料（除青干草外）饲喂羊时，需要进行适当的加工处理，如铡短、揉碎或氨化、碱化、发酵等。

（三）多汁饲料

块根块茎类属于多汁饲料，主要有胡萝卜、白萝卜、甜菜、甘薯、马铃薯等，其共同特点是水分和可溶性碳水化合物含量高，粗纤维和蛋白质含量接近禾本科籽实饲料，幼嫩多汁，适口性很好，易消化，维生素含量丰富，具有清热解毒作用，是羊冬季缺少青饲料时的主要维生素补充饲料，可用于平衡全年饲料供应。

胡萝卜是羊生产中最常用的多汁饲料，多汁、味甜，主要营养物质是淀粉和糖类，含胡萝卜素和磷较多。每千克胡萝卜含胡萝卜素 36 毫克，含磷量 0.07%～0.09%。甘薯淀粉含量高，能量含量居多汁饲料之首，但要忌喂有黑斑病的甘薯，因其含有毒性酮，易使羊中毒。马铃薯含能量较高，但应防止龙葵素中毒。在幼芽及未成熟的块茎和贮存期间经日光照射变成绿色的块茎中龙葵素含量较高，饲喂过多可引起中毒。甜菜及甜菜渣含糖量较高，饲用甜菜含糖一般在5%～11%，饲喂时应注意甜菜的亚硝酸盐中毒。

(四)能量饲料

指干物质中粗纤维含量低于18%，粗蛋白质含量低于20%的精饲料，主要包括禾谷类籽实和糠麸。

1. 禾谷类籽实 包括玉米、大麦、高粱、燕麦、谷子等。这类饲料含无氮浸出物多，为60%～70%；含粗蛋白质少，为9%～12%；含磷0.3%左右，钙0.1%左右。一般维生素B族和维生素E较多，而缺乏维生素A和维生素D，除黄玉米外都缺胡萝卜素。因此，羊的饲料中除谷类籽实外，还应搭配蛋白质饲料，补充部分维生素。

2. 糠麸类 为谷物加工后的副产品，包括麸皮、玉米皮、米糠、大豆皮等。糠麸类饲料含能量约为原粮的60%左右。糠麸体积大、重量轻，有利于胃肠蠕动，易消化。

(五)蛋白质饲料

蛋白质饲料或蛋白质补充料，指粗蛋白质含量超过20%的饲料。豆类与油料作物籽实及其加工副产品，虽具有能量饲料的特征，但因其富含蛋白质，干物质中粗蛋白质的含量均超过20%，所以将它们称为蛋白质补充料。属于此类饲料的还有一些微生物等单细胞蛋白质饲料，如酵母等。

另外，属于蛋白质补充料的还有尿素、双缩脲或某些铵盐等非蛋白质的含氮饲料。虽然它们都是纯化学物质，对动物无直接的营养效应，但它们可作为供给瘤胃微生物合成蛋白质所需的氮源，从而间接起到补充蛋白质的作用。

1. 植物性蛋白质饲料 包括油料籽实提取油脂后的饼粕、豆科籽实、糟渣等。

豆科籽实无氮浸出物含量为30%～60%，比禾谷类低，但蛋白质含量丰富(20%～40%)。除大豆外，脂肪含量较低(1.3%～2%)。大豆含粗蛋白质约35%，脂肪17%，适合作蛋白质补充料。

饼粕类粗蛋白质含量30%～45%，粗纤维6%～17%。所含矿物质，一般磷多于钙，富含B族维生素，但胡萝卜素含量较低。大豆饼粕品质居饼粕类之首，含粗蛋白质40%以上。质量好的豆饼为黄色有香味，适口性好，但在日粮中添加量不要超过20%。棉籽饼是棉区喂羊的好饲料，去壳压榨或浸提的棉籽饼含粗纤维10%左右，粗蛋白质32%～40%；带壳的棉籽饼含粗纤维高达15%～20%，粗蛋白质20%左右。棉籽饼中含有游离的棉酚毒素，长期大量饲喂会引起中毒，因此日粮中添加量一般不超过20%。菜籽饼含粗蛋白质36%左右，矿物质和维生素比豆饼丰富，含磷较高，含硒量比豆饼高6倍。菜籽饼中含芥子毒素，羔羊、孕羊最好不喂。去壳压榨或浸提的向日葵饼粕含粗蛋白质达45%左右，能量比其他饼粕低；带壳饼粕含粗蛋白质30%以上，粗纤维22%左右，喂羊营养价值与棉籽饼相近。

糟渣类是谷实及豆科籽实加工后的副产品。这类饲料含水分多，宜新鲜时饲喂。酒糟粗蛋白质占干物质的19%～24%，无氮浸出物46%～55%，是羊的好饲料；粉渣是玉米或马铃薯制取淀粉后的副产品，粗蛋白质含量较低，但无氮浸出物含量较高，折成干物质后能量接近甚至超过玉米。

2. 动物性蛋白质饲料　主要指用作饲料的加工副产品，如肉骨粉、血粉、乳清粉、蚕蛹粉等。其蛋白质含量高，一般可达到40%～85%，灰分含量较高，钙、磷含量丰富且比例适当。需要注意的是，由于海绵状脑病的潜在风险，农业部规定禁止在反刍动物(牛、羊)日粮中添加肉骨粉、血粉等动物源性蛋白质饲料。

3. 非蛋白氮饲料　主要指蛋白质之外的其他含氮物，如尿素、双缩脲、硫酸铵、磷酸氢二铵等。其营养特点是氮的含量高，如尿素中氮含量相当于豆粕的7倍；不含能量，在使用中应注意补加能量物质；缺乏矿物质，特别要注意补充硫、磷。

4. 单细胞蛋白质 是指利用糖、氮、烃类等物质，通过工业方式，培养能利用这些物质的细菌、酵母等微生物制成的蛋白质。其营养特点是含有丰富的B族维生素、氨基酸和矿物质，粗纤维含量较低；赖氨酸含量高，蛋氨酸含量低；具有独特的风味，对增进动物的食欲有良好的效果。

(六)矿物质饲料

凡天然可供饲用的矿物(如白云石、大理石、石灰石等)、动物性加工副产品(如贝壳粉、蛋壳粉等)和矿物盐类均属矿物质饲料。矿物质饲料不含蛋白质、不含能量，但能刺激羊的食欲，提高饲料的适口性；补充动植物饲料中某些矿物质元素含量的不足。如钙源性饲料常用来补充钙元素的不足，磷源性饲料常用来补充磷的不足，其他矿物质如硫酸铜、硫酸亚铁、硫酸锌、硫酸锰、硫酸镁、亚硒酸钠、碘化钾等都可补充相应微量元素的不足。

补充微量元素的简易方法是使用微量元素盐砖，其饲喂方法简单，可放于羊舍或饲槽内供羊自由舔食，但在贮存和使用中要防雨水浸泡。

(七)青贮饲料

把新鲜的青绿多汁饲料在缺氧的条件下，如青绿玉米秸、高粱秸、甘薯蔓、青草等装入密闭的青贮窖、壕中，经微生物发酵产生具有酸香味、柔软多汁、适口性好的饲料称青贮饲料。禾本科作物和牧草、豆科牧草和作物、杂草及块根、块茎、野菜类都可青贮，有的可以单独青贮，有些需要混合青贮。天然青草及野菜类可单独青贮，也可混合青贮。豆科牧草或作物，含糖量少，蛋白质含量较高，不能单独青贮，否则易腐烂，应和禾本科牧草或作物混合青贮。瓜类、块根块茎类应和糠麸、秕壳或切碎的秸秆一起青贮。青贮饲料养分损失少（为 10%～15%），而且可提高饲料的适口性和消化率，又能长期保存。

青贮饲料酸香可口，柔软多汁，营养损失少。同时，青贮饲料中由于大量乳酸菌存在，菌体蛋白质含量比青贮前提高 20%～30%，而且制作简便、成本低廉，保存时间长，使用方便，适口性强，是养羊的一类理想的饲料。但青贮饲料的水分含量高，能量物质含量不高，因此喂量不能太多，应与其他饲料混合适用。

（八）饲料添加剂

饲料添加剂是指在配合饲料中加入的各种微量成分。包括合成氨基酸、维生素制剂、矿物质微量元素、生长促进剂（抗生素、酶制剂和激素、驱虫保健药物、抗氧化物质和防霉剂等）。

饲料中微量元素的含量取决于植物种类和生长条件如土壤、肥料、气候等。所以各地微量元素缺乏情况不尽一致，需要有针对性地补充。在日粮中，微量元素由于添加量很少，每吨饲料为 1～9 克，因此必须将它混合均匀，使用时必须干燥。

二、羊常用饲料的加工调制

通过对饲料进行科学的加工调制，可以改变饲料的体积和理化性质，改善适口性，有的还可以改变饲料的化学组成，消除饲料原料中的有毒、有害物质，提高其营养价值和饲料转化率，使许多原来不能利用的农副产品和野生植物作为新的饲料原料，为养羊业的发展提供丰富的物质基础。

(一)精饲料的加工调制

1. 粉碎 谷物籽实往往都含有坚硬的种皮,若直接饲喂会因咀嚼不彻底而不被充分消化,甚至从粪便中原封不动地排出,这就降低了饲料的消化率,造成了饲料的浪费。籽实饲料经过粉碎,在消化道内容易与消化液充分接触,从而提高消化率。

2. 浸泡 有些饲料如豆饼、棉籽饼等相当坚硬,直接饲喂很难嚼碎,所以需要浸泡,让饲料吸水膨胀,变得柔软易嚼。浸泡方法是用池子或缸等容器把饲料用水拌匀,一般料水比例为1∶1～1∶1.5,即以手握指缝渗出水滴即可。对于含单宁、棉酚等有害物质的饲料在浸泡后,可以减轻毒素及其不良味道,提高适口性。注意浸泡的时间应根据季节和饲料种类作调整,防止饲料的变质。

3. 发芽 将一些含淀粉多的谷物类籽实,如小麦、大麦、燕麦等通过发芽处理,使之转变为易于消化的麦芽糖,同时使蛋白质分解为易于消化的简单物质,还可增加胡萝卜素、维生素的含量,以增强谷物籽实的营养成分和适口性。方法是用筛子除去籽实中的泥土、砂石及其他杂质后,将其倒入水桶中,加入适量的清水,搅拌,并捞出浮在上面的空壳和杂质,浸泡12小时后捞出,平铺于木板上(3～4厘米厚),上盖湿麻袋,使温度保持在20℃～25℃,让阳光适当照射,并经常使谷物呈潮湿状态,当芽长到2～3厘米时,除去覆盖物,待芽长到5～6厘米时即可饲喂。

4. 糖化 为了改善籽实饲料的适口性,提高消化率,可对籽实饲料进行糖化处理,糖化处理可使相当一部分淀粉转变为麦芽糖,含糖量得到提高。方法是:把粉碎的谷物分次装入木桶,按1∶2～1∶2.5的比例加入80℃～85℃的水,搅拌成糊状,在其表面撒一层厚约5厘米的干料面,盖以木板,使木桶内的温度保持在60℃左右,3～4小时即成。

5. 蒸煮与焙炒 豆类籽实中含有抗胰蛋白酶,生喂时适口性差，消化率低，经过蒸煮和焙炒，不仅能破坏抗胰蛋白酶，提高消化率和营养价值，而且蛋白质中的有效氨基酸数量增加，蛋白质的生物价值也有所提高。禾本科籽实宜焙炒，而不宜煮熟。在130℃～150℃条件下短时间焙炒可使籽实中的淀粉变为糊精，使淀粉利用率提高，而煮熟则使消化率降低，焙炒的饲料适口性好，是羊的优质饲料，但蒸煮和焙炒时间不宜过长，时间长会降低消化率。

6. 颗粒化 饲料的颗粒化，就是将饲料粉碎后，根据营养需要，按一定的比例搭配，并充分混合，用饲料压缩机加工成一定的颗粒形状，直接用来喂羊。颗粒饲料可以改善饲料的适口性，饲喂方便，有利于机械化饲养。颗粒饲料挤压过程中瞬间高温作用可以改变饲料性状，有利于消化；可以增加采食量；能充分利用饲料资源，减少饲料损失；颗粒饲料能避免运输过程中不同比重的原料分级现象，特别是微量元素的分级，从而增加了饲料的安全性。

7. 过瘤胃保护技术 过瘤胃技术是指将一些营养物质如氨基酸、蛋白质、脂肪等经一定的处理后保护起来或使之通过瘤胃，避免或减少在瘤胃中被分解而直接进入肠被消化吸收。一般情况下，瘤胃微生物蛋白质基本可以满足羊的蛋白质需要，但对于一些高产品种的羊，瘤胃微生物蛋白就不能满足需要量，特别是限制性氨基酸（如蛋氨酸）的需要量，必须补充额外的蛋白质或蛋氨酸，但在饲料中补充这些物质时，由于微生物的作用，往往不能收到理想的效果，在这种情况下，利用过瘤胃蛋白质或过瘤胃氨基酸，一般可较好地解决上述矛盾。大量的研究证明，给高产反刍家畜饲喂过瘤胃蛋白质或过瘤胃氨基酸可有效提高畜产品产量。目前，已采用的有化学调控法、热处理法、化学保护法、食管沟反射、蛋白质包被和氨基酸包被等措施。比较实用的有以下几种。

(1)过瘤胃蛋白质的保护

①甲醛处理：甲醛与蛋白质发生化合反应，形成酸性溶液中可

逆的桥键，降低蛋白质在瘤胃的降解率，提高蛋白质的利用率。利用甲醛处理有许多成功的报道，但处理效果很小甚至无效的报道也不少。这主要是由于处理的饲料种类、处理条件(温度、压力、甲醛用量和稀释度等)及处理效果的评定方法、条件等不一致所造成的。其中最为关键的是甲醛用量，一般认为，豆饼的甲醛用量以干物质的0.2%～0.4%或粗蛋白质的0.4%～0.8%时效果较好，而葵花籽饼的甲醛用量为干物质的1.33%较为适宜。

②氢氧化钠处理：用3%的氢氧化钠处理豆饼和菜籽饼效果最佳，使蛋白质的降解率减少了2.11～2.37倍，并且对氨基酸的组成没有不利的影响，氢氧化钠处理的大豆饼使羊的氮沉积改善，饲料效率和蛋白质利用率提高。

③加热处理：加热是保护饼粕类饲料蛋白质过瘤胃的有效方法。通过加热可以使饲料中的蛋白质变性，使疏水基团更多地暴露于蛋白质分子表面，从而使蛋白质溶解度降低，降低蛋白质在瘤胃中的降解率，提高蛋白质的利用率。加热处理既有有利的一面(降低蛋白质在瘤胃中降解率)，又有不利的一面(降低蛋白质的消化率并引起一些氨基酸、维生素的损失)，决定两者的大小是加热条件。一般认为，130℃～145℃条件下处理2分钟效果较好。

④聚合物包被：选择对pH值敏感度不同，即在中性或弱酸性条件下不溶解而在强酸条件下溶解或崩解的材料，在真胃内被分解，使蛋白质释放出来，被消化吸收，以达到保护的目的。

⑤单宁保护：单宁对饲料蛋白质具有保护作用，是因为单宁与蛋白质发生水解反应后形成单宁-蛋白质复合物，在瘤胃环境条件下不被瘤胃微生物所分解，而在真胃酸性条件下解离蛋白质被释放出来，从而被肠道消化利用。但是单宁与蛋白质还会发生不可逆的缩合反应，即蛋白质与单宁形成不良复合物，降低饲料适口性，抑制酶和微生物活性，降低消化率，饲喂含单宁日粮，蛋白质的消化率随日粮中单宁浓度的增加而降低。目前对单宁的应用方法

及剂量等仍不明确。

⑥保护性氨基酸:用胶囊包被蛋白质或氨基酸,可使其通过瘤胃,这是目前在氨基酸保护方面所研究的主要方法之一。比如在对蛋氨酸的包被材料改进的同时,将蛋氨酸与脂肪酸钙结合在一起也有较好的效果。此外,用化学方法合成氨基酸类似物、衍生物也是当前研究保护氨基酸的一条途径。

(2)**过瘤胃脂肪的保护** 由于直接给反刍动物添加脂肪干扰了瘤胃内微生物活动,降低纤维素的消化率,影响生产性能,所以将添加的脂肪用某些方法加以保护,制作成过瘤胃脂肪。目前市场上已有过瘤胃脂肪产品,较新的产品是脂肪酸钙盐,它在瘤胃中不被溶解,进入真胃环境中后脂肪酸就游离出来,使钙和脂肪酸在十二指肠中被吸收。脂肪酸钙盐的品种有异丁酸钙、异戊酸钙、辛酸钙、棕榈酸钙和硬脂酸钙等。国外多用棕榈油脂肪酸钙。

(二)青干草的加工调制与贮藏

指适时刈割的牧草、细茎饲料作物,在产量较高、质量较好时期刈割后,经过自然或人工干燥调制而成能够长期贮存的青绿饲料。豆科类牧草以开花初期至盛花期刈割为最好;禾本科类牧草一般应以抽穗初期至开花初期刈割为宜。

1. 青干草调制 主要有自然干燥法、人工干燥法、物理与化学干燥法3种,不论采用哪种方法,干燥的过程越短越好,干燥方法不同,牧草中所含的养分有所不同,其中以人工快速干燥和阴干法效果最好。原料干燥要均匀,并使养分损失降低至最小程度。

(1)**自然干燥法**

①地面干燥法:夏、秋季节,选择晴朗的天气,将青草适时刈割以后,在原地或另选一地势高处将青草摊开暴晒,每隔数小时适当翻晒,估计水分降至50%左右,用搂草机或人工把草搂成垄,继续干燥,使其含水量降至35%左右,用集草器或人工集成小堆干燥,

再经1～2天晾晒后，就可以调制成含水量为15%左右的优质青干草。

②草架干燥法：草架可用树干或木棍搭成，也可采用铁丝作原料，制成三角形或是长方形的。割下的草在田间晒至水分达45%～50%时，将草一层一层放置于草架上，放草时要由下而上逐层堆放，或扎成直径10～20厘米的小捆。草的顶端朝里，堆成圆锥形或房脊形。堆草应蓬松，厚度不超过70～80厘米，离地面应有20～30厘米，堆中应留通道，以利空气流通。牧草堆放完毕后，将草架两侧牧草整理平顺，让雨水沿其侧面流至地表，减少雨水浸入草内。该方法适于在湿润或时逢雨季的地区。

③发酵干燥法：将已割下的青草晾晒风干，使水分减少至50%左右，然后分层堆积。牧草依靠自身呼吸和细菌、霉菌活动产生的热量，并借助通风将饲草的水分蒸发使之干燥。为防止发酵过度，应逐层堆紧，每层可撒上约为饲草重量0.5%～1%的食盐。发酵干燥需1～2个月方可完成，也可适时把草堆打开，使水分蒸发。这种方法养分损失较多，故多在阴雨连绵时采用。

(2)人工干燥法　分为常温通风干燥法、低温烘干法和高温快速干燥法3种。

①常温通风干燥法：先建一个干燥草库，库房内设置大功率鼓风机若干台，地面安置通风管道，管道上设通气孔，需干燥的青草，经刈割压扁后，在田间干燥至含水量35%～40%时运往草库，堆在通风管上，开动鼓风机完成干燥。

②低温烘干法：先建造饲料作物干燥室、空气预热锅炉、设置鼓风机和牧草传送设备，用煤或电作能量将空气加热至50℃～70℃或120℃～150℃，利用鼓风机将热气流吹入干燥室，利用热气流经数小时处理完成干燥。浅箱式干燥机日加工能力为2 000～3 000千克干草，传送带式干燥机每小时加工200～1 000千克干草。

③高温快速干燥法：利用高温气流（温度为 800℃～1 000℃以上），将原料水分含量在数分钟甚至数秒钟内降至 14%～15%。

(3)物理与化学干燥法

①压裂草茎干燥法：为使牧草茎叶干燥保持一致，减少叶片在干燥中的损失，常利用牧草茎秆压裂机先将豆科牧草以及禾本科比较粗壮的茎秆压裂、压扁，然后根据具体情况进行人工或自然干燥，使牧草的含水量下降至 15%以下。

②化学添加剂干燥法：将一些化学物质如碳酸钾、氢氧化钾、长链脂肪酸甲基酯等添加或者喷洒到牧草（主要是豆科牧草）上，经过一定的化学反应破坏茎表面的蜡质层，促进牧草内水分散失，缩短干燥时间，加速干燥的速度，提高蛋白质含量和干物质产量。

上述各种干燥法均有其优缺点，在生产实际操作中，应根据当地的具体情况采用不同的干燥方法。

2. 青干草贮存　调制好的青干草应及时妥善收贮保存，以免引起青干草发酵、发热、发霉而变质，降低其饲用价值。具体方法可因具体情况和需要而定，但不论采用什么方法贮存，都应尽量缩小与空气的接触面，减少日晒、雨淋等影响。青干草的贮存方法主要有以下几种。

(1)露天堆垛　这是一种最经济、较省事的贮存方法。长期保藏的草垛，垛址应选择在地势高而平坦、干燥、排水良好，雨、雪水不能流入垛底的地方。距离畜舍不能太远，以便于运输和取送，而且要背风或与主风向垂直，以便于防火。同时，为了减少干草的损失，垛底要用木头、树枝、老草等垫起铺平，高出地面 40～50 厘米左右，还要在垛的四周挖深 30～40 厘米的排水沟。一般堆成圆形或长方形草垛，草垛的大小视具体情况而定。堆垛时，第一层先从外向里堆，里边的一排压住外面的梢部。如此逐排向内堆排，成为外部稍低，中间隆起的弧形。每层 30～60 厘米厚，直至堆成封顶。含水量高的草应当堆放在草垛上部，过湿的草应当挑出来，不能堆垛。草垛收顶应从堆到草垛全高的1/2或2/3处开始。干草堆垛后,一般用干燥的杂草、麦秸或薄膜封顶,垛顶不能有凹陷和裂缝,以免进雨蓄水。草垛的顶脊必须用绳子或泥土封压坚固,以防大风吹刮。堆大垛时,为了避免垛中产生的热量难以散发以及自燃现象的发生,干草含水量一定要在15%以下,还应在堆垛时每隔50～60米垫放一层硬秸秆或树枝,以便于散热。

(2)*草棚堆存* 在气候湿润或条件较好的牧场和农户应建造干草棚或青干草专用贮存仓库,避免日晒雨淋。草棚应建在离羊舍较近、易管理的地方,要有一个防潮底垫。堆草方法与露天堆垛基本相同。堆垛时干草和棚顶应保持一定距离,有利于通风散热,也可利用空房或房前屋后能遮雨的地方贮存。

(3)*压捆青干草的贮存* 散干草体积大,为便于装卸和运输,将损失降至最低限度并保持青干草的优良品质,生产中常把青干草压缩成长方形或圆形的草捆,然后一层一层叠放贮存。草捆垛的大小,可根据贮存场地加以确定,一般长20米、宽5米、高18～20层干草捆,每层应有0.3立方米的通风道,其数目根据青干草含水量与草捆垛的大小而定。

(三)青贮饲料的加工调制

青贮饲料调制技术包括原料的选择、青贮设施建设和调制技术等环节。每一个环节都很重要,否则就不能调制出优质青贮饲料。

1. 原料选择 作青贮饲料的原料较多,凡是可作饲料的青绿植物都可作青贮原料。但根据原料含糖量的高低,可将青贮原料分为3类:第一类是糖分含量较高易于青贮的原料,如玉米秸、禾本科牧草、甘薯秧等。这类原料中含有较丰富的糖分,在青贮时不需添加其他含糖量高的物质。第二类是含糖分较低、但饲料营养价值较高、不易青贮的原料,如紫花苜蓿、三叶草、饲用大豆等豆科植物。这类原料多为优质饲料，应与第一类含糖量高的原料如玉米秸混合青贮，或添加制糖副产物如鲜甜菜渣、糖蜜等。第三类是含糖量低、营养含量不高、适口性差，必须添加含糖量高的原料，才能调制出中等质量青贮饲料的原料，如南瓜藤和西瓜藤等。适时刈割是保证青绿饲料营养价值的重要前提。一般禾本科牧草在孕穗期刈割，豆科牧草在初花期刈割。带果穗的玉米在蜡熟期刈割，收穗的玉米秸在玉米穗收获后（玉米秸下部仅有1～2个黄叶）立即刈割青贮。

2. 青贮设施　青贮设施主要指青贮窖、青贮壕、地面青贮池及青贮袋等青贮设施。

(1)**青贮窖**　青贮窖是应用最普遍的青贮容器。按照窖的形状，可分为圆形窖和长方形窖2种。在地势低平、地下水位较高的地方，建造地下窖易积水，可建造半地下、半地上式。圆形窖占地面积小，圆筒形的容积比同等尺寸的长方形窖大，装填原料多。但圆形窖开窖喂用时，需将窖顶泥土全部揭开，窖口大、不易管理，取料时需一层层取用，若用量少，冬季表层易结冻，夏季易霉变。长方形窖适于小规模饲养户采用，开窖可从一端从上向下，一层层取用，便于管理。但长方形窖占地面积较大。不论圆形窖或长方形窖，都应用砖、石、水泥建造，窖壁用水泥抹面，以减少青贮饲料水分被窖壁吸收。窖底地下水位低的地方可只用砖铺地面，不抹水泥，以便多余水分渗漏。但地下水位较高的地方建窖则需要水泥抹面。

(2)**青贮壕**　青贮壕是指大型的壕沟式青贮设施，适用于大型饲养场使用。此类建筑最好选择在地方宽敞、地势高燥或有斜坡的地方，开口在低处，以便夏季排出雨水。青贮壕一般宽4～6米、深5～7米，地上至少2～3米，长20～40米，必须用砖、石、水泥建筑永久窖。青贮壕是三面砌墙，地势低的一端敞开，以便车辆运取饲料。

(3)地面青贮池　大型和特大型饲养场，为便于机械化装填和取用饲料，采用地面青贮方法。在宽敞的水泥地面上，用砖、石、水泥砌成长方形三面墙壁，一端开口。宽8～10米，高7～12米，长40～50米。可以同时多台机械作业，用链轨拖拉机压实。

(4)青贮塑料袋　近年来随着塑料工业的发展，国外一些小型饲养场，采用质量较好的塑料薄膜制成袋，装填青贮饲料，袋口扎紧，堆放在畜舍内，使用很方便。袋宽50厘米，长80～120厘米，每袋装40～50千克。但因塑料袋贮量小，成本高，易受鼠害，在我国应用较少。

(5)青贮塔　青贮塔适用于机械化水平较高、饲养规模较大、经济条件较好的饲养场。要有专业技术设计和施工的砖、石、水泥结构的永久性建筑。塔直径4～6米，高13～15米，塔顶有防雨设备。塔身一侧每隔2～3米留一个60厘米×60厘米的窗口，装料时关闭，用完后开启。原料由机械吹入塔顶落下，原料下沉紧密，青贮塔封闭严实，发酵充分，青贮质量较好。

3. 青贮步骤与方法

(1)适时刈割　青贮原料过早刈割，水分多，不易贮存；过晚刈割，营养价值降低。收获玉米后的玉米秸不应长期放置，宜尽快青贮。禾本科草类在抽穗期、豆科草类在孕蕾及初花期刈割较好。

(2)青贮原料切短　青贮原料切短的目的是便于压实以及有利于汁液渗出润湿其表面，加速乳酸菌的繁殖。青贮原料切短的长度因种类不同而异，茎秆比较粗硬的应切短些，便于牲畜采食和装窖踩实。茎秆柔软的可稍长一些。如玉米秸切短长度为3～5厘米，麦秸、牧草等茎秆柔软的，切短长度为8～10厘米。

(3)装填与压实　切短的原料应立即装填入窖，以防水分损失。如果是土窖，窖的四周应铺垫塑料薄膜，以免饲料接触泥土被污染和饲料中的水分被土壤吸收而发霉。砖、石、水泥结构的永久窖则不需铺塑料薄膜。装填的原料，要调节原料水分，使含水率在

60%~75%。豆科牧草适宜青贮的含水量为60%~70%，禾本科牧草为65%~75%。水分不足时，要及时添加清水，并与原料搅拌均匀，加水数量计算公式为：以原料为100与加水量之和为分母，原料中的实际含水量与加水量之和为分子，相除所得商，即为调整后的含水量。例：某原料原水量为60%，若每100千克加水30升，则调整后的含水率为(60+30)÷(100+30)×100%=69.2%。水分过多时，要稍加晾晒，或添加一些干饲料(如秸秆粉、糠麸、草粉等)，把含水率调整到标准水分。检测青贮原料含水量的方法，一般是以手抓法估测大致的含水量，将铡碎的不超过1厘米的原料在手里握成团，感觉湿手但无汁液滴出，含水量即在70%左右。在装填原料时，要进行踩实或机械压实，以减少窖内残留空气量。无论机械或人工压实，都要特别注意四周及四个角落处机械压不到的地方，应由人工踩实。青贮原料装填过程应尽量缩短时间，小型窖应在1天内完成，中型窖2~3天，大型窖3~4天。

(4)**封窖与管理** 装填原料要高出窖口40~50厘米，长方形窖呈鱼脊背式，圆形窖呈馒头状，踩实后覆盖塑料薄膜，然后再盖细土。盖土时要由地面向上部盖土，使土层厚薄一致，并适当拍打踩实。覆土厚度30~40厘米，表面拍打坚实光滑，以便雨水流出。窖四周要把多余泥土清理好，挖好排水沟，防止雨水流入窖内。封窖后1周内要经常检查，如有裂缝或塌陷，及时补好，防止通气或渗入雨水。青贮饲料开窖前，要防止牲畜在窖上踩踏。开窖后要将取料口用木杆、草捆覆盖，防止牲畜进入或掉入泥土，保持青贮饲料干净。

4. 青贮饲料的品质与饲喂 青贮饲料封窖后经过30~40天时间，就可完成发酵过程开窖饲喂。圆形窖应将窖顶覆盖的泥土全部揭开堆于窖的四周。窖口周围30厘米内不能堆放泥土，以防风吹、雨淋或取料时泥土混入窖内污染饲料，必须将窖口打扫干净。长方形窖应从窖的一端挖开1～1.2米长，清除泥土和表层发霉变质的饲料，从上到下，一层层取用，防止开窖后饲料暴露在空气中，酵母菌及霉菌等好气性细菌活动，引起二次发酵。通常优良的青贮料颜色呈青绿或黄绿，有光泽，近于原色，气味有芳香酸味，质地柔软，易分离，湿润，紧密，茎、叶、花保持原状。中等品质的青贮料颜色呈黄褐或暗褐色，气味有香味淡或刺鼻酸，质地柔软，水分多，茎、叶、花部分保持原状。劣等品质青贮料呈黑色、褐色或墨绿色，气味为霉味、刺鼻腐臭味，质地呈黏块，污泥状，无结构。牲畜开始饲喂青贮时有的不爱吃，要先用少量青贮饲料混入干草中训练饲喂，量由少到多，逐渐增加，经过7～10天不间断饲喂，即可被接受。饲喂青贮饲料要注意不能间断，以免窖内饲料腐烂变质和羊频繁变换饲料引起消化不良或生产不稳定。通常饲喂量每羊每日1～2千克。饲喂过程中，如发现羊有拉稀现象，应减量或停喂，待恢复正常后再继续喂用。

(四)秸秆的加工调制

1. 物理加工

(1)机械加工　机械加工是指利用机械将粗饲料铡碎、粉碎或揉碎，这是粗饲料利用最简便而又常用的方法。尤其是秸秆饲料比较粗硬，加工后便于咀嚼，提高采食量，并减少饲喂过程中的饲料浪费。但切短和粉碎的饲料缩短了饲料在瘤胃里停留的时间，会引起纤维物质消化率下降和瘤胃内挥发性脂肪酸生成速度和丙酸比例有所增加，引起反刍减少，导致瘤胃内pH值下降。

①铡碎：利用铡草机将粗饲料切短成1～2厘米，稻草较柔软，可稍长些，而玉米秸较粗硬且有结节，以1厘米左右为宜。玉米秸青贮时，应使用铡草机切碎，以便于踩实。

②粉碎：粗饲料粉碎可提高饲料利用率和便于混拌精饲料。冬春季节饲喂绵、山羊的粗饲料应加以粉碎。粉碎的细度不应太

细，以便反刍。粉碎机筛底孔径以 8～10 毫米为宜。

③揉碎：揉碎机械是近年来推出的新产品，为适应反刍家畜对粗饲料利用的特点，将秸秆饲料揉搓成丝条状，尤其适于对玉米秸的加工。秸秆揉碎不仅可提高适口性，也提高了饲料利用率，是当前秸秆饲料利用比较理想的加工方法。

(2)热加工 热加工主要指蒸煮和膨化。蒸煮是将切碎的粗饲料放在容器内加水蒸煮，以提高秸秆饲料的适口性和消化率。膨化是利用高压水蒸气处理后突然降压以破坏纤维结构的方法，可使木质素低分子化和分解结构性碳水化合物，从而增加可溶性成分。

(3)盐化 盐化是指铡碎或粉碎的秸秆饲料，用 1％的食盐水，与等重量的秸秆充分搅拌后，放入容器内或在水泥地面上堆放，用塑料薄膜覆盖，放置 12～24 小时，使其自然软化，可明显提高适口性和采食量。

除上述 3 种途径外，还有利用射线照射以增加饲料的水溶性部分，提高其饲用价值。有人曾用 γ 射线对低质饲料进行照射，有一定的效果，但尚处于试验阶段。

2. 化学处理 利用酸、碱等化学物质对秸秆饲料进行处理，降解纤维素和木质素中部分营养物质，以提高其饲用价值。在生产中广泛应用的有碱化、氨化和酸处理。

(1)碱化处理 碱类物质能使饲料纤维内部的氢键结合变弱，使纤维素分子膨胀和细胞壁中纤维素与木质素间的联系削弱。溶解半纤维素，有利于羊对饲料的消化，提高粗饲料的消化率。碱化处理所用原料，主要是氢氧化钠和石灰水。

①氢氧化钠处理：一是“湿法处理”，即将秸秆放在盛有 1.5％氢氧化钠溶液池内浸泡 24 小时，然后用水反复冲洗，晾干后喂羊，有机物消化率可提高 25％，此法用水量大，许多有机物被冲掉，且污染环境。二是“干法处理”，用占秸秆重量 4％～5％的氢氧化

钠，配制成30%～40%溶液，喷洒在粉碎的秸秆上，堆积数日，不经冲洗直接喂用，可提高有机物消化率12%～20%。这种方法虽较"湿法"有较多改进，但牲畜采食后粪便中含有相当数量的钠离子，对土壤和环境也有一定的污染。

②石灰水处理：生石灰加水后生成的氢氧化钙，是一种碱溶液，经充分熟化和沉淀后，用上层的澄清液处理秸秆。具体方法是：每100千克秸秆，需3千克生石灰，加水200～250升，将石灰水均匀喷洒在粉碎的秸秆上，堆放在水泥地面上，经1～2天后即可直接饲喂。这种方法成本低，方法简便，效果明显。

(2)氨化处理　氨化处理秸秆饲料始于20世纪70年代。秸秆饲料蛋白质含量低，当与氨相遇时，其有机物与氨发生氨解反应，破坏木质素与多糖（纤维素、半纤维素）链间的酯键结合，并形成铵盐，成为羊瘤胃内微生物的氮源。同时，氨溶于水形成氢氧化铵，对粗饲料有碱化作用。因此，氨化处理是通过氨化与碱化双重作用以提高秸秆的营养价值。秸秆经氨化处理后，粗蛋白质含量可提高100%～150%，纤维素含量降低10%，有机物消化率提高20%以上，是羊良好的粗饲料。

氨化的方法因氨源不同分为液氨氨化法、尿素氨化法、碳铵氨化法和氨水氨化法。相比之下，尿素氨化不仅效果好、操作简单、安全，也不需特殊设备，适合养羊户使用。

氨化池可建成圆形或长方形，有条件的最好做成水泥池，池的大小以长3～5米、宽1.5～2米、深1.5米为宜。

氨化时，先将铡短（2～3厘米）的秸秆、水、尿素以100∶40∶4的比例配比，然后先把尿素用温水溶解后配成尿素溶液，再与秸秆充分搅拌或均匀喷洒，分层装窖，分层踩实，以排尽空气，待装到高出窖口20～30厘米时，上面盖上塑料布，并压紧四周，然后用泥密封即可。氨化时间一般在春、秋季节30～40天即可成功；夏季10～20天即可成功；冬季需60天以上方能成功。

氨化秸秆开封后，首先要通风 3 天，待氨味消失后再喂，始喂量宜少，逐渐加多，一般每只成年羊日喂量 2.5 千克左右。另外，氨化饲料开窖后应鉴别其品质，秸秆金黄或褐黄色、糊酒香味、质地柔软、不结块者为优质氨化草。

(3)酸处理　使用硫酸、盐酸、磷酸和甲酸处理秸秆饲料，其原理和碱化处理相同，用酸破坏饲料中纤维素结构，以提高饲料的消化率。但酸处理成本太高，在生产上很少应用。

(4)氨-碱复合处理　为了使秸秆饲料既能提高营养成分含量，又能提高饲料的消化率，把氨化与碱化二者的优点结合利用。即秸秆饲料氨化后再进行碱化。如稻草氨化处理的消化率仅55%，而复合处理后则达到 71.2%。当然复合处理投入成本较高，但能够充分发挥秸秆饲料的经济效益和生产潜力。

3. 生物处理　生物处理主要指微生物的处理。微生物种类很多，但用于饲料生产真正有价值的是乳酸菌、纤维分解菌和某些真菌。应用这些微生物加工调制的饲料如青贮饲料、发酵饲料和一些微生物制剂。在农作物秸秆中，加入高效活性菌(秸秆发酵活干菌)贮藏，经一定的发酵过程使农作物秸秆变成具有酸、香味的饲料。秸秆在微贮过程中，在适宜的温度和厌氧条件下，由于秸秆发酵菌的作用，秸秆中的半纤维素-糖链和木质素聚合物的酯键被酶解，增加了秸秆的柔软性和膨胀度，使羊瘤胃微生物能直接与纤维素接触，从而提高了粗纤维的消化率。同时，在发酵过程中，部分木质纤维素类物质转化为糖类，糖类又被有机酸发酵菌转化为乳酸和挥发性脂肪酸，使 pH 值降至 4.5～5，抑制了丁酸菌、腐败菌等有害菌的繁殖，使秸秆能够长期保存不坏。

(1)微贮饲料

①微贮设施的准备：饲养规模大，饲料用量多，应建发酵池或塔、窖；饲养规模小，饲料用量少，需备好发酵缸、桶，也可用小发酵窖或塑料袋进行微贮。发酵池(窖、塔)一般采用砖、沙、水泥制作，

池的大小可根据用量来定。

②秸秆准备：微贮原料应选用发育中等以上，清洁、无霉变腐败的各种作物秸秆。微贮前一定要切（铡）短，长度为3～5厘米。有条件的最好选用豆科牧草、豆科秸秆作为微贮原料。

③复活菌种：微贮秸秆饲料的关键技术是选取好菌种。目前，我国常用的主要有新疆乌鲁木齐海星农业科学技术应用服务站生产的海星秸秆发酵活干菌，微贮1 000千克秸秆，只需3克秸秆发酵活干菌。按秸秆发酵活干菌每袋3克溶于250毫升水中，最好是在水中先加入2克白糖（不能多加），溶解后再加入活干菌，这样可提高干菌的复活率，保证微贮饲料质量。然后在常温下放置1～2小时，使菌种复活，复活好的菌液，一定要当天用完。

④配制菌液：将复活好的菌液倒入充分溶解的1%食盐水中拌匀，食盐水及菌液量根据秸秆的种类而定，1 000千克稻草或麦秸加3克活干菌、12千克食盐、1 200升水；1 000千克黄玉米秸秆加3克活干菌、8千克食盐、800升水；1 000千克青玉米秸加15克活干菌，水适量，不加食盐。

⑤装池（窖、塔）：将切（铡）短的秸秆先在池或窖、塔底铺一层，厚20～30厘米，均匀喷洒配好的菌液，压实后再铺一层秸秆，再喷菌液压实，铺一层、喷洒一层、压实一层，直到原料高出池口40～50厘米后封口。

为使发酵初期给菌种的繁殖提供一定的营养物质，以提高微贮料的质量，在微贮麦秸和稻草时可加入5%的玉米粉、麦麸或大麦粉，一般采取铺一层秸秆撒一层粉，再喷洒一次菌液的方法。

⑥贮料水分控制与检查：微贮饲料的含水量是否合适，是决定微贮饲料优劣的主要条件之一。因此，在喷洒和压实过程中，要随时检查秸秆的含水量是否合适，各处是否均匀一致，特别要注意层与层之间水分的衔接，不要出现夹干层。含水量的检查方法：抓取秸秆试样，用双手扭拧，若有水往下滴，其含水量为80%以上；若

无水滴，松开后看到手上水分很明显，为 60%左右；若手上有水分（反光），为 50%～55%；感到手上潮湿，为 40%～45%；不潮湿则在 40%以下。微贮饲料含水量在 60%～65%最为理想。

⑦封顶：待原料装到高出池（窖、塔）口 40～50 厘米时，再充分压实后，在最上面按 250 克/米^2 撒上一层细食盐，盖上塑料薄膜。然后在塑料薄膜上再铺上 30 厘米厚的秸秆，覆土 15～20 厘米，密封封顶。封顶后如发现微贮原料下沉，应及时用土填平，防止中部凹陷存水。池（窖、塔）周围最好要挖排水沟，防止雨水渗漏。

⑧开池（窖、塔）：封窖后经过 2 周生物发酵即可开窖，宜采取大揭盖开窖法，每天根据喂料需要取料 1 层，取后再把窖口封好。对于长方形窖（池），应从窖（池）的一端或阴面开窖，上下垂直逐段取用。每次取完料后，要立即用塑料薄膜继续封好。有条件的最好在窖（池、塔）上面搭建防雨棚，以防雨雪水渗入窖内，造成微贮原料变质。

开窖后可根据微贮饲料的外部特征，采用看、嗅和手感的方法鉴定其质量的优劣。可通过用眼观察微贮饲料的颜色变化，来判定其质量的优劣，由于微贮原料不同，其微贮后的颜色有异。优质微贮玉米秸呈橄榄绿色，稻草、麦秸呈金黄色或浅褐色。如果变成褐色或墨绿色则属质量低劣，不能用于饲喂羊；可通过嗅闻微贮饲料发出的气味，来判定其质量的优劣。优质秸秆微贮饲料，具有特殊的果香气味，并带有弱酸味。若有强酸味，表明醋酸较多，这是由于水分过多和高温发酵所造成；若有腐臭味、发霉味，则表明腐烂变质，这可能是由于压实程度不够和密封不严，由有害微生物发酵所造成。这种饲料不能用于饲喂家畜；可通过用手触摸微贮饲料，以感觉其软硬、湿干及粗度，来判定其质量的优劣，优质的微贮饲料拿到手里时，感到很松散，不黏手，且质地柔软、湿润；如拿到手里发黏或者饲料粘在一块，说明饲料开始腐烂；有的饲料虽然松散，但干燥、粗硬，这多是熟化不良的表现，也属于不良饲料。

微贮秸秆可以作为羊日粮中的主要粗饲料，饲喂时可以与其他草料搭配，也可以与精料同喂。开始喂时要有一个适应过程，应循序渐进，逐步增加饲喂量。当羊完全适应后，可任其自由采食。饲喂量一般每日每只1.5～2.5千克。应注意饲喂微贮饲料时，不能再加喂食盐。

(2)人工瘤胃发酵　人工瘤胃发酵饲料，就是根据羊瘤胃转化功能的特点，采用人工仿生制作，通过有益微生物发酵降解纤维素，增加秸秆粗蛋白质、氨基酸含量的一种方法。制作仿生饲料必须模仿反刍家畜瘤胃的主要生理条件，温度40℃左右，pH值为6～8，厌氧环境，以及必要的氮、钙和矿物质营养等。

①菌种来源：反刍家畜瘤胃的内容物或胃液是仿生饲料的菌种来源。采集瘤胃内容物或胃液的主要途径：一是从宰杀的健康牛、羊瘤胃中直接获取；二是用导管法收集，即选择健康的牛、羊，利用虹吸原理，用胃导管将瘤胃的内容物吸出。为增加瘤胃内菌种的数量，在用导管取瘤胃的内容物前3～5天开始，可给牛补饲适量的精料或优质豆科牧草等。

②原料：各种作物秸秆、皮壳粉碎待用。

③保温：发酵缸内装入原料和菌种，踩实或压实，保持恒温40℃。发酵缸口处用土坯或砖铺平抹好，再盖上草帘。

④添加营养物质：在制作饲料（发酵）过程中，为保证瘤胃微生物的正常生长繁殖，需向秸秆中加入一定种类和数量的营养物质，并使pH值保持在6～8。发酵时的碳源由秸秆本身供应一部分，不足的部分可通过添加麦麸、玉米面等来补充；氮源用尿素或硫酸铁补充；酸碱度用碱性溶液和酸性磷酸盐类调节。

⑤生产流程：一级发酵，菌种扩大7倍培养，先在一般种菌缸内放入瘤胃6倍量的45℃温水，而后加入草粉等粗饲料20%，精饲料或草粉0.5%，食盐0.1%，碳酸氢铵0.6%～0.8%，拌匀，pH值保持在7.2左右，温度42℃，随后接种新鲜的瘤胃液，立即用塑

料布封口，形成厌氧环境，缸内温度保持40℃，pH值6.5，2～3天后即发酵成功。二级发酵即菌种继代，将一级发酵液4倍扩大，在与一级发酵同样的条件下，继续发酵。三级发酵即人工发酵，每50千克粗草粉（稻草、麦秸等）加入1%石灰水200～225升，24小时后，pH值达到6.5，温度40℃左右，再加入食盐0.15千克，碳酸氢铵或尿素1%～2%，拌匀，放入三级发酵菌种液25～50升，立即用塑料布封口，在40℃左右的保温条件下发酵，每24小时搅拌1～2次，2～3天发酵即可完成。

⑥饲料的品质鉴定：主要有感官鉴定法和滤纸鉴定法两种：一是感官鉴定法。感官鉴定法即根据秸秆仿生饲料的外部特征，通过看、嗅和手感的方法进行鉴定。一看。经过24小时的发酵，质量好的秸秆仿生饲料表层呈灰黑色，下部呈黄色，搅拌时发黏，形似酱油状态，汁液较多。开缸时测定其温度，应在40℃左右，pH值为5～6，否则为发酵不好的饲料；二嗅。质量好的秸秆仿生饲料具有酸香味。一般豆科秸秆仿生饲料臭味较浓，禾本科秸秆则较淡。在原料相同的情况下，用硫酸铵比用尿素酸味大。如果有腐败或其他味道，说明原种已坏。此种饲料一般不宜用于饲喂家畜；三手感。即将被检饲料抓在手里，质量好的秸秆仿生饲料纤维软化、发黏；如果质地较硬，与发酵前差别不大，说明发酵不充分，质量不好。二是滤纸鉴定法。滤纸鉴定法即将一滤纸条装在塑料纱网口袋内，置于距缸口1/3处，与饲料一同发酵。经48小时后，慢慢拉出，把塑料纱网袋上的饲料冲掉，若滤纸条已断裂，说明发酵能力强，否则相反。

（张　年）

第八章　羊的营养需要与日粮配制

一、羊的营养需要

羊所需要的营养物质，如碳水化合物、蛋白质、矿物质、维生素和水等，都依赖人类提供。供给羊合理的营养物质，才能更经济地利用饲草、饲料，生产出量多质优的产品。羊的营养需要包括维持需要和生产需要。维持需要是指羊为了维持其正常生命活动，即在体重不增减、又不生产的情况下，其基本生理活动所需要的营养物质；生产需要包括生长、繁殖、泌乳、肥育和产毛等生产条件下的营养需要。

（一）能量需要

羊的一切生命活动如呼吸、运动、体温维持、生长发育、繁殖等全都需要能量。饲粮的能量水平是影响生产力的重要因素之一。能量不足，会导致幼龄羊生长缓慢，母羊繁殖率下降，泌乳期缩短，羊毛生长缓慢、毛纤维直径变细等；能量过高，对生产和健康同样不利。因此，合理的能量水平，对保证羊体健康，提高生产力，降低饲料消耗具有重要作用。羊的能量需要包括维持、生长、妊娠和泌乳的需要。能量饲料的主要来源有玉米、大麦等精饲料，以及牧草和农作物秸秆等粗饲料。在正常的饲养管理下，夏季羊可以从青饲料中获得足够的能量，基本能满足羊的生长发育，在冬季，由于干草的营养价值降低，必须补充一定量的精饲料。羊对能量的需要也因生理状况、日增重和不同生产需要而不同，如种公羊配种期、母羊妊娠后期和哺乳前期、羔羊生长发育期及肥育阶段等，都需要较高的能量。

(二)蛋白质需要

蛋白质是羊体内各种组织、器官生长发育和修复所必需的原料，也是体内许多酶、激素、抗体以及肉、奶、皮、毛等产品的主要成分。羊日粮中蛋白质不足，会影响瘤胃的作用效果，导致羊只生长发育缓慢，繁殖率、产毛量、产乳量下降。如果饲喂蛋白质过量，多余的蛋白质变成低效的能量，也不经济，且过量的非蛋白氮和高水平的可溶性蛋白可造成氨中毒。

(三)脂肪需要

脂肪是构成机体组织的重要成分，是体内能量贮存的最好形式，是维生素 A、维生素 D、维生素 E、维生素 K 的溶剂。可提供体内不能合成，必须由饲料中供给的必需脂肪酸。另外，在羊肉、羊奶中也含有相当数量的脂肪。

(四)矿物质需要

羊的矿物质需要主要指一些常量和微量元素的营养需要(表 8-1，表 8-2)。

表 8-1　绵羊对矿物质的日需用量

矿物质元素	幼龄羊	成年育肥羊	种公羊	种母羊	最大耐受量
食盐(克)	9～16	15～20	10～20	9～16	—
钙(克)	4.5～9.6	7.8～10.5	9.5～15.6	6～13.5	2%
磷(克)	3～7.2	4.6～6.8	6～11.7	4～8.6	0.6%
镁(克)	0.6～1.1	0.6～1	0.85～1.4	0.5～1.8	0.5%
硫(克)	2.8～5.7	3～6	5.25～9.05	3.5～7.5	0.4%

续表 8-1

矿物质元素	幼龄羊	成年育肥羊	种公羊	种母羊	最大耐受量
铁(毫克)	36～75	65～108	—	48～130	500
铜(毫克)	7.3～13.4	—	12～21	10～22	25
锌(毫克)	30～58	—	49～83	34～142	300
钴(毫克)	0.36～0.58	—	0.6～1	0.43～1.4	10
锰(毫克)	40～75	—	65～108	53～130	1000
碘(毫克)	0.3～0.4	—	0.5～0.9	0.4～0.68	50

注：1. 引自赵有璋《羊生产学》(2002)

2. 最大耐受量是每千克干物质的%或数量

表 8-2　山羊对矿物质的日需用量

矿物质元素	幼龄羊	种公羊	种母羊	最大耐受量
食盐(克)	7～12	10～17	10～16	—
钙(克)	4～6	6～11	4～9	2%
磷(克)	2～4	4～7	3～6	0.6%
镁(克)	0.4～0.8	0.6～1	0.5～0.9	0.5%
硫(克)	1.8～3.5	3～5.7	2.4～5.1	0.4%
铁(毫克)	45～75	40～85	43～88	500
铜(毫克)	8～13	7～15	9～15	25
锌(毫克)	33～58	30～70	32～88	300
钴(毫克)	0.4～0.6	0.4～0.8	0.4～0.9	10
锰(毫克)	45～76	40～85	48～88	1000
碘(毫克)	0.3～0.4	0.2～0.3	0.4～0.7	50

注：1. 引自张英杰《养羊手册》(2005)

2. 最大耐受量是每千克干物质的%或数量

1. 钙和磷　对机体的生长发育有重要的影响。钙、磷缺乏，钙、磷不平衡或者钙、磷代谢障碍均对羊的营养吸收有较大的影响。例如，羔羊的钙、磷代谢不平衡易导致佝偻病，成年羊钙、磷代谢不平衡则导致软骨病。

2. 镁　是骨骼的组成成分，机体中的镁约有70%存在于骨骼中；25%存在于软组织的细胞中；镁与一些酶的活性有关；镁能维持神经系统的正常功能。缺镁的典型症状是痉挛。一般不会出现镁中毒，但钾的过量会导致镁的缺乏，临床上常见放牧的羊采食含钾量高的牧草，会导致的缺镁痉挛症。

3. 钠和氯　对维持机体渗透压、调节酸碱平衡、控制水代谢起着重要的作用。

4. 锰　参与骨骼的形成，是性激素和某些酶的重要组成成分，对卵泡的形成、肌肉和神经的活动都有一定作用，锰可促进钙、磷的吸收；反过来钙、磷比例失调又影响锰的消化和吸收。因此，锰同羊骨化过程有一定关系。严重缺锰时，羔羊软骨组织增生，造成关节肿大。缺锰可使繁殖母羊发情不明显，妊娠初期易流产，羔羊初生体重低。青绿饲料和糠麸中含锰量较高，谷物籽实及块根、块茎中含量较低。饲养中可用硫酸锰、氯化锰等补充锰的缺乏。

5. 钴　是维生素B_{12}的组成成分，缺钴时羊出现食欲下降、流泪、毛被粗硬、精神不振、消瘦、贫血、泌乳量和产毛量降低、发情次数减少，在缺钴的地区，牧场可施用硫酸钴肥，可补饲钴盐，也可将钴添加到食盐中或按钴的需要量投服钴丸。

6. 锌　是构成动物体内多种酶的重要成分，如红细胞中的碳酸酐酶、胰液中的羧肽酶和胰岛素的成分，参与脱氧核糖核酸的代谢作用，能影响公羊睾丸的正常发育、精子形成，以及羊毛的正常生长。日粮中缺锌时，表现的症状为角质化不全症、掉毛、睾丸发育缓慢、畸形精子多、母羊繁殖力下降；锌过量则出现中毒症状，采食量下降，羔羊增重降低。锌在青草、糠麸、饼粕类中含量较多，玉米和高粱中含锌较少。

7. 硒 具有抗氧化作用，缺硒羔羊易出现白肌病、生长发育受阻，缺硒母羊繁殖功能紊乱、多空怀和死胎。缺硒地区，一般通过补饲亚硒酸钠、注射硒制剂或在草场上施用硒肥的办法来解决，硒过量常引起硒中毒，表现为掉毛、蹄部溃疡以至脱落、繁殖力显著下降。

8. 硫 是蛋氨酸、胱氨酸、半胱氨酸等含硫氨基酸的组成成分，对维持蛋白质的高级结构和正常的生物学功能具有重要意义。同时，硫对合成体蛋白、激素和被毛，以及碳水化合物的代谢有重要作用。正常情况下，不易出现硫缺乏症。若用尿素作为唯一的氮源而不补充硫时，有可能出现缺硫现象。羊缺硫时，表现食欲减退、掉毛、体重下降等。蛋白质饲料含硫丰富，青玉米及块根、块茎类饲料中含硫量低。羊瘤胃中的微生物能有效地利用无机硫（硫酸钾、硫酸钠、硫酸钙），合成含硫氨基酸。

9. 碘 是构成甲状腺的成分，主要参与体内物质代谢过程。缺碘时表现为甲状腺肿大、生长缓慢、繁殖性能降低，新生羔羊衰弱、无毛。成年羊新陈代谢减弱，皮肤干燥，身体消瘦，剪毛量和泌乳量降低。在缺碘地区，给羊舔食含碘的食盐可有效预防缺碘。补给方法，将食盐中加入 0.01％碘化钾，每只羊每日补盐 8～10 克。

10. 铁 主要存在于羊的肝脏和血液中，是血红素、肌红蛋白和许多呼吸酶类的成分，饲料中缺铁时，易导致羊患贫血症，对羔羊尤为敏感。铁过量会引起磷的利用率降低，导致软骨病。青绿饲料和谷类含铁丰富，成年羊一般不易缺铁。对哺乳早期的羔羊和舍饲的生长期肥育羊应注意补铁，以免影响其生长发育。

11. 铜 在体内参与造血过程，促进血红素的合成，铜也是多种酶的成分和激活剂。日粮中铜缺乏，会影响铁的正常代谢，出现贫血、生长停滞、骨质疏松、行动失调、心脏纤维变性等。机体缺铜时，会减少铁的利用，造成贫血、消瘦、骨质疏松、皮毛粗硬、毛品质下降等。由于牧草和饲料中含铜量较多，放牧饲养的成年羊一般不易缺铜。但如果长期饲喂生长在缺铜地区土壤中的植物或草地土壤中铜的含量较低时，容易造成铜的缺乏。通常在羊的日粮中补充硫酸铜、蛋氨酸铜等添加剂。需要注意的是，羊对铜的耐受性较低，补饲不当会引起铜中毒。

(五)维生素需要

维生素属于低分子有机化合物，其功能在于启动和调节有机体的物质代谢。羊体必需的维生素分为脂溶性维生素(A、D、E、K)和水溶性维生素(B 族、C)两大类。成年羊的瘤胃内可以合成 B 族维生素硫胺素(B_1)、核黄素(B_2)、烟酸(B_3)、生物素(B_4)、吡哆醇(B_6)、叶酸和钴胺素以及维生素 K，在肝脏和肾脏中可以合成维生素 C。因此，除羔羊外，一般不需添加。对成年羊一般需要添加的只有维生素 A、维生素 D 和维生素 E。

1. 维生素 A　又称抗干眼病维生素，对维持羊正常的视觉、促进细胞增殖、保持器官上皮细胞的正常活动、调节有关养分的代谢等有重要作用。缺乏维生素 A 时，羊采食量下降，生长停滞、消瘦、皮毛粗糙、无光泽，未成年羊出现夜盲、甚至完全失明；母羊受胎率低，易流产或产死胎；公羊性欲低、射精量少、精液品质下降。维生素 A 不直接存在于植物性饲料中，但植物中的胡萝卜素可以在肝脏内转化为维生素 A。一般优质青干草和青绿饲料中含有丰富的胡萝卜素。而作物秸秆、饼粕中缺乏胡萝卜素，羊长期饲喂这些饲料时要补充维生素 A。

2. 维生素 D　又称抗佝偻病维生素，可促进小肠对钙和磷的吸收。缺乏维生素 D 会影响钙、磷代谢，症状表现为食欲不振，体质虚弱，发育缓慢。羔羊会出现软骨症，成年羊骨质疏松、关节变形。获得维生素D最经济的方法是让羊多晒太阳，舍饲羊要注意补充维生素D或多喂青绿饲料和青干草。

3. 维生素E 又称生育酚、抗不育维生素，具有调节生殖功能、维持肌肉正常功能的作用。缺乏维生素E时，公羊睾丸发育不良，精液品质差；母羊受胎率低，流产或死胎，所产羔羊，身体瘦弱，不能抬头吸奶，生出时即死，或生后不久夭折。谷物的胚中含有丰富的维生素E，幼嫩青饲料中含量也较多，但在加工过程中易被氧化破坏。因此，对冬季舍饲的种公羊、妊娠母羊和青年育成羊，都应在日粮中补充维生素E。

4. B族维生素 主要作为细胞的辅酶，催化碳水化合物、脂肪和蛋白质代谢中的各种反应。羊瘤胃功能正常时，能由微生物合成B族维生素满足需要。但羔羊瘤胃发育尚未完善，瘤胃微生物区系尚未健全时，日粮中需添加B族维生素。

5. 维生素K 主要作用是催化肝脏中对凝血酶原和凝血活素的合成。当维生素K不足时，由于限制了凝血酶的合成而使血液凝固能力下降。青绿饲料中富含维生素K_1，瘤胃中可合成大量维生素K_2，一般不会缺乏。但由于饲料间的一些成分有拮抗作用，如某些杂草中含有与维生素K化学结构相似的双香豆素，能妨碍维生素K的利用；霉变饲料中的真菌毒素有制约维生素K的作用；药物添加剂如抗生素和磺胺类药物，能抑制胃肠道微生物合成维生素K，出现这些情况时，需适当增加维生素K的喂量。

(六)水的需要

水是组成体液的主要成分，约占体重的75%，对正常的物质代谢有特殊的作用。各种营养物质在体内消化、吸收、运输、代谢等生理活动都需要水。另外，水可调节体温，保持体温恒定。水还参与体内的各种生化反应。调节体内的渗透压，保持细胞的正常

形态。羊长时间饮水不足，会造成组织和器官缺水，消化功能减弱，食欲下降，影响体内代谢，严重时可造成死亡。水的需要量因年龄、外界环境条件等的不同而异。

二、羊的日粮配制

（一）日粮配制的原则

1. 符合饲养标准　日粮要保证供给羊所需的营养物质，即符合标准。但饲养标准是在一定的条件下制定的，而各地自然条件和羊的情况不同，所以应通过实际饲养对饲养标准酌情调整。

2. 适合羊的需要　饲料的营养物质和体积要适于羊的不同体重、不同生理时期及羊的消化生理特点，既能全部吃下，又要营养充分。

3. 因地制宜，降低成本　要因地制宜选用饲料，以降低成本。尽量选择来源广泛、价格低廉、质量可靠的饲料作为配合饲料的主要原料，以保证配合饲料质量的相对稳定，并降低饲料成本。

4. 饲料种类多样化　各种饲料都有其独特的特性，单独的一种饲料是不能满足羊的营养需要的。有些饲料甚至含有未知的促进生产（或生长）因子，因此，应尽量保持饲料的多样化，以达到养分互补，提高配合饲料的全价性和饲养效益的目的。

5. 日粮配合应以青粗饲料为主，适当搭配精料　一般要求由青粗饲料提供总养分需求量的60％以上，生产水平越低，青粗饲料的比例应越大。青粗饲料不仅来源广泛、价格便宜，而且含有大量的能量、维生素和无机盐，特别是含有丰富的纤维素，这对羊很重要。粗纤维不易消化，吸水性强，进入胃肠容积增大，给羊以饱食感。粗纤维对羊的胃肠道黏膜有一种刺激作用，可促进胃肠道正常活动，这对保证瘤胃正常活动和正常反刍具有重要的生理意义。另外，早期补饲青粗饲料，可促进羔羊胃肠功能提早发育。

6. 及时吸收最新科研成果 饲料添加剂是配合饲料的核心，生产配合饲料时要及时吸收新的科研成果，选用安全、有效的添加剂（如酶制剂、中草药制剂、益生素、代谢调剂等）。动物处于环境应激的情况下，饲养上应采取的对策除了调整养分含量外，还要注意添加防止应激的其他成分。

(二)日粮配制的方法

羊的日粮是指 1 只羊在 1 昼夜内采食各种饲料的数量总和。但在实际生产中并不是按 1 只羊 1 天所需来配料的，而是对 1 群羊所需的各种饲料，按一定比例配成一批混合饲料来饲喂。配合日粮的方法和步骤有多种。一般所用饲料种类越多，选用营养需要的指标越多，计算过程就越复杂，有时甚至用手算不能完成，因此，在现代畜牧生产中，已经应用电子计算机来计算饲料配方，既方便又快捷。

手算常用试差法，分 6 步进行。

第一步，确定每只羊每日营养供给量，作为日粮配方的基本依据。

第二步，计算出每千克饲粮的养分含量，把所规定的每只羊，每日营养需要量，除以每只羊、每日采食的风干饲料的千克数，即为每千克饲粮的养分含量（%）。

第三步，确定拟用的饲料，列出选用饲料的营养成分和营养价值（附录），以便选用计算。

第四步，根据对日粮能量含量的要求，试配能量混合饲料。

第五步，在保持初配混合料能量浓度基本不变的前提下，用蛋白质料补替，使能量和蛋白质这两项基本营养指标符合规定要求。

第六步，在能量和蛋白质的含量以及饲料搭配基本符合规定要求的基础上，调整补充钙、磷和食盐等其他指标。

(三)各类羊的饲养标准与参考配方

1. 种公山羊　种公山羊饲养标准见表 8-3。日粮参考配方见表 8-4。

表 8-3　种公山羊的饲养标准　(羊/日)

饲养期	体　重（千克）	风干饲料（千克）	消化能（兆焦）	可消化粗蛋白质(克)	钙（克）	磷（克）	食盐（克）	胡萝卜素（毫克）
非配种期	70	1.8～2.1	16.7～20.5	110～140	5～6	2.5～3	10～15	15～20
	80	1.9～2.2	18～21.8	120～150	6～7	3～4	10～15	15～20
	90	2.0～2.4	19.2～23	130～160	7～8	4～5	10～15	15～20
	100	2.1～2.5	20.5～25.1	140～170	8～9	5～6	10～15	15～20
配种期(1)	70	2.2～2.6	23.0～27.2	190～240	9～10	7.0～7.5	15～20	20～30
	80	2.3～2.7	24.3～29.3	200～250	9～11	7.5～8.0	15～20	20～30
	90	2.4～2.8	25.9～31.0	210～260	10～12	8.0～9.0	15～20	20～30
	100	2.5～3.0	26.8～31.8	220～270	11～13	8.5～9.5	15～20	20～30
配种期(2)	70	2.4～2.8	25.9～31	260～370	13～14	9～10	15～20	30～40
	80	2.6～3.0	28.5～33.5	280～380	14～15	10～11	15～20	30～40
	90	2.7～3.1	29.7～34.7	290～390	15～16	11～12	15～20	30～40
	100	2.8～3.2	31～36	310～400	16～17	12～13	15～20	30～40

注：配种期(1)为配种 2～3 次；配种期(2)为配种 3～4 次

表 8-4 种公山羊日粮参考配方 （%）

饲 料	玉 米	豆 粕	棉籽粕	苜 蓿	玉米秸粉	骨 粉
非配种期	28	22	6	10	30	4
配种期	35	25	0	15	20	5

注：食盐按饲养标准加入

2. 种母山羊 妊娠母山羊的饲养标准见表 8-5，哺乳母山羊饲养标准见表 8-6，种母山羊日粮参考配方见表 8-7。

表 8-5 妊娠母山羊的饲养标准 （羊/日）

妊娠期	体重（千克）	风干饲料（千克）	消化能（兆焦）	可消化粗蛋白质（克）	钙（克）	磷（克）	食盐（克）	胡萝卜素（毫克）
前期	40	1.6	12.6～15.9	70～80	3.0～4.0	2.0～2.5	8～10	8～10
	50	1.8	14.2～17.6	75～90	3.2～4.5	2.5～3.0	8～10	8～10
	60	2.0	15.9～18.4	80～85	4.0～5.0	3.0～4.0	8～10	8～10
	70	2.2	16.7～19.2	85～100	4.5～5.5	3.8～4.5	8～10	8～10
后期	40	1.8	15.1～18.8	80～110	6.0～7.0	3.5～4.0	8～10	10～12
	50	2.0	18.4～21.3	90～120	7.0～8.0	4.0～4.5	8～10	10～12
	60	2.2	20.1～21.8	95～130	8.0～9.0	4.0～5.0	9～12	10～12
	70	2.4	21.8～23.4	100～140	8.5～9.5	4.5～5.5	9～12	10～12

表 8-6　羔羊日增重 300～350 克哺乳母山羊饲养标准　（羊/日）

	体　重（千克）	风干饲料（千克）	消化能（兆焦）	可消化粗蛋白质（克）	钙（克）	磷（克）	食盐（克）
单羔	40	2.0	18.0～23.4	100～150	7.0～8.0	4.0～5.0	10～12
	50	2.2	19.2～24.7	170～190	7.5～8.5	4.5～5.5	12～14
	60	2.4	23.4～25.9	180～200	8.0～9.0	4.6～5.6	13～15
	70	2.6	24.3～27.2	180～200	8.5～9.5	4.8～5.8	13～15
双羔	40	2.8	21.8～28.5	150～200	8.0～10.0	5.5～6.0	13～15
	50	3.0	23.4～29.7	180～220	9.0～11.0	6.0～6.5	14～16
	60	3.0	24.7～31.0	190～230	9.5～11.5	6.0～7.0	15～17
	70	3.2	25.9～33.5	200～240	10.0～12.0	6.2～7.5	15～17

表 8-7　种母山羊日粮参考配方　（%）

饲　料	玉　米	豆　粕	苜　蓿	玉米秸粉	骨　粉
空怀期	20	18	20	40	2
妊娠期	35	20	20	20	5
哺乳期	40	25	10	20	5

注：食盐按饲养标准加入

3. 育成羊　育成山羊的饲养标准见表 8-8。日粮参考配方见表 8-9。

表 8-8　育成山羊的饲养标准　（羊/日）

月龄	体重（千克）	风干料（千克）	消化能（兆焦）	可消化粗蛋白质（克）	钙（克）	磷（克）	食盐（克）	胡萝卜素（毫克）
4～6	30～40	1.2	10.9～13.4	70～90	3.0～4.0	2.0～3.0	5～8	5～8
6～8	30～36	1.3	12.6～14.6	72～95	4.0～5.2	2.8～3.2	6～9	6～8

续表 8-8

月龄	体重(千克)	风干料(千克)	消化能(兆焦)	可消化粗蛋白质(克)	钙(克)	磷(克)	食盐(克)	胡萝卜素(毫克)
8～10	36～42	1.4	14.6～16.7	73～95	4.5～5.5	3.0～3.5	7～10	6～8
10～12	37～45	1.5	14.6～17.2	75～100	5.2～6.0	3.2～3.6	8～11	7～9
12～18	42～50	1.6	14.6～17.2	75～95	5.5～6.5	3.2～3.6	8～11	7～9

表 8-9 育成山羊日粮参考配方 (%)

饲 料	玉 米	豆 粕	苜 蓿	青贮玉米	玉米秸粉	骨 粉
5～6 月龄羔羊	30	20	15	10	20	5
育成母羊	30	15	15		35	5

注:食盐按饲养标准加入

三、配合饲料的污染来源及控制

配合饲料作为羊的日粮,不仅对养羊业的经济效益有着重要影响,而且与人类健康密切相关,因此,必须保证饲料产品的卫生与安全。

(一)配合饲料的污染来源

1. 原料污染

(1)自身污染　有些天然饲料里含有一定量的有毒物质和抗营养因子。如棉籽饼(粕)里的棉酚、菜籽饼(粕)里的芥子苷、亚麻籽饼(粕)里的氰苷、山黧豆里的变异氨基酸、鱼粉里的肌胃糜烂素等有毒物质;青菜和青嫩牧草里的草酸、麸皮里的植酸、大豆及其饼粕里的胰蛋白酶抑制因子等抗营养因子。在配合饲料时,如果某些含固有毒物和抗营养因子的原料比例过大或饲喂的时间过长，就能引起相应的有毒物质中毒；或降低饲料的吸收利用率和营养价值，或破坏动物体内的正常代谢；从而降低畜产品的产量和品质，甚至有的还发生残留而影响到消费者的健康。

(2)生产污染　在生产植物性饲料原料时，生产地土壤与水源污染造成的重金属污染、微量元素超标或缺乏、农药残留、刈割时果实与土壤接触污染、杂质污染、虫害、转基因作物等都是具体的污染源。在生产动物性饲料原料时，面临的污染主要有杂质超标(有时是人为掺假)、细菌超标、脂肪氧化等，其中细菌超标是最严重的。

(3)贮存运输污染　在此环节中，易产生污染的因素有：水分超标、霉变、氧化、鼠害、虫害、不洁运输工具和仓库等。

2. 配方污染　配方污染是指为了追求动物某一方面的生产性能而人为地在饲料配方中加入一些不当的、对动物生理有影响且对人类健康有害的物质。

(1)使用禁用药物　一些饲料加工厂和畜禽养殖场受利益驱使，非法使用一些违禁药物，导致该药物在畜禽产品中的残留超标，严重影响人体健康。

(2)药物添加剂使用不正确　一些厂商不严格执行国家规定，不遵守停药期和某些药物的禁用要求，导致该类药物的残留超标，进而影响人体健康。

(3)超量添加微量元素　高铜或高锌制剂对畜禽的生长有一定的促进作用，但过量使用一方面造成该元素在畜禽肝脏中大量沉积，进而影响人类健康，另一方面这类元素随粪便排泄到环境中对环境易造成污染。

(4)配比不当　配方比例不合理造成动物对营养物质吸收利用率降低，从而造成环境污染。

3. 加工污染

(1)原料粉碎细度不当　过粗过细或粉碎粗细不均易造成混

合饲料分级,混合精度降低,动物利用率降低。

(2)输送设备设计安装不合理　如刮板运输机、斗提机、过渡料斗、料仓等设备内表面和过渡部位不清洁、不平滑、有死角,或提升距离过长、多次提升,或采用绞龙运输等,都会造成原料分级和交叉污染。

(3)高危微量组分的计量或投放不准确　混合精度不当。混合机的混合精度在加工配合饲料时必须保证在0.01%的配比时变异系数小于5%。

(4)调质处理不当　为了使搅拌后的混合物均质性得到稳定,通常要进行调质制粒。在制粒前有一个加蒸汽热处理的调质过程,若处理时间过短会导致熟化和杀菌不彻底,给动物生产带来不利影响。

4. 销售污染　除了运输过程中的不洁运输工具、雨淋、日晒、粉尘等可能造成饲料污染的因素外,有的经销商为了使自己的饲料更畅销,在向农户销售全价饲料时额外添加喹乙醇、有机砷、抗生素等药物,这些药物一方面在动物体内蓄积,直接危害人体健康,另一方面,排泄到环境中易造成环境污染。

(二)配合饲料污染的控制

1. 饲料污染的控制技术

(1)准确测定固有毒物　在配合饲料时,一定要测定并准确掌握不同饲料原料中固有毒物、抗营养因子的含量,再按饲料卫生标准精确计算其在配合饲料和浓缩饲料中的比例,使其在日粮中不至于发生毒害作用和对营养物质吸收的拮抗。

(2)脱毒处理　常用的方法有:①高温处理。加热(干热、湿热、压热、蒸汽)对多种饲料固有毒物、抗营养因子都有一定的去除作用;②水浸与沉淀。高粱里的单宁为水溶性物质,且主要存在于壳皮中。用冷水浸泡2小时,或煮沸5分钟,可脱去单宁70%。

但需注意，无论是用冷水浸泡还是煮沸的时间都不宜过长。还有药用淀粉浆渣，因加工时用亚硫酸脱脂，部分亚硫酸可进入浆渣中，且浆中的含量比渣多，用其饲喂羊同样可引起中毒；③青贮棉籽饼(粕)、菜籽饼(粕)。经微生物发酵后可降低毒性、提高营养价值，菜籽饼坑埋法实际也有微生物的重要作用。对硝酸盐、亚硝酸盐含量高的青绿饲料经青贮后饲喂则比较安全。

(3)添加不同的添加剂　加植酸酶不仅可降解麸皮等各种植物性饲料里的植酸磷，以提高磷的利用率并减少粪便磷对环境的污染；而且还能将被植酸螯合的钙、锌、铜、铁和蛋白质释放出来，恢复被抑制的淀粉酶、脂肪酶和蛋白酶的活性，提高多种营养物质的消化吸收利用率。向鱼粉中添加甲氰脒胍可预防肌胃糜烂。在高草酸饲料的日粮里增加钙，可减少其对钙的拮抗作用。

2. 饲料中细菌的控制　饲料原料生产企业在加工前的原料处理区域，应与加工后的成品、半成品处理清净区域严密隔离。原材料与半成品、成品生产设备、器材专用。原料的处理者与加工处理者作业分担。

配合饲料生产企业主要应防止原料或半成品、成品从环境而来的沙门氏菌污染。即原料的保管、加工过程、成品保管、输送等应防止沙门氏菌污染，包括防止蝇、蟑螂等害虫，鼠、犬、猫、鸟类等动物的侵入。限制外来者的出入，并与作业人员的作业区明确分开。定期清扫、消毒环境、设备等。

发酵饲料企业在发酵面粉、酵母蛋白，发酵菜籽饼、单细胞蛋白等，要通过严格筛选的特殊性菌株，在适宜的工艺条件下，抑制杂菌的生长，使发酵饲料中有害细菌很少或无。但目前国内一些小型发酵饲料厂，在简陋的条件下，发酵中杂菌高，又无快速干燥工艺，靠天然晾干，极易孳生杂菌或有害细菌。因此，发酵中应减少杂菌生长，发酵要尽量快速干燥。

通过理化处理灭菌。将饲料制成颗粒状，将120℃～150℃的热蒸汽吹入饲料成分中，并经过成型机制成粒状。在饲料内添加乙酸、醋酸、丙酸等有机酸，0.6%～6%之间的浓度对饲料中常见的沙门氏菌等有害细菌有杀灭作用。

3. 饲料中霉菌的控制 严格控制饲料及其原料中的水分，控制霉菌孳生。主要的方法有改进仓库结构和卫生状况，降低水分、温度、氧浓度等；使用化学防霉剂，丙酸就是最有效且经济效益明显的防霉剂。

4. 饲料中有毒有害元素的控制 控制原料中铅的含量，特别是高铅地区的饲料或高含铅饲料，是减少配合饲料中铅含量的有效方法。严格控制原料特别是可能砷含量较高原料中的砷含量；根据砷与其他元素的作用，减少氧化砷形成的砷，阻碍砷的吸收，增加其排泄过程。在饲料中添加抗坏血酸以及高蛋白质，促进硒在动物体内的代谢。对于高氟含量的饲料，应根据其含氟量的程度，限制磷酸盐、骨粉在日粮中的比例。

（张　年）

第九章　羊的饲养与管理

一、羊的生活习性

羊的生长、繁殖以及各种生理活动，都离不开科学的饲养管理。无论羊的品种及其遗传基础如何，只有在良好的饲养管理条件下，才能发挥其遗传上的优越性，向高生产力方向发展，也是说，只有养好羊、管好羊，才能充分发挥其最大生产潜力。而在制定饲养管理措施时，应首先考虑羊的生活习性。

（一）行为特性

山羊行动敏捷，喜欢登高，绵羊行动缓慢，反应略为迟钝，故有"精山羊，疲绵羊"的说法，说明山羊比较机敏，活泼爱斗，同时山羊生性胆大活泼好动，善于游走，在其他家畜难以到达的悬崖陡坡上，山羊照样可以行动自如，甚至能将前肢腾空后肢直立采食牧草或树叶。绵羊胆小懦弱，容易受惊。

（二）采食特点

羊嘴较窄、嘴唇薄而灵活、牙齿锋利，能啃食接触地面的短草，羊可以采食各种青草、干草、块根、作物秸秆、灌木嫩叶、树枝树皮及各种野草，民间常说羊能吃"百样草"，就是形容羊利用饲料的种类较其他家畜更广泛，对充分利用自然资源有着特殊的价值。羊采食时间大部分集中在白天。每天它们只是在一定的时间内集中摄食，而在其他时间进行反刍、休息。据观测，每天清晨和黄昏时间，羊的采食量最大。此外，羊的采食性也随季节的变化而变化。

春季，牧草刚刚萌发，树枝变青绿，此时羊采食不挑剔，夏、秋季牧草繁茂时，则开始选择性采食。对禾本科牧草，多在抽穗时采食；对豆科牧草，多在籽粒丰熟时采食；对树枝、树叶，多在新生、嫩绿时采食。末秋植物由青变黄，这时羊先挑食青绿部分。冬季，羊以吃落叶、杂草和秸秆为主。

（三）合群性

羊放牧时，只要领头羊前进，其他羊就随头羊跟走，因而便于放牧管理。对于大群放牧的羊群只要有一头训练有素的头羊带领，就较容易放牧。头羊可以根据饲养员的口令，带领羊群向指定地点移动。羊喜欢群居，一旦掉队离群时，则鸣叫不断，寻找同伴，此时只要饲养员适当叫唤，便可很快归队。

（四）起卧和睡眠特性

羊卧地时先把前肢向前弯曲而跪下，接着后肢向内弯曲而卧下，胸部放在两前肢中间。羊吃饱后多为右侧卧（胃在左侧）。起立时两后肢先站起，继而前肢起立。其卧姿，有时右前肢和一左后肢外伸，有时一后肢外伸，也有时左前肢外伸，四肢全压在体下或全外伸的较少见。羊睡眠时间少，每天2～3小时，多站着睡或卧着睡。

（五）嗅觉和听觉灵敏

羊嗅觉灵敏，母羊主要凭嗅觉鉴别自己的羔羊，视觉和听觉起辅助作用。分娩后，母羊会舔干羔羊体表的羊水，并熟悉羔羊的气味。羔羊吮乳时，母羊总要先嗅一嗅羔羊后躯部，以气味识别是不是自己的羔羊。个体羊有其独特的气味，一群羊有群体气味，一旦两群羊混群，羊可由气味辨别出是否是同群的羊。在放牧中一旦离群或与羔羊失散，靠叫声互相呼应。

(六)清洁习性

羊具有爱清洁的习性。喜吃干净的饲料，饮清凉卫生的水。一般在采食前，总要先用鼻子嗅一嗅。往往宁可忍饥挨饿也不愿吃被污染、践踏、霉烂变质、有异味怪味的草料或饮水。因此，饲喂羊的草料、饮水一定要清洁新鲜。对于放牧的草场要根据面积、羊群数量，按照一定顺序轮流放牧。在舍内补饲时，应少喂勤添，以免造成草料浪费。平时要加强饲养管理，注意羊的饲草、饲料清洁卫生，饲槽要勤扫，饮水要勤换。

山羊喜欢干燥的生活环境，舍饲的山羊常常喜欢在地势较高的干燥地方站立或休息。山羊长期生活在潮湿低洼的环境里，往往易感染肺炎、蹄炎及寄生虫病。所以，羊舍应建在地势高、排水畅通、背风向阳的地方，有条件的养羊户还可以在羊舍内建羊床(羊床距地面 10～30 厘米)，供其休息，以防潮湿。

(七)适应能力及抗病性

山羊可以在干旱的荒漠、半荒漠地区生活，繁殖后代，甚至许多不适宜饲养绵羊的地方，山羊也能很好地生存，这说明山羊调节体温、适应生态环境的能力是相当强的。

羊的抗病力较强。其抗病力强弱，因品种而异。一般来说，粗毛羊的抗病力比细毛羊和肉用品种羊要强，山羊的抗病力比绵羊强。体况良好的羊对疾病有较强的耐受能力，病情较轻一般不表现症状，有的甚至临死前还能勉强跟群吃草。因此，在放牧和舍饲管理中必须细心观察，才能及时发现病羊。如果等到羊只已停止采食和反刍时再进行治疗，疗效往往不佳。

(八)调情特点及繁殖力

公羊对发情母羊分泌的外激素很敏感。公羊追嗅母羊外阴部的尿水，并发生反唇卷鼻行为，有时用前肢拍击母羊并发出叫声，同时做出爬跨动作。母羊在发情旺盛时，有的主动接近公羊，或公羊追逐时站立不动，初配母羊胆子小，公羊追逐时惊慌失措，在公羊竭力追逐下才接受交配。因此，对于发情不明显的母羊，在进行人工辅助交配或人工授精时，要使用试情公羊及时检查。

山羊是多胎动物，大多数品种均可1年2胎或2年3胎，每胎可产1～3羔，故繁殖周期短，繁殖率高，对于扩繁增群，加快发展很有利。

二、羊的消化生理特点

（一）消化器官特点

按结构和生理功能，可将羊胃分为前胃和真胃两部分。前胃有瘤胃（容积约23.4升，占整个胃容量的79%）、网胃（又叫蜂巢胃，容积为2升，占整个胃容量的7%）和重瓣胃（其内壁有大量皱褶），是羊对饲料进行微生物发酵和营养物质吸收的重要场所。真胃（又叫皱胃，容积约3.3升）与其他单胃动物的胃一样，能分泌胃酸和消化酶，可进行有效的化学性消化。瘤胃容积大，是一个天然的、高度自动化的连续发酵罐，既能保证羊在较短的时间内采食大量的饲料，又有利于瘤胃内所共生的微生物生存和发酵。羊能量需要的很大一部分，是通过瘤胃吸收微生物发酵过程中产生的挥发性脂肪酸来满足的。小肠是羊的重要消化吸收器官，长度较长，具有较强的消化吸收能力。大肠的长度仅有小肠的1/10，主要功能是吸收水分和形成粪便。

（二）反　刍

反刍是指草食动物把食团经瘤胃逆呕到口中，经再咀嚼和再咽下的活动。包括逆呕、再咀嚼、再混合唾液和再吞咽 4 个过程。反刍可对饲料进一步磨碎，同时使瘤胃保持一个极端厌氧、恒温(39℃～40℃)、pH 值(5.5～7.5)恒定的环境，有利于瘤胃微生物生存、繁殖和进行消化活动。羊在短时间内能采食大量的草料，经瘤胃浸软、混合和发酵，随即出现反刍。先是逆呕 1 个食团在口中，反复咀嚼 70～80 次再吞咽下去，如此逐一进行。每日的逆呕食团数约 500 个。正常情况下，在食入食物后 40～70 分钟，即出现第一次反刍周期。一般情况下，山羊昼夜反刍的时间为 3～4 小时，每次反刍平均持续 40～60 分钟，有时可达 1.5～2 小时。反刍次数及持续时间与草料种类、品质、调制方法及山羊的体况有关，饲料中粗纤维含量愈高，反刍时间愈长。反刍姿势多为侧卧式，少数为站立。

反刍是山羊重要的消化生理特点，山羊在过度疲劳、患病或受外界的强烈刺激，会造成反刍紊乱或停止，反刍停止是疾病的征兆，会引起瘤胃臌气，对山羊的健康造成不利影响。

羔羊出生后约 40 天开始出现反刍行为。在哺乳期间，羔羊吮吸的母乳不通过瘤胃，而经瘤胃食管沟直接进入皱胃。在哺乳早期补饲易消化的植物性饲料，可促进前胃的发育和提前出现反刍行为。影响山羊反刍的因素很多，草料的种类、品质、日粮的调制方法、饲喂方式、气候、饮水以及羊的体况等都会影响反刍。

(三)瘤胃微生物作用

山羊是反刍动物，瘤胃是其所特有的消化器官，容积大，不但是羊采食大量饲料的临时“贮藏库”，而且有广泛的微生物活动，对羊消化、吸收有重要的作用。瘤胃中的温度为 40℃，pH 值 6～8，适合微生物的栖息和繁殖，所以瘤胃中有大量的微生物，其中最重要的微生物包括厌气性细菌、原虫和厌气性真菌，瘤胃每毫升内容物有细菌 100 亿～1 000 亿个，原虫 10 万～100 万个。瘤胃微生物与山羊是一种共生关系，这些微生物能够分泌羊本身所不能分泌的酶，这就使反刍家畜和非反刍家畜在饲料养分的消化方面有明显的不同。瘤胃微生物主要有4个方面的作用。

1. 分解消化粗纤维 山羊本身并不能产生水解粗纤维的酶，对粗纤维的消化分解必须借助微生物的活动，利用微生物产生的纤维水解酶把粗饲料中的粗纤维分解成容易消化吸收的碳水化合物，通过瘤胃壁吸收进入体内被利用。通过瘤胃微生物对日粮营养物质的发酵、分解所得到的能量，约占山羊能量需要量的40%～60%。

2. 合成菌体蛋白，改善日粮的粗蛋白质品质 日粮中的含氮物质（包括蛋白质和非蛋白含氮物）进入瘤胃后，大部分经过瘤胃微生物的分解，产生氨和其他低分子含氮化合物，瘤胃微生物再利用这些化合物来合成自身的蛋白质，以满足自身生长和繁殖的需要。随食糜进入真胃和小肠的微生物，可被消化道内的蛋白酶分解，成为山羊的重要蛋白质来源。通过瘤胃微生物的作用，把低品质的植物性蛋白转化为高质量的菌体蛋白，日粮的必需氨基酸含量可提高5～10倍。

3. 合成维生素 维生素 B_1、维生素 B_2、维生素 B_{12} 和维生素K是瘤胃微生物的代谢产物，能被小肠等部位吸收利用，因而，成年山羊一般不会缺乏这些维生素。在放牧条件下，山羊也很少发生维生素A、维生素D、维生素E的缺乏。

4. 对脂类有氢化作用 瘤胃微生物可以将牧草中不饱和脂肪酸转变为山羊体内的硬脂酸，同时，瘤胃微生物也能合成脂肪酸。

三、各类山羊的饲养管理

（一）种公羊的饲养管理

俗话说："母羊好，好一窝；公羊好，好一坡"。种公羊管理的优劣直接影响养羊户(场)的经济效益,因此在饲养管理中,应对种公羊做到合理饲养和科学管理。

对种公羊的饲养,应采取放牧与补饲相结合的方法,并根据配种期和非配种期给予不同的饲养标准。无论配种期与非配种期,对种公羊的管理都应格外细致,要经常观察种公羊的食欲好坏,发现食欲不振时,即应分析原因,及时解决。种公羊的饲料要求营养含量高,有足量优质的蛋白质、维生素 A、维生素 D 以及无机盐等。并且容易消化、适口性好。可因地制宜,就地取材,力求饲料多样化,合理搭配,以使营养齐全。种公羊的日粮应根据非配种期和配种期的不同饲养标准来配合,再结合种公羊的个体差异作适当调整。种公羊圈舍应宽敞坚固,通风良好,保持清洁干燥,定期消毒、定期防疫、定期驱虫、定期修蹄,保证种公羊有一个健康的体况。

种公羊应常年保持中等膘情,不能过肥。舍饲的种公羊每天必须进行运动,即采取快步驱赶,这样可使种羊体质健壮,精力充沛,精子活力旺盛。公羊喜欢顶斗,尤其是配种期间,互相争斗,互相爬跨,不仅消耗体力,还易造成创伤,饲养人员应多观察,发现公羊顶架及时予以驱散。种公羊要单独组群饲养,除配种外,尽量远离母羊,不能公、母混养,以防乱配,防过度交配导致雄性斗志衰退。

1. 非配种期种公羊的饲养管理　非配种季节要保证能量、蛋白质、维生素和矿物质等的充分供给。这一时期的种公羊,虽无配种任务,但它直接关系到种公羊全年的膘情、配种期的配种能力以及精液的品质。所以,此期的饲养,一定坚持常年放牧为主、补饲为辅的原则。具体饲养方法分 3 个时期。

一是增膘复壮期。种公羊于 10 月上中旬配种,至 12 月中旬左右结束,经过 2 个月的配种,体力和营养消耗很大,同时又值严寒冬季,水凉草枯采食量下降,消耗热能也多,故应做好以下 3 项工作：首先，于配种结束后，减少运动，以防继续消耗体力；其次，按配种期的饲养标准，逐渐减少精料量，不要立即停喂精料；再次，加强放牧，延长放牧时间，使公羊在牧地充分采食，返舍后精心补饲和饲养，使公羊迅速增膘复壮。

二是严冬、晚春和夏季。这一时期长达7个月左右，冬季寒冷，春季气温变化无常，夏季酷热。枯草期除供给足够热能外，还应注意蛋白质、维生素、矿物质的充分供给。冬、春季在减少精料的情况下，保持中、上等体况。因此，一定要保证放牧时间和放牧距离，以增强种公羊的体质，同时要保证补饲饲草、饲料的数量和质量。晚春及夏季，除加强放牧技术外，保证放牧时间，日喂混合料0.3千克，切实保证种公羊非配种期的营养需要，并为配种预备期做好准备。

三是配种预备期。这一时期正值秋季放牧时期，天气凉爽适宜，牧草开始枯黄，但籽实已成熟，田间果园残留粮谷果实丰盛，是抓膘增重、为配种期积蓄营养的良好时期，所以除加强放牧运动外，应按配种期精料标准的60％～70％比例，逐渐增加到配种期的标准。并要定期采精，检查精液质量，开始时，每周采精1次，接近配种期前1个月内，每周采精1～2次，直至隔日采精1次，并严格检查精液品质，发现问题，及时研究改进饲养方法，保证配种期公羊精液的品质。

在配种预备期内，体重80～90千克的种公羊，每天需要250克以上的可消化蛋白质，并且根据日采精次数的多少，相应地调整常规饲料定额。一般可按混和精料1.2～1.4千克、青干草2千克、胡萝卜0.5～1.5千克、食盐15～20克、骨粉5～10克的标准喂给。

为进一步提高公羊的射精量和精液品质，可在配种前1个月，在精料中按0.01％添加二氢吡啶，直至配种结束。

2. 配种期种公羊的饲养管理 配种期种公羊的饲养是非常

关键的，它不仅关系到本年度配种受胎率的高低和繁殖成绩的优劣，更重要的是影响羊的改良速度、羊群数量发展、生产性能与经济效益的提高，所以一定要特别重视此期种公羊的饲养。

(1)饲养管理日程　种公羊配种前 1～1.5 个月开始采精，同时检查精液品质。开始时 1 周采精 1 次，以后增加至 1 周 2 次，然后 2 天 1 次，到配种时每天可采 1～2 次。对小于 18 月龄的种公羊 1 天内采精不得超过 2 次，且不要连续采精；两岁半以上的种公羊每天采精 3～4 次。

(2)配种期的营养需求　配种期种公羊最消耗营养和体力。配种期每生产 1 毫升的精液，需消化粗蛋白质 50 克。此外，激素和各种腺体的分泌物以及生殖器官的组成也离不开蛋白质，同时维生素 A 和维生素 E 与精子的活力和精液品质有关。只有保证种公羊充足的营养供应，才能使其性欲旺盛，精子密度大、活力强，母羊受胎率高。所以日粮一定要全价，特别是蛋白质数量要足、质量要高。生产实践中也充分证明，蛋白质质好量足时，种公羊性功能旺盛，射精量多，精子密度大，母羊受胎率高，故种公羊配种期日粮要全价多样化，适口性好。配种旺季，每日还要添加 1～2 枚鸡蛋。另外，公羊采精前不宜吃得过饱。对精液密度较低的种公羊，日粮中可加一些动物性蛋白质，如鱼粉、发酵血粉等，同时要加强运动，特别是对精子活力较差的种公羊要加强运动。要注意饲料体积要小，精料不宜过多，以防出现公羊过肥，反而会影响配种。另外，种公羊日粮中还应注意补钙，钙、磷比不低于 2∶1。平常要保证充足洁净的饮水，配种或采精后不能让公羊立即饮冷水，必须停 15～20 分钟后才可饮水。冬季要饮温水。

配种结束后的公羊，主要在于恢复体力，增膘复壮，日粮标准和饲养制度要逐渐过渡，不能变化太大。开始时要保持原精料喂量，增加放牧时间；过一段时间后，再逐渐减少精料，直至过渡到非配种期的饲养水平。

(二)种母羊的饲养管理

种母羊根据生理状态一般可分为空怀期、妊娠期和哺乳期3个阶段。空怀期母羊所需的营养最少,不增重只需要维持营养。妊娠期的前3个月由于胎儿的生长发育较慢,需要的营养物质稍多于空怀期。妊娠期后2个月,由于身体内分泌功能发生变化,胎儿的生长发育加快,羔羊初生重的80%~90%都是在母羊妊娠后期增加的,因此营养需要也随之增加。泌乳期要为羔羊提供母奶,以满足哺乳期羔羊生长发育的营养需要,要在维持营养需要的基础上根据产奶量高低和产羔数多少给母羊增加一定量的营养物质,以保证羔羊正常的生长发育。

1. 空怀期母羊的饲养管理 空怀期是指母羊分娩断奶后至配种前,以及青年母羊达到配种能力而未配种受孕的时期。此期的饲养重点是及时整齐断奶,抓膘复壮,为日后的发情和妊娠贮备营养。配种前体重每增加1千克,产羔率可望增加2%。因此,营养好坏直接影响配种、妊娠状况。为此,应在配种前1个月按饲养标准配制日粮进行短期优饲,优饲日粮应逐渐减少,如果受精卵着床期间营养水平骤然下降,会导致胚胎死亡。

2. 妊娠期母羊的饲养管理 母羊的妊娠期平均为150天,妊娠期的饲养管理一般分为妊娠前期和妊娠后期。

妊娠前期是受胎后前3个月,胎儿绝对生长速度较慢,胎儿主要发育脑、心脏、肝脏、胃等器官,营养需要与空怀期大致相同,但应补喂一定量的优质蛋白质饲料,以满足胎儿生长发育和组织器官对蛋白质的需要。一般放牧均可满足需要。若配种季节较晚,牧草已枯黄,则应补喂青干草。初配母羊此阶段的营养水平应略高于成年母羊。日粮的精料比例为5%~10%。管理上要避免吃霜草或霉烂饲料,不使羊受惊猛跑,不饮冰水,以防早期隐性流产。

妊娠后期是妊娠的最后2个月,此期胎儿生长迅速,80%~

90%的初生重在此期完成。胎儿的骨骼、肌肉、皮肤及血液的生长与日俱增。此期的营养水平至关重要，它关系到胎儿发育、羔羊初生重、母羊产后泌乳力、羔羊出生后生长发育速度及母羊下一繁殖周期。因此，在该期能量代谢水平比空怀期高 17%～25%，蛋白质的需要量也显著增加。妊娠后期母羊每日可沉积 20 克蛋白质，加上维持所需，每天必须由饲料中供给可消化粗蛋白质 40 克。整个妊娠期蛋白质的蓄积量为 1.8～2.3 千克，其中 80%是在妊娠后期蓄积的。妊娠后期每日沉积钙、磷量为 3.8 克和 1.5 克。因此妊娠后期的饲养标准应比前期每天增加可消化蛋白质 40%～60%，增加钙、磷 1～2 倍。但值得注意的是此期母羊如果养得过肥，也易出现食欲不振，反而使胎儿营养不良。

妊娠后期的母羊管理，应把保胎保膘作为管理的重点，紧紧抓住一个"稳"字，出牧、归牧、进出运动场、补饲、饮水时都要稳，防止拥挤、滑跌、跳沟、打斗，防止流产或早产。饮水温度应在 10℃以上。产前 1 周不得远牧，以便分娩时能及时回到羊舍。

3. 哺乳期母羊的饲养管理　山羊哺乳期多为 90 天左右，一般将哺乳期也划分为哺乳前期和哺乳后期。哺乳前期是羔羊生后前 2 个月，其营养来源主要靠母乳。测定表明，羔羊每增重 1 千克需耗母乳 5～6 千克。为满足羔羊快速生长发育的需要，应根据母羊膘情、泌乳量高低及带羔多少，加强母羊的补饲，特别是产后的前 20～30 天。饲料应尽可能多提供优质干草、青贮料及多汁饲料，饮水要充足，以促进母羊的泌乳功能。但在产羔后 1～3 天内，如母羊的膘情好，可不加精料，只喂青干草，以免造成消化不良或发生乳房炎。为调节母羊的消化功能，促进恶露排出，可喂少量轻泻性饲料，如在温水中加入少量麸皮，1 周后逐渐过渡到正常标准。哺乳后期，在羔羊断奶前 1 周，也要减少母羊的多汁饲料、青贮料和精料的喂量，以防止断奶发生乳房炎，但应使母羊保持中等膘情。管理上要勤垫圈，勤清扫，保持羊舍干燥清洁。

母羊泌乳量一般在产后30～40天达到最高峰,50～60天后开始下降,同时羔羊采食能力增强,对母乳的依赖性降低。因此,应逐渐减少母羊的日粮给量,逐步过渡到空怀母羊日粮标准。

(三)育成羊的饲养管理

育成羊是指断奶至第一次配种这一年龄段的青年羊,即4～12月龄期间的公、母羊。断奶编群后的育成羊,正处在骨骼和器官充分发育的阶段,可塑性很大,此时期的饲养管理,直接影响到羊的体型、体质、体重及提早繁殖,饲养管理越好,羊只增重越快,母羊可提前达到第一次配种要求的最低体重,提早发情和配种,而公羊的优良遗传特性可以得到充分的体现。如果饲养不良,就会影响其终生的生产性能,如体狭而浅、体重小等,必须予以重视,应做到断乳不断料。严冬舍饲期较长,更需要补充大量营养,应以补饲为主,放牧为辅。要做好饲料安排,合理补饲,喂给最好的豆科草、青干草、青贮及其他农副产品。

培育育成羊要做到以下几点。

1. 适当的精料水平 在这个时期,尤其是刚断奶的羔羊,生长发育快,瘤胃容积有限且功能不完善,对粗饲料的利用能力较差。因此,此时期羊的日粮应以精料为主,并补给优质干草和青绿多汁饲料,日粮的粗纤维含量不超过15%～20%,同时注意矿物质如钙、磷、食盐及微量元素的补充。

2. 合理的饲养方式和方法 育成羊的饲养方式不同于肥羔,更重视骨骼和内脏器官的发育。饲料类型对育成羊的体型和生长发育影响很大,优良的干草、充足的运动是培育育成羊的关键。给育成羊饲喂大量而优质的干草,不仅有利于促进消化器官的充分发育,而且培育的母羊体格高大,乳房发育明显,产奶潜力大。充足的阳光和运动可使羊体壮胸宽,心肺发达,食欲旺盛,采食多但不易形成草腹和恶癖。同时羔羊断奶分群后,不宜突然变更饲料,待羔羊度过断奶应激期以后，再逐渐改变饲料。

3. 公、母羊应分群饲养　羔羊断奶后，根据生长速度越快、需要营养物质越多的规律，应分别组成公母育成羊群，羊在最初几个月营养条件良好时，会有很高的增重能力，每日可增重 150 克以上，每日需要风干饲料在 0.7～1 千克之间，8 月龄后，羊生长发育强度逐渐下降。其次公、母羊对饲养条件的要求和反应不同，公羊生长发育较快，营养需要较多，对丰富饲养具有良好的反应，如营养不良则发育不如母羊。对严格选择的后备公羊更应提高饲养水平，保证其充分生长发育。

4. 适时配种　过早配种会影响育成羊的生长发育，使种羊的体型小、使用年限缩短；晚配使育成期拉长，既影响种羊场的经济效益，又延长了世代间隔，不利于羊群改良。一般育成羊在满 8～10 月龄、体重达到 40 千克或达到成年体重的 70% 以上时配种。育成母羊不如成年母羊发情明显和有规律，所以要加强发情鉴定，以免漏配。8 月龄以前的公羊一般不要参加配种和采精，须在 12 月龄以后再参加配种。

5. 定期抽测体重　预期增重是育成羊发育完善程度的标志。在饲养上必须注意增重这一指标，按月固定抽测体重，借以检查全群的发育情况。称重需在早晨未饲喂或出牧前进行。

(四)羔羊的饲养管理

羔羊是指从出生至断奶(山羊一般 3～4 个月)的羊羔。羔羊生长发育快，可塑性大，合理地进行羔羊的培育，可促使其充分发挥先天的性能，又能加强对外界条件的适应能力，有利于个体发育，提高生产力。研究表明，精心培育的羔羊，体重可提高 29%～87%，收入可增加 50%。初生羔羊体质较弱，抵抗力差，易发病，搞好羔羊的护理工作是提高羔羊成活率的关键。羔羊培育技术的关键是："三早"(早喂初乳、早开饲、早断奶)，"三查"(查食欲、查精神、查粪便)。管理要点如下。

1. 气候对羔羊的影响

(1)春季　春季所产的羔羊成活率较高。冬季虽然缺乏饲料,胎羔在母体内发育较为缓慢,出生胎儿较小,但是羔羊在出生后气候转暖,青草开始生长,母羊能吃到一定量的青饲料,奶水分泌增多,能满足羔羊生长发育的需要。当母羊奶水减少时,羔羊可以吃到青草,并且产春羔的母羊身体恢复较快,还能再发情配种产秋羔,达到1年2产。春季气候变化大,羔羊易患感冒,应加强保护措施。如果青饲料不够,应给予母羊一定数量的精料,确保营养需求。

(2)夏季　进入夏季以后,青绿饲草十分丰富,因而母羊奶水充足,羔羊体质结实,个体大。其次,夏季气候炎热,要做好防暑工作。

(3)秋季　由于母羊怀胎期间饲草充足,膘肥体壮,因而胎儿发育良好,所产羔羊个体大,抗病力强,能适应环境,成活率高。再加上秋季草籽成熟,饲料充足,母羊营养状况良好,乳汁多,因而羔羊生长发育快。同时母羊体质恢复也快,可迅速发情配种,第二年又可产春羔。

(4)冬季　产冬羔的母羊多是在体壮时配种,母羊又经抓秋膘,体更壮,胎儿发育良好,羔羊出生个体大,抗病力很强,冬季气候寒冷,可以锻炼羔羊体质,可以增强对环境的适应能力,冬季气温较低,各种病菌不易增殖,羔羊不易患病,在饲草料贮备充足的情况下,羔羊生长发育较快,可当年肥育,当年屠宰。但由于气候寒冷,母羊体质恢复较慢,羔羊接产、保暖不及时死亡率增加明显。

2. 初生羔羊的护理

(1)尽早吃饱初乳　初乳是指母羊产后前3～5天分泌的乳汁,其乳质黏稠、营养丰富,易被羔羊消化;同时,母羊的初乳中含有丰富的蛋白质(17%～23%)、脂肪(9%～16%)等营养物质和抗体,具有抗病和轻泻作用。羔羊在初生后半小时内应该保证吃到初乳,多吃初乳。对因特殊情况吃不到初乳的羔羊,最好能让其吃到其他母羊的初乳。对不会吃乳的羔羊要进行人工辅助。

(2)保持良好的生活环境　初生羔羊，生活力差，调节体温的能力尚低，对疾病的抵抗力弱，保持良好的生活环境有利于羔羊的生长发育。环境保持清洁、干燥、空气新鲜又无贼风。羊舍最好垫上一层干净的垫草，冬季室温保持在5℃以上。刚出生的羔羊，如果体质较差，应安排在较温暖的羊舍，直到羔羊能够自已吃奶，精神体况都转好后，可逐渐转到常温的羊舍。特别应注意寒冷季节羔羊的接产和保暖。

(3)做好初生羔的辅育工作　在羔羊1月龄内，要确保多羔和弱羔能吃到母羊奶。对初生孤羔、缺奶羔羊和多胎羔羊，在保证吃到初乳的基础上，应找保姆羊寄养，实在找不到保姆羊的可进行人工哺乳，可用鲜牛奶、羊奶、奶粉和和代乳品等，适当添加植物油、鱼肝油、胡萝卜汁及多维、微量元素、蛋白质等。羔羊稍大时可喂其他流体食物如豆浆、小米汤、代乳粉或婴幼儿米粉等，这些食物在饲喂前应加少量的食盐。人工哺乳的务必做到清洁卫生、定人、定时、定量和定温(35℃左右)，否则易患消化道疾病。对初生弱羔、初产母羊或护仔行为不强的母羊所产羔羊，需人工辅助羔羊吃乳。母羊和初生羔羊要共同生活7天左右，才有利于初生羔羊吮吸到初乳和建立母仔感情。羔羊10日龄就可以开始训练吃草料，以刺激消化器官的发育，促进心肺功能健全。7～20天，晚上母、仔在一起饲养，白天羔羊留在羊舍内，母羊可出外放牧。羔羊20日龄后，可随母羊一道放牧。

①人工哺乳要点。哺乳人员平时要尽量少接触病羊，在喂奶之前应洗净双手，对奶具等应彻底消毒后再使用。定人，就是自始至终固定专人喂养，使饲养员熟悉羔羊生活习性，掌握吃饱程度、食欲情况及健康与否。定时，每天固定时间对羔羊进行饲喂，轻易不变动。初生羔每天喂6次，每隔3～5小时喂1次，夜间可减少次数。10天以后每天喂4～5次，到羔羊吃料时，可减少至3～4

次。定量,限定每次的喂量掌握在七成饱的程度,切忌过饱。具体给量可按羔羊体重或体格大小来定,一般全天给奶量相当于初生重的 1/5 为宜。喂给粥或汤时,应根据浓度进行定量,全天喂量应低于喂奶量标准,最初 2～3 天,先少给,待羔羊适应后再加量。定温,要掌握好人工乳的温度,一般冬季喂 1 个月龄内的羔羊,应把奶晾至 35℃～41℃,夏季还可再低些。随着日龄的增长,奶温可以降低。一般可用奶瓶贴到脸上或手背上,不烫不凉即可。温度过高,不仅伤害羔羊,而且羔羊容易发生便秘;温度过低,往往容易发生消化不良、腹泻、臌胀等。

②人工奶粉配制。有条件的羊场可自行配制人工奶粉或代乳粉。人工合成奶粉的主要成分是:脱脂奶粉、牛奶、乳糖、玉米淀粉、面粉、磷酸钙、食盐和硫酸镁。用法:先将人工奶粉加少量不高于 40℃的温开水摇晃至全溶,然后再加水。一般 4～7 日龄的羔羊每日需 200 克人工合成奶粉,加水 1 000 毫升。

③代乳粉配制。代乳粉的主要成分有:大豆、花生、豆饼类、玉米面、可溶性粮食蒸馏物、磷酸二钙、碳酸钙、碳酸钠、食盐。可按代乳粉 30%、玉米面 20%、麸皮 10%、燕麦 10%、大麦 30%的比例配制。代乳品配制可参考下述配方:面粉 53%、乳糖 24%、油脂 20%、磷酸氢钙 2%、食盐 1%。将上述物品按比例标准在锅内炒制混匀即可。使用时以 1∶5 的比例加入 40℃开水调成糊状,搅拌均匀即可饲喂。

(4)羔羊的补饲　母羊的常乳中营养很丰富,初生至 1 个月内的羔羊,还不能大量采食草料,基本上是以哺乳为主、饲喂为辅。但要早开食,训练吃草料,以促进前胃的发育,增加营养的来源。羔羊出生后 2 周左右就应该开始训练吃草、吃料以促进其瘤胃发育和心、肺功能。同时可以补充铜、铁等矿物质元素,避免发生贫血。最初让其自由采食,饲料强调以优质蛋白质和粗纤维少、干净的干草为好,待全部羔羊都会吃料后,改为定时、定量补料。羔羊出生20日龄后就可随母羊一起放牧。归牧时适当补充精料，同时保证充足饮水。2月龄后母羊泌乳量下降，羔羊瘤胃发育及功能逐渐完善，能采食大量草料，因而饲养重点逐渐转为以采食为主，哺乳为辅，每日自由采食青干草，或就近放牧，归牧后补喂混合精料200～250克。要求混合精料中粗蛋白质含量为13%～15%，以玉米、豆饼为主，麸皮不超过10%～15%。不可给公羔饲喂大量麸皮，以防引发尿路结石。

(5)编群　羔羊出生后对母、仔羊进行编群。一般可按出生天数来分群，生后3～7日内母仔在一起单独管理，可将5～10只母羊合为一小群；7天以后，可将产羔母羊10只合为一群；20日以后，可大群管理。分群原则是：羔羊日龄越小，羊群就要越小，日龄越大，组群就越大，同时还要考虑到羊舍大小、羔羊强弱等因素。在编群时，应将发育相似的羔羊编群在一起。

(6)提供良好的卫生条件　卫生条件是培育羔羊的重要环节，保持良好的卫生条件有利于羔羊的生长发育。舍内最好垫一些干净的垫草，室温保持在5℃～10℃。

(7)加强运动　1个月后的羔羊，应驱使其适当运动。运动可使羔羊增加食欲，增强体质，促进生长和减少疾病，为提高其肉用性能奠定基础。随着羔羊日龄的增长，逐渐加长在运动场的运动时间。

(8)断奶　羔羊断奶后，不仅有利于母羊恢复体况，也能锻炼羔羊的独立生活能力，利于增重、抓膘和预防寄生虫的传播。多采用一次性断奶法，即将母仔分开后不再合群。断奶后母羊移走，羔羊继续留在原舍饲养，尽量给羔羊保持原来环境。母仔隔离4～5天后，断奶即可成功，这时再把断奶羔羊按性别和体质分群管理。

(五)肥育羊的饲养管理

羊肉是养羊业的重要产品之一，凡不留作种用的成、幼年公羊、阉羊和失去繁殖能力的母羊都应先经肥育再行上市。经过肥育的羊屠宰率高，肉质鲜嫩，同时产肉多，可增加养羊收入。

1. 肥育原则和方法

(1)肥育原则　合理供给饲粮，根据饲养标准结合肥育羊自身的生长发育特点确定肉羊的饲粮组成、日粮供应量或补饲定额，并结合实际的增重效果及时进行调整。突出经济效益，不要盲目追求日增重最大化，尤其在舍饲肥育条件下，最大化的肉羊增重往往是以高精料日粮为基础的，肉羊日增重的最大化并不一定意味着可获得最佳经济效益。因此在设定预期肥育强度时，一定要以最佳经济效益为惟一尺度，合理组织生产，适时屠宰。根据肥育羊开始时所处生长发育阶段确定肥育期的长短，过短肥育效果不明显，过长则饲料报酬低，经济上不合算。因此，肉羊经过一定时间的肥育达到一定体重时要及时屠宰或上市，而不要盲目追求羊只最大体重。因地制宜地确定肉羊肥育规模，在当地条件下按照市场经济规律寻求最佳经济效益。

适当的精、粗饲料比，既能提供能量，又能满足肉羊对蛋白质的需要，还能维持瘤胃的正常活动，保证肉羊的健康状况，精饲料以占日粮的1/3为宜。控制蛋白质水平，蛋白质在肉羊日粮中的所占比例应在8%左右。

(2)饲喂量和饲喂方法　肉羊的饲喂量要根据其采食量来定，吃多少喂多少。其采食量与羊的品种、年龄、性别、体格和饲料适口性、水分有关。羊采食量越大，其日增重越高。羊日采食干草2～2.5千克，新鲜青草3～4千克，精饲料0.3～0.4千克，饲喂方法是先喂干草或粗料，然后喂精料，最后饮水。同时需在精饲料、青贮饲料或粗饲料上洒些盐水，草料则随时添加，以保持羊的旺盛食欲，提高其采食量。

(3)日常管理方法　要尽量减少肉羊运动，降低消耗，促使增重。

2. 肥育方式　羊的肥育方法可分为放牧肥育、舍饲肥育和混合肥育。

(1)放牧肥育 是最经济的肥育方法，也是应用最普遍的一种方法。放牧肥育主要利用夏、秋季节牧草资源丰富这一特点，进行抓膘，但放牧肥育应掌握科学的放牧技术，放好羊，管好羊，使羊吃饱，吃好，上膘快。一般放牧育肥的羊，经过夏、秋季节体重可增加10～20千克。放牧肥育管理要点如下。

选择好放牧地点。根据不同天然草场的情况，确定适宜的放牧地点和方式。天然草地大致可分为林间草地、草丛草地、灌丛草地和零星草地等。在放牧肥育时，应尽量选择好的草地放牧，充分利用野生牧草和灌丛枝叶在夏、秋季节生长茂盛的特点，做好山羊放牧肥育工作。

采用划区轮牧。划区轮牧就是根据天然草场的面积和数量，将草场划分为若干小放牧区，按照一定的次序轮回放牧。划区轮牧有很多优点：羊只经常采食到新鲜幼嫩的牧草，适口性好，吃得饱，增重快；牧草和灌木得到再生的机会，提高草地的载畜量和牧草的利用率；减少寄生虫感染的机会。划区轮牧是预防四大蠕虫即肺丝虫、捻转胃虫、莫尼茨绦虫和肝片吸虫感染的关键措施。

跟群放牧，人不离羊，羊不离群，防止羊只丢失；防止损坏林木和践踏庄稼；防止兽害和采食有毒植物；添加矿物质营养盐或补喂食盐。

(2)舍饲肥育 将肥育山羊完全在羊舍内喂养，使羊只获得较高的日增重，在短时间内达到肥育的目的。这种方法周转快，产肉多，经济效益高，适合放牧地少或基本无放牧地的农区、集约化、工厂化生产和无放牧草场的地方采用。充分利用当地农副产品，走专业化集约化的养羊生产道路。在舍饲肥育期间，要求饲料营养丰富，全面，适口性好，具全价蛋白质、高能量，还需要喂给各种必需的矿物质和微量元素，以满足羊的生长需要，发挥其最大生产潜力。舍饲肥育的技术关键是根据山羊的营养需要配制混合饲料，采用科学的饲喂方法和管理方式。

(3)混合肥育　混合肥育分为放牧加补饲和放牧加舍饲肥育。

①放牧加补饲肥育。是在放牧基础上，再给以补饲，充分利用当地农副产品，给以集中短期优饲，加快周转，提高产值。

②放牧加舍饲肥育。是指在秋末草枯后，对一些还未抓好膘的羊，特别是还有很大增重潜力的当年羔羊进行短期舍饲，以提高增重，达到肥育效果。

3. 肉羊肥育前的准备工作

(1)制定计划　养羊场、养羊专业户在年初应制定肉羊生产计划，组织适度规模的羊群和草场规划工作，为肥育做准备。

(2)饲草饲料的准备　备足草料，饲草、饲料是肉羊肥育的物质基础，肥育肉羊必须草料先行。可通过四个途径解决：一是规划面积适宜、植被丰厚的草坡草场；二是充分收集当地营养较高的农作物副产品和树叶，如花生秧、红薯秧、杨树叶以及槐树叶等；三是进行青贮和微贮，若是麦秸和干玉米秸秆可进行微贮，秋季玉米收获后要及时把青秸秆切短进行青贮；四是利用糟渣类副产品如酒糟、豆腐渣和粉渣等。由于构成肉与脂肪的主要原料是蛋白质、脂肪和淀粉，因此在肥育饲养时必须投入较多的精料，在肥育羊能够消化吸收的限度内充分供给精料。精料以豆类、饼类、麸皮、玉米等为主。

(3)羊群的准备和分类组群　将不留作种用的成、幼年公羊、阉羊和失去繁殖能力的母羊，经过健康检查，无病者方可组群进行肥育。有条件的羊场可组织批量生产，每批 100～200 只；农区每户可饲养 30～50 只。饲养条件、人力和物力都比较好的饲养户，还可适当增加饲养数量。根据不同需求可将羊肉分羔羊肉和大羊肉两大类，在这两类中，除了年龄不同之外，还有性别和品种差别。其新陈代谢和采食，消化，吸收和转化的功能均有不同。为使各类羊的肥育均能获得最好的效果和最高的效益，在羊投入肥育之前，可先将其按年龄和性别分别组群，如果品种性能差别较大，还应把不同品种的羊分开。

(4)消毒、去势、驱虫、防疫注射和修蹄　搞好圈舍的清扫消毒，做好肥育期间的卫生工作，可以有效地防止肥育期间羊只发病；一般公羊去势后不仅易于管理而且肉质细嫩而膻味轻，利于肥育；驱除肉羊体内外寄生虫，减少寄生虫病的影响是保证良好肥育效果的重要措施；做好传染病的预防工作，有效防止传染病的发生与蔓延；羊蹄畸形造成行走不便，影响采食，特别是对放牧羊影响严重，因此肥育前应对羊群修蹄整形。

(5)肥育前称重　肥育前后称重，以检验肥育效果和效益。

4. 羔羊的肥育　肥羔生产是养羊业的一个发展方向，也是为了适应饲料资源的季节性变化而采取的一项有效措施。肥羔肉膻味轻，瘦肉多，脂肪少，鲜嫩多汁，易于消化。同时饲料报酬高，这时羔羊的生长势最为旺盛，增重快，成本低，极为经济。发展肥羔生产不仅可以加快羊肉生产，同时可以提高羊群中母羊的比例，加快畜群周转。利用夏、秋季草料资源抓膘肥育，开展肥羔生产，不过冬就屠宰，可以节约草料、棚圈，从而用来养好过冬的怀孕母羊和后备羊，一举多得，是发展养羊生产的好途径。

肥育羔羊时，在哺乳期就要使其早开食，特别是山羊适应精料能力差，为保其在哺乳期早食、多食，应特别注意所选饲料适口性要好，质量要高。羔羊断奶时间可根据其开食情况灵活掌握，一般应在其可食70～80克精料时断奶。为了减少羔羊转群时的应激反应，在羔羊转出之前应先集中暂停给水、给草，让其空腹1夜，第二天装车运出，尽量减少途中时间，到肥育地的当天不要饲喂，只让其饮水和给少量干草让羊安静休息，避免惊扰，然后进行称重、注射疫苗和进行驱虫等。

肥育开始后，不论采取何种肥育方式都要有预饲过渡期。适度肥育时预饲过渡期大致分为2个阶段：第一阶段(1～3天)，只喂干草，让其适应新环境；第二阶段（7～10天），给予70%的干草、25%的玉米、4%的豆饼、1%的食盐。强度肥育时预饲过渡期大致分为3个阶段：第一阶段（1～3天），只喂干草，让羔羊适应新环境；第二阶段（7～10天），参考日粮为玉米25%、干草64%、蜜糖5%、豆饼5%、食盐1%；第三阶段（11～14天），参考日粮为玉米39%、干草50%、蜜糖5%、豆饼5%、食盐1%，另加抗生素35毫克。以上日粮日喂2次，投料量以羊能在40分钟内吃完为好。另外，还可根据各地不同资源自行调整饲料。

5. 成年羊的肥育 成年羊的肥育在我国较普遍采用，主要利用淘汰的公羊和母羊，加料催肥，适时宰杀，供应市场。这种方法成本低、简单易行。成年羊骨架发育已经完成，如肥育得法，也可得到较好的肥育效果。

成年公羊的肥育是以利用农副产品和精料为主，比如将大豆、豌豆、大麦或饼类泡闷煮熟，强力饲喂，并补以鲜、干青草，肥育效果很好。有的则采用夏、秋季节放牧抓膘，或放秋茬补精料，春节前膘壮时屠宰，这样不仅可使市场上得到物美价廉的羊肉，而且可加速羊群周转，优化羊群质量。

四、日常管理技术

(一)编 号

为了科学地管理羊群，需对羊只进行编号。常用的方法有：带耳标法、剪耳法。

1. 耳标法 耳标材料有金属和塑料两种，形状有圆形和长形。耳标用以记载羊的个体号、品种代号及出生年月等。以金属耳标为例，用钢字钉把羊的号数打在耳标上，第一个号数中打羊的出生年份的后一个字，接着打羊的个体号，为区别性别，一般公羊尾数为单，母羊尾数为双。耳标一般戴在左耳上。用打耳钳打耳时，应在靠耳根软骨部，避开血管，用碘酊在打耳处消毒，然后再打孔，如打孔后出血，可用碘酊消毒，以防感染。

2. 剪耳法 用特制的剪缺口剪，在羊的两耳上剪缺口，作为羊的个体号。其规定是：左耳的上缘剪一缺口代表 3，下缘代表 1，耳尖代表 100，耳中间圆孔为 400；右耳上缘一个缺刻为 30，下缘为 10、耳尖为 200，耳中间的圆孔为 800。

(二)记 录

羊只编号以后，就可对其进行登记做好记录，要记清楚其父母编号、出生日期、编号、初生重、断奶体重等，最好绘制登记表格。

(三)去 势

凡是不作种用的公羊都应该去势，去势后的羊通称为阉羊。用于肥育的羔羊一般应在 2 月龄内去势，此时去势有利于提高肉的品质，使肉质细嫩，减少膻味，并使羊性情温驯，便于管理，节省饲料，容易肥育，还可防止杂交乱配。去势时最好选在晴暖的早晨进行。去势的方法主要有去势钳法、手术法和结扎法 3 种，根据具体情况选用。

1. 去势钳法 用特制的去势钳，在阴囊上部用力紧夹，将精索夹断。以后睾丸将逐渐萎缩。此法因不切出伤口，无失血和感染的危险。但无经验者没有把精索夹断，达不到去势的目的。目前使用不普遍。

2. 结扎法 把羊只保定，将睾丸挤在阴囊里，用橡皮筋或细绳紧紧地结扎在阴囊的上部，断绝血液的流通。经过半个月作用，阴囊及睾丸萎缩自然脱落。此法简单易行，效果也较好。但有些羊易发生阴囊肿胀，羊疼痛难安，导致去势失败。

3. 手术法 将羊保定，使用手术刀切开阴囊，摘除睾丸。方法是：两人配合，保定羊只，在阴囊外部用3%石炭酸或碘酊消毒。消毒后，一手握住阴囊上方，以防羊的睾丸缩回腹腔内，另一手用消过毒的刀在阴囊侧面下方切开一小口，约为阴囊长度的1/3，以能挤出睾丸为度。切开后把睾丸连同精索拉出撕断，一侧的睾丸取出后，依法取另一侧的睾丸。有经验的人，把阴囊的纵膈切开，把另侧的睾丸挤过来摘除亦很好，这样少开了一个刀口。睾丸摘除后，把阴囊的切口对齐，涂碘酊消毒，并撒上消炎粉。过1～2日检查一下，如阴囊收缩，则为安全的表现；如果阴囊肿胀，可挤出其中的血水，再涂抹碘酊和消炎粉，一般不会有危险。大公羊去势多用去势钳或用橡皮筋结扎法效果较好；用手术摘除睾丸，在夏季放牧期间往往会造成较多死亡。去势后的羊要收容在铺有洁净褥草的羊圈内，避免在潮湿、污秽的羊圈中躺卧，以防感染。

(四)去　角

1. 去角的时期　羔羊一般在出生7天内去角，这时对羔羊的损伤小。人工哺乳的羔羊，最好在学会吃奶后进行，有角的羔羊出生后，角蕾部呈漩涡状，触摸时有一较硬的凸起，即可确定去角的部位。

2. 去角的方法　一般生产上采用的有烧烙法和化学法两种，无论采用哪一种方法，去角都必须先将角蕾部位及周围的毛剪掉，剪毛面积约3平方厘米。

(1)化学去角法　可采用棒状苛性碱(氢氧化钠)在角基部摩擦，破坏其皮肤和角原组织，术前应在角基部周围涂抹一圈医用凡士林，防止碱液损伤其他部位的皮肤，操作时先重后轻将表皮擦至有血液渗出即可，摩擦面积稍大于角基部，术后应给伤口撒布少量消炎粉，并将羔羊后肢适当捆住，限制运动。由母羊哺乳的羔羊，在半天以内应与母羊隔离，哺乳时，也应避免羔羊将碱液污染母羊乳房而造成损伤。

(2)烧烙法　烙铁可采用300瓦左右的电烙铁或生烙铁，将生烙铁置于炭火中烧至暗红，对保定好的羔羊的角基部进行烧烙，烧烙的次数可多一些，但每次烧烙的时间不超过10秒钟，当表层皮肤破坏并伤及角原组织后可结束，对术部用碘酊消毒。

五、羊的放牧饲养

放牧饲养也是养羊业的原始饲养方式，好处很多，主要表现在其具有适应山羊的生活习性，增强体质；能充分利用各种自然资源，节省饲料，生产成本较低。但存在着季节性差异，夏、秋两季饲草茂盛期，羊只生长速度快，生产性能高；到冬、春枯草期则生长发育缓慢，体重增长较少，甚至逐渐下降，羊的生产性能下降。因此，冬、春枯草季节除放牧外，还应给予补饲。

(一)放牧管理

1. 放牧场规划　山羊的放牧采食能力强，主要表现是有较强的合群性、自由采食能力和游走能力，故适宜放牧饲养。放牧饲养的优势是能充分利用天然的植物资源，降低养羊生产成本，增加运动量而有利于羊体健康，同时，合理放牧还能促进草场植被的生长和更新。因此，在我国广大地区，根据以草定畜的原则，在不超载过放的情况下，应有计划地科学组织放牧饲养。而山羊放牧效果的好坏，主要取决于两个条件：一是草场的质量和利用的合理性；二是放牧的方法和技术是否适宜。

山羊的放牧饲养，要求对放牧场做出科学规划。在我国大部分养羊地区，由于季节和气候的影响，牧草的产量和质量均呈现明显的季节性变化。因此，必须根据气候的季节性变化、牧草生长规律、草场的地形地势及水源等具体情况规划四季放牧场，才能收到良好的效果。

春季是冷季进入暖季的交替时期，牧草开始萌发，气温多变，气候不稳定。因此，春季牧场应选择在气候较温暖、雪融较早、牧草最先萌发、离羊舍较近的平川、盆地或低丘草场。

夏季气温较高，降水量较多，牧草丰茂，但炎热潮湿的气候对羊体健康不利。夏季放牧场应选择气候凉爽、蚊蝇少、牧草丰茂、有利于增加羊只采食量的地区。

秋季气候适宜，牧草结籽，营养价值高，是山羊放牧抓膘的最佳时期。牧地的选择和利用，可先由山岗到山腰，再到山底，最后放牧到平滩地。此外，秋季还可利用割草后的再生草地和农作物收割后的茬地放牧抓膘。

冬季严寒而漫长，牧草枯黄，营养价值低，此时育成羊处于生长发育阶段，妊娠母羊正处在妊娠后期或产冬羔期。因此，冬季牧场应选择在背风向阳、地势较低的暖和低地和丘陵的阳坡。

2. 放牧场的利用方式　放牧场的利用方式可分为固定放牧、围栏放牧、季节轮牧和小区轮牧等，详见本书第六章相关内容。

(二)四季放牧技术

1. 放牧前的准备

(1)放牧羊群的组织　合理组织羊群，既能节省劳动力，又便于羊群的管理，可达到提高生产效率的效果。因此，应根据山羊的特性、采食能力和行走速度及对牧草的选择能力和放牧草场的面积条件，按山羊品种、性别、年龄和健康情况等合理组群。羊群的大小应按当地放牧草场状况而定。草场大、饲草资源丰富，组群可大些，一般可达 200 只左右；山区草坡稀疏、地形复杂，一般 100 只左右为一群；农区牧地较少，羊群一般不超过 80 只。不同性别和不同年龄的羊对饲养管理条件要求不同，公羊组群定额应小，母羊组群大些。各群中的羊年龄应尽量相近，以便管理方便。

(2)草场的选择　选择牧场根据羊的习性，应选择地势干燥、草质柔嫩的平地、山坡、丘陵以及渠道两旁、田埂等地。放牧前应对牧地分布、植被生长状况及水源设施等有所了解。有毒草的地方还应了解毒草的分布状况。农区放牧应避开喷过农药的作物地，以防羊中毒。不要在低洼、潮湿、沼泽等地方放牧，低洼湿地放羊，容易使羊感染寄生虫病或腐蹄病。

2. 四季放牧技术要点

（1）多吃、少消耗　放牧羊群在草场上，吃草的时间应超过游走时间，超过的幅度越大，吃的草越多，走路消耗相对地减少。多吃少走的内容包括“走慢、走少、吃饱、吃好”八个字，走是措施，吃是目的，走慢是关键。

（2）四勤三稳　“四勤”是指放牧人员腿勤、手勤、嘴勤、眼勤。腿勤是指每天放牧时，放牧员一边放羊一边找好草，不能让羊满地乱跑，也要防止羊损害庄稼，因此放牧员应多走路，随时控制羊群，使之吃饱吃好；手勤是指放牧员不离鞭，以便随时控制羊群，放牧地有烂纸、塑料布等应随手拾起，以免被羊误食。遇有毒草、带刺植物等，要随手除掉。发现羊的蹄甲过长、被毛挂有钩刺时，应及时处理；嘴勤是指放牧员应随时吆喝羊群，使全群羊能听使唤，放牧中遇有离群或偷吃庄稼的羊，都应先吆喝，后打鞭或投掷土块，以免伤羊；眼勤是指放牧员要时常观察羊的举动，观察羊的粪尿有无异常变化，观察羊的吃草和反刍情况，发现病情应及时治疗。配种季节，应观察有无母羊发情，以做到适时配种，产羔季节，要观察母羊有无临产症状，以便及时进行处理。“三稳”是指放牧稳、出入圈稳、饮水稳。放牧时只有稳住羊群才能保证羊多吃少走，吃饱吃好，才能抓膘。出入羊圈稳，目的是不让羊拥挤，否则会造成母羊流产或难产。饮水稳是防止羊急饮、抢水呛肺或拥挤掉入水中。三稳要靠四勤来控制，反过来只有三稳的羊群才能更好地执行四勤。

（3）领头羊挡羊相结合　放牧羊群应有一定队形，放牧员领羊前进，掌握行走速度与方向，同时挡住走出群的羊，控制羊群慢走多吃，队形不乱。为了控制好羊群，平时要训练头羊，俗话说："放羊打住头(即头羊)，放的满肚油，放羊不打头，放成瘦子猴"。头羊最好选择体大雄壮的阉羊，其性情温驯，走路昂首阔步，便于调教和眼观四方。训练时要用羊喜欢吃的饲料做诱导，先训练来、去、站住等简单的口令和它的代号，再逐渐训练其他如向左、向右、阻止乱跑等口令，使头羊识人意、听从人的召唤。

(4)饮水　水是新陈代谢不可缺少的物质，可以补充畜体水分，调节体温和生理功能，有利胃肠的消化吸收和增进食欲。羊的饮水量因季节、天气凉热和牧草生长状况而不同。一般天凉时饮水2次或3次，炎热时饮3～5次，以泉水、井水、流动河水为宜，切忌饮浑水、污水、死水。羊接近水源时，应先停留片刻，待喘息缓和后再饮水，发现饮水过猛时，可向水中投石子，羊多抬头观望，可暂缓一下饮水速度。饮井水时应随打随喝，饮流水时应从上游向下游方向行走，先喝水的羊在下游，后喝水羊在上游，既可避免喝浑水，又可避免水呛。羊圈和运动场内应设有水槽，水槽应高出地面20～30厘米，以防止粪土污染，水槽内随时装有清水，保证在出牧前和归牧后能及时饮到水。盐是羊生长发育不可缺少的物质，有助于维持体细胞的渗透作用，能帮助运送养分和排泄废物。

(5)补盐　钠和氯不仅是血液中不可缺少的成分，也是胃液中胃酸的组成部分，有助于对饲料的消化利用。给羊补盐，能增强食欲，促进健康。给羊补盐的方法：一是将食盐直接拌入精料中，每日定量喂给，种公羊每天喂8～10克，成年母羊5～8克。一般约占日粮干物质的1%。二是自由舔食，将盐块或盐水放入食槽内，让羊舔食。三是用食盐、微量元素及其他辅料制成固体盐砖，让羊自由舔食，既补充了食盐，又补充了微量元素，效果较好。羊食盐供给不足可导致食欲下降，体重减轻，产奶量下降和被毛粗糙脱落等，适当补给可提高其采食量和增重。

3. 要特别注重春季的放牧管理　春季气候特点是"寒冷潮湿

雨雪多,冷热变化难掌握”,春季牧草特点是“百草返青正换季,草嫩适口不易吃”。而春季的羊由于过了几个月的冬季,一般营养较差,体质瘦弱,有的母羊正处于怀孕后期,有的母羊正在哺乳,迫切需要较好的营养。这时冬草已喂完,青草没有长起来,如果遇上早春的寒潮和连阴雨的天气,对羊的威胁更大。

因此,每年入冬前,必须贮备一定数量的越冬草料。春季放牧羊应选背风向阳、比较暖和的地方,在阳坡可以晒太阳,减少因寒冷而造成的热能消耗。而且阳坡地牧草返青早,地势比较干燥,既不会踏坏牧地,羔羊也不致因卧地受潮而得病。春季正是牧草交替之际,有的地方青草虽已生长起来,但是薄而稀,要防止跑青。如果青草吃不饱,每天可先放老草坡,让羊吃些枯草,再去放青草。春季草嫩,含水量高,早上天冷,不能放露水草,否则易引起拉稀。同时,春季潮湿,羊体瘦弱,是寄生虫繁殖孳生的适宜时期,要注意驱虫,勤垫羊圈,保持羊圈卫生。

（张　年　陈明新）

第十章　羊的疾病防治

一、羊的保健要点

（一）季节性保健

1. 春季　一是注意气候的突然变化，预防感冒、咳嗽等呼吸道疾病发生；二是饲料的更换，大多数羊在冬季长期吃枯草，到春季突然供应青草时，可能会导致拉稀，所以应由少到多添加青草，让羊逐渐适应；三是预防传染性胸膜肺炎等季节性传染病。

2. 夏季　一是防暑降温，圈舍通风；二是保证充足的饮水；三是注意天气变化，防止淋雨；四是防潮防湿；五是灭蚊、蝇。

3. 秋季　一是防疫驱虫；二是预防和控制结膜炎等季节性疾病的发生。

4. 冬季　一是防寒保暖，预防呼吸道疾病；二是注意补饲，防止掉膘。

（二）各生长阶段保健

1. 初生至断奶（4月龄以前）　吃足初乳，及早开食，增强抵抗力。多发疾病为羔羊痢疾、口疮、结膜炎、呼吸道疾病等。不作种用的公羊应在此阶段进行去势。

2. 育成阶段（4～12月龄）　加强营养，促进生长发育。多发疾病为季节性疾病和管理性疾病。

3. 成年（1岁以后）　规范饲养，控制饮食，多繁育后代。除季节性疾病和管理性疾病外，母羊还可能发生产科疾病。

二、规模化羊场的卫生与防疫

(一)卫　生

1. 舍内　每天早晚各清洗料槽、水槽1次，通道、羊床每天打扫1次，保持干净整洁。

2. 运动场　每天打扫1次，保持干净整洁。

3. 粪尿沟　每周清扫2～3次，并冲洗1次。

4. 场内环境　每周大扫除1次，平日注意保持清洁，尤其严防塑料袋、药瓶、绳子等废弃物被羊误食。

5. 其他　废旧注射器、棉球、药瓶等用专用垃圾桶盛放，定期运出清理。

(二)消　毒

1. 场内人员　饲养员要穿工作服、套鞋，经过消毒池后，方可进入生产区。

2. 场外人员　严格控制进入生产区。

3. 场外动物　严防进入场区。

4. 消毒措施　场区大门、小门入口处要设置消毒池，池内注入1%～2%氢氧化钠溶液。消毒液要定期补充，保持水面的高度不小于25厘米、宽度不小于3米，长度不小于3.8米。病羊舍、隔离舍的出入口，应放置浸有消毒液的麻袋片或草垫，消毒液可用2%～4%氢氧化钠溶液。

(1)喷雾消毒　进出场区车辆用消毒液进行喷雾消毒。

(2)场区消毒　疫期每周消毒1次，非疫期每月消毒1次。

(3)紧急消毒　当某种疫病发生或流行时，要用火焰喷灯或烧碱进行突击性消毒，彻底杀灭病原菌。

5. 消毒方法 分为两个步骤进行:第一步,机械清扫,将羊舍和运动场的粪污、杂物清理干净;第二步,用消毒液进行消毒,常用的是喷雾消毒,先喷洒地面,再喷墙壁,然后喷天花板,最后打开门窗通风,用清水刷洗料槽、水槽和用具。

(三)防 疫

1. 免疫接种 春、秋季节,根据地方疾病的流行特点进行免疫接种,每只羊至少注射以下疫苗:传染性胸膜肺炎疫苗、三联四防苗、羊痘疫苗、五号病苗。

2. 驱虫 春、秋各1次,平日根据情况个别补充。

三、羊常见疾病的防治

(一)羊病观察和病羊检查

1. 羊病的一般观察 羊的合群性较强,对疾病的忍受能力也强。羊患病初期症状一般都不明显,一旦症状明显,则表明病情已经较为严重,处理不当可能导致死亡。所以饲养员要每天细心观察羊群,做到有病早发现、早治疗,避免更大的损失。

(1)放牧观察 健康羊放牧时总是争先恐后地吃草,而且吃得也快。病羊则行动迟缓,有时呆立,不肯吃草,病情严重的时走时卧,常常掉队。

(2)休息观察 健康羊休息时先用前蹄刨地,然后屈膝而卧,多为右侧着地斜卧,蹄子一般伸在体外,若听到异常响动,立即耳竖眼巡,有生人走近则急忙躲避,难以捕捉,呼吸、反刍等正常。病羊往往慌张而卧,不刨地,流鼻涕,呼吸急促,精神委靡不振,生人走近时不知躲避或行动迟缓,有时反刍间断或不反刍。

(3)头部观察 健康羊耳朵灵敏、眼睛有神,对外界反应敏锐,常寻找异声源。病羊则反应迟钝,不愿抬头,有的流泪,有眼屎,有鼻涕,口角流涎,口臭,脸肿,病情严重时有头部肿大现象。

(4)皮毛观察　健康羊被毛紧实而有光泽,皮肤弹性好,毛根有油脂;病羊一般被毛蓬乱,无光泽,有的还有脱毛现象,皮肤苍白干燥、弹性差。

(5)粪便观察　健康羊的粪便呈球状,相互不粘连或粘连少,尾根干净;病羊的粪便呈稀糊状,偶尔有黏液或脓血,尾巴结有粪块,后腿也较脏。

2. 病羊的检查　通过观察发现不正常的羊后,要及时做进一步的检查,以准确判断病情。

(1)体格与发育状态　健康羊发育良好,体躯高大,结构匀称,肌肉结实,体格健壮。若出现发育不良的现象,如体躯矮小、发育程度与年龄不相称、发育迟缓或停滞,多为长期营养不良、矿物质、维生素代谢障碍或慢性消耗性疾病(如慢性传染病、寄生虫病或长期消化紊乱等)所致。

(2)精神状态　过度兴奋是中枢神经功能亢进的结果,即使轻微的刺激也能使病羊惊恐和骚动不安,前冲后撞,乱跳乱叫,多见于脑及脑膜的充血和炎症、日射病、热射病、某些急性中毒症。精神抑郁表现为头低耳奄,反应淡漠,离群呆立,喜卧而不愿动,多见于热性病及慢性消耗性疾病。

(3)姿势与体态　健康羊的立卧和运动有其自然的固有姿势,而病羊则常出现站立不稳或不能站立、转圈、盲目行走等反常姿势。如病羊盲目徘徊,定向转圈,行走不顾障碍或碰物不知后退而呆立,多是脑病的表现,见于脑及脑膜炎、脑积水;若以一肢为轴而呈盲目的转圈运动,则为脑多头蚴病(脑包虫病)的表现;羔羊呈现四肢弯曲、腰背拱起或凹陷,则为佝偻病的特征表现。

(4)特殊行为　羊啃食异物或墙壁,多是体内矿物质缺乏的特征表现;采食大量青绿豆科牧草后腹部急剧膨胀,可确诊为瘤胃臌气；蹭墙者表明身上有体表寄生虫寄生。

(5)被毛状态检查　被毛检查包括被毛情况、皮肤色泽、温湿度及其他外在病变。①被毛粗乱蓬松而无光泽，脆弱而易脱落，一般是由饲料不好、营养不良、管理粗放和寄生虫病、慢性传染病及某些代谢病所致。患有疥螨和湿疹的羊，患部被毛可成片脱落，伴有痒感和擦伤，皮肤也变厚变硬。②皮肤发绀(蓝紫色)见于严重的呼吸器官疾病和心力衰竭、各种中毒症等，轻者耳尖、鼻端、四肢末梢发绀，重者全身发青。③皮肤的温度可用手或手背在耳根、胸侧感觉。全身温度增高见于热性病，局部皮温升高多为局部炎症。发生高热性疾病，如日射病、热射病、剧烈疼痛性疾病和心脏病时，可见多汗，但鼻镜干燥甚至龟裂则多为急性热性病。若患羊在皮温降低、肢端冰冷的同时却冷汗淋漓，则多为内脏破裂、严重的心力衰竭、中毒等濒死期的表现。④羊唇周围、蹄部有丘疹、水疱、脓疱样病变，口腔起丘疹，口角流涎，多为口疮、痘和口蹄疫。

(6)眼结膜检查　健康羊的眼结膜为淡红色，当运动、兴奋、气温高时颜色加深。出现结膜苍白，多为贫血和体内寄生虫病；结膜潮红多为急性热性病初期、急性脑炎等；结膜发红且伴有流泪，多为角膜结膜炎；结膜发绀，则为各型肺炎、胸膜炎、心脏病、胃肠臌气、某些中毒症等；结膜发黄则多为溶血性疾病、肝炎。

(7)体温检查　羊的体温用兽用体温计插在肛门内测定，并须在羊安静时进行。羊体温正常值为38.5℃～40℃，受年龄、性别、气温、运动、昼夜等因素的影响而变化。体温过低，多为死亡前的征兆，如大出血、某些饲料中毒等；体温高，一般是有局部或全身炎症，如胃肠炎、支气管炎、流感、胸膜炎等，发生日射病或热射病时体温可以达到43℃。

(二)传染病

传染病是存在于病羊身上的病毒、细菌等微生物，通过消化道、呼吸道、皮肤创口、吸血昆虫叮咬及配种等途径，传染给健康羊体，引起与病羊相同的临床症状。病程短、病情剧烈的叫急性传染病，如炭疽等；反之叫慢性传染病，如结核病等。与其他疾病相比，传染病一般来势凶猛、传播速度快、发病率及死亡率高，因此应密切注意和有效预防，发病后做好隔离和治疗或捕杀。

1. 炭疽病　是由炭疽杆菌所引起的急性、热性、败血性、烈性传染病，且为人兽共患传染病。其特征为脾脏肿大，皮下和浆膜下出血性胶样浸润，血液凝固不良，死后尸僵不全。

炭疽杆菌为革兰氏阳性大杆菌，在体内为单个、成双或3～5个菌体相连成短链，两端平截，相连处似竹节状。体内的菌体抵抗力很差，炎热条件下，尸体中的菌体2～3天死亡，太阳直射时7～15小时死亡，55℃下经10～15分钟死亡，煮沸2～5分钟死亡。一般的消毒药和青霉素都可轻易将它杀死。但是，炭疽杆菌在空气中可形成芽孢，芽孢的抵抗力极强，能在土壤中存活30多年，煮沸2小时才能将其杀死，普通消毒药也不能短时间内杀死芽孢。因此，疑为炭疽病的羊一般情况下严禁剖检。

本病主要通过消化道传染，病羊是主要传染源。患有炭疽病的羊排出的粪便、血液，其中的炭疽杆菌接触空气形成芽孢，健康羊吃了被污染的草料或饮水就会发病，经皮肤创伤、蚊虻叮咬、呼吸道等途径也可感染。炭疽病多发于雨量较多的夏季，其他季节比较少。

本病潜伏期短，多为急性发作，来势凶猛，病羊像中暑一样突然倒地，呼吸困难，全身战栗，黏膜呈紫色，瞳孔散大，口、鼻、肛门等天然孔流出黑红色血液且不凝固，几分钟内即可死亡，且尸僵不全。也有的病羊开始兴奋不安，行走摇摆，心悸亢进，脉搏增速，呼吸急促，可视黏膜发绀，最后卧地不起，数小时内昏迷死亡。

【预　防】　采取每年定期注射Ⅱ号炭疽芽孢苗的方法进行预防。一旦发生此病，应立即隔离病羊，划区封锁，焚烧粪便和垫草。

病羊接触过的圈舍、用具、车辆等用20%漂白粉或10%热氢氧化钠溶液消毒，羊场其他地方也应消毒。病羊和死羊严禁解剖，更不准剥皮吃肉，尸体要与被污染的地面土一起深埋，也可以堆积起来用柴火进行焚烧。在最后1只病羊死亡或痊愈后14天方可解除封锁。羊群中的其他羊普遍进行体温检查，对体温升高的可疑羊先注射抗炭疽血清，14～21天后注射疫苗，其他羊注射疫苗或共同接种，即一侧颈部皮下注射血清，另一侧注射疫苗。

【治　疗】

①血清疗法：患病早期，于颈部皮下注射抗炭疽血清50毫升，12小时后体温仍不降者，再重复注射1次。若体表有炭疽痈时，可在肿胀部位分点注射。为避免过敏反应，最好用同种动物的抗炭疽血清，否则应先皮下注射0.5～1毫升，30分钟后无特殊反应者再注射全量。另外，注意在注射前应将血清加温到与体温相近。

②抗生素疗法：青霉素按每千克体重4 000～8 000国际单位，肌内注射，每天2次，连用2～3天。土霉素也可用于治疗。

③磺胺疗法：以磺胺嘧啶为最好，初次剂量为每千克体重0.2克，以后减半，每日1～2次，连用3～5天。

2. 布氏杆菌病　本病是一种人兽共患慢性传染病，主要侵害生殖系统，以母羊发生流产和公羊发生睾丸炎为特征。

病原为布氏杆菌，是一种很小的球状杆菌，属革兰氏阴性菌。布氏杆菌对热非常敏感，70℃中10分钟即可死亡，在腐败病料中迅速失去活力。一般常用的消毒药能将其很快杀死。

布氏杆菌除可随乳汁、精液、脓汁等排到体外外，主要是在流产后随胎儿、胎衣、羊水、子宫阴道分泌物等排到体外，通过交配、消化道、皮肤伤口、呼吸道等途径传染给健康羊。

本病为慢性接触性传染病，不表现全身症状，通常从外表很难看出。怀孕母羊发生流产是这种病的主要症状，大群感染时流产率可达40%～70%。母羊流产前精神委靡，食欲不振，体温增高，喜饮水，阴户流出黄色黏液，不久即流产。胎儿多为死胎，弱胎者也往往很快死亡。流产的母羊常发生乳房炎。公羊常发生睾丸炎，性功能降低。有些病羊还发生关节炎、关节水肿，表现出跛行症状。

【预　防】 预防方法为定期注射疫苗。在布氏杆菌病的常发地区，定期对羊进行预防注射，常用的疫苗有冻干布氏杆菌猪2号弱毒苗和冻干布氏杆菌羊5号弱毒菌苗。

【治　疗】 一旦发现病羊应立即隔离，对流产胎儿、胎衣、羊水及产道分泌物等更应消毒和处理，被污染的羊舍、运动场、用具等用5%来苏儿液或10%～20%石灰水或2%氢氧化钠液彻底消毒。病羊数量不多且价值不高者，可屠宰淘汰，肉煮熟后可以利用；病羊数量多又有价值者，可隔离后予以治疗。

目前尚无特效药物治疗，可试用磺胺嘧啶钠静注配合青霉素或链霉素等肌内注射。

3. 巴氏杆菌病 本病是由多杀性巴氏杆菌所引起的一种以败血症和炎性出血过程为主要特征的传染病。当寒冷、闷热、潮湿、多雨、气候剧变、圈舍通风不良、营养缺乏、饲料突变时易发生内源性传染。病羊排泄物、分泌物经消化道、呼吸道、皮肤黏膜的伤口进行传播，本病多发生于育成羊和羔羊。

【预　防】 平时加强饲养管理，防止羊受冻受热或过度劳累等；搞好环境消毒和预防工作。对已经发病的，应查明诱因，积极改善饲养环境。立即隔离病羊，圈舍、用具用10%石灰水或3%来苏儿液或5%漂白粉液消毒。

【治　疗】 青霉素、链霉素混合肌内注射，每天2次，连用3天；严重病例的，用磺胺嘧啶钠等配合5%～10%葡萄糖静注，症状缓和后，改用他药。

4. 口蹄疫 本病是发生于偶蹄动物的一种急性、热性、高度接触性传染病，特征为口腔黏膜、蹄部和乳房皮肤发生水疱。人有时也能感染该病。

病原为口蹄疫病毒，有多种毒型，各型又有若干亚型，且无交互免疫性。因此，注射一种疫苗有时达不到预期效果，该病毒耐冷不耐热。

病毒主要存在于病羊的水疱中，乳汁、尿液、口涎、脓疱和粪便中也有分布。病毒经消化道传染给健康羊，多在春、秋两季发作。

病初羊食欲减退，精神不好，蹄部肿痛发热，体温上升。2～3天后口腔、蹄趾、乳房上出现水疱，破裂后形成烂斑，若无继发感染则1～2周后自然痊愈。羔羊发病时死亡率要高一些。

【预　防】 每年定期进行预防注射。一旦发现病羊应立即隔离，场地用1%～2%烧碱或30%热草木灰或1%～2%甲醛溶液进行彻底消毒。在最后一只病羊痊愈、死亡或急宰14天后，经全面彻底消毒后才能解除封锁。

【治　疗】 病轻者一般经10天左右自愈，但为了促进早日康复，可进行对症治疗。口腔用清水、食盐或0.1%高锰酸钾洗净溃疡面，涂以1%～2%明矾液或碘甘油，也可用冰硼散（冰片15克、硼砂150克、芒硝150克共研末）适量撒布或投入口腔；蹄部用3%来苏儿液洗涤，涂擦龙胆紫液、碘甘油、青霉素软膏或木焦油凡士林（1∶1）等，并用绷带包扎，也可用生石灰与锅底灰各半，研末后加少量食盐撒于蹄部；乳房用肥皂水或2%～3%硼酸水清洗，涂以青霉素软膏。

5. 传染性胸膜肺炎 本病又称羊支原体性肺炎，俗称“烂肺病”，是一种极易蔓延的传染病，且死亡率高。以咳嗽、口鼻流出白色泡沫、呼吸困难为特征。主要发生在养羊集中、有引种史的羊群。常年均可发病，但以春、秋季节气候剧烈变化时为多，各类羊均可发病，大规模发生时死亡率可高达40%～60%。

病原为山羊丝状支原体，呈革兰氏阴性反应，耐冷不耐热。病羊是主要传染源，且多为外地引种所导致。病原通过接触传染，如呼吸道飞沫、被污染的草料等。

病初体温升高至 41℃～42℃，精神沉郁，食欲减退，反刍减少，不愿走动，咳嗽，流鼻涕。随后咳嗽严重，鼻涕增多、变稠，呼吸困难，腹部紧缩。肺部叩诊有浊音，触压有痛感，听诊有啰音和摩擦音。后期常因肺部严重感染而死亡，也有的转为慢性，病羊逐渐消瘦，被毛无光泽，经常咳嗽、流鼻涕。

【预　防】 重视预防接种，每年全群注射传染性胸膜肺炎疫苗；不从疫区引种；新引进的羊必须隔离观察至少 1 个月，驱虫防疫后方可混群。发现有病羊后，及时隔离治疗，场区进行紧急预防接种和环境消毒，病死的羊焚烧或深埋。气候剧变时注意调整饲养管理，消除疾病诱因。

【治　疗】 当病羊咳嗽严重、呼吸困难、体温下降时，一般已无治疗价值。因此要密切观察，及时发现发病初期和病情轻的羊，尽早治疗。由于病原为支原体，一般的青霉素、链霉素、磺胺类药物无确切疗效，可选用环丙沙星、红霉素、泰乐霉素及头孢类药物进行治疗，轻者肌内注射，重者配合葡萄糖进行静脉注射。

6. 蓝舌病　本病是一种接触性传染病，又称羊瘟，以发热、口唇肿胀糜烂、鼻腔和胃肠黏膜的溃疡性炎症为特征。

羊蓝舌病属于呼肠孤病毒属，在宿主细胞浆内增殖，主要存在于病羊血液、组织液和各个脏器中。病毒主要由吸血昆虫传播，多发于蚊虻大量活动的夏、秋季节。

病羊症状为体温升高，双唇及口腔黏膜水肿及充血、流涎，流鼻涕，而后口腔黏膜呈青紫或蓝紫色，引发溃疡和坏死。蹄部有炎症出现，疼痛，跛行。病轻者病程 6～14 天，经 10～15 天可自愈。

疫区每年定期注射疫苗进行预防，消灭蚊虻等吸血昆虫。

目前尚无特效药治疗，可对症加强护理，防止继发肺炎及胃肠炎。

7. 羔羊痢疾　本病是初生羔羊(7 日龄以内)的一种急性传染

病，以剧烈腹泻和小肠溃疡为特征，引起羔羊大批死亡。

不同地区的病原不同，其中最常见的是产气夹膜梭菌，另外还有大肠杆菌、肠球菌和沙门氏杆菌。

该病主要危害7日龄以内的羔羊，其中又以2～5日龄的发病最多。外来品种及其杂交羊比土种羊易于患病，在产羔盛期发病最多。病羊及带菌母羊是重要的传染源，经消化道、脐带或伤口感染。孕羊营养差、羔羊体弱、脐带消毒不严、羊舍潮湿、气候寒冷都是发病的诱因。

病初羔羊精神差，头重背拱，不肯吃奶，腹壁紧缩，不久即发生腹泻，粪便呈粥样或水样，灰白色或淡黄色，伴有恶臭，后期大便有血，肛门失禁，卧地不起，严重消瘦，最后衰竭而死。

【预　防】 因本病的发病因素比较复杂，所以应采取综合防治措施。

合理安排配种时间，避免寒冷季节产羔，否则应做好保温工作。

加强孕羊的饲养管理，保证所产羔羊健壮，乳汁充足，产羔前后做好消毒工作，初生羔羊吃足初乳。

常发本病的地区，可在羔羊出生后12小时内，口服土霉素0.15～0.2克，每天1次，连用3天，有一定的预防效果。对病羔要做到早发现、及时隔离和治疗，污染物用3%～5%来苏儿液喷雾消毒。

每年秋季给母羊用三联四防苗（快疫、猝殂、肠毒血症、羔痢）预防接种1次，产前2～3周再接种1次。

【治　疗】 药物治疗与细心护理相结合，应做到对症下药。

一般发病较慢、排稀粪的病羔，有以下4种治疗方案：①6%复方硫酸镁溶液（内含0.5%福尔马林液）30～60毫升灌服，6～8小时后再灌服1%高锰酸钾10～20毫升，必要时再用高锰酸钾2～3次；②硫胺脒0.5克，鞣酸蛋白0.2克，次硝酸铋0.2克，小苏打0.2克，水调灌服，每日3次；③土霉素0.2～0.3克，水调灌服，每日2次；④大蒜捣烂取汁半匙，白酒半匙，醋半匙，混合灌服，每日2次，每次10～20毫升，见效后喂至康复。

对于腹痛不安、流涎不止的病羔，可皮下注射0.05%硫酸阿托品0.2～0.3毫升；对心脏衰弱的，可皮下注射25%安钠咖0.5～1毫升；对严重脱水者可静注5%葡萄糖生理盐水20～30毫升；对有兴奋症状的急性病羔可灌服镇定药；对严重昏迷者可用朱砂0.3克、冰片0.09克、全蝎0.2克，注水灌服急救。

8. 羊传染性脓疮(羊口疮) 羊口疮是羊传染性脓疱的一种主要表现类型，是一种由病毒所致的传染病，多发于羔羊，成年羊较为少见，以口唇等处皮肤和黏膜形成丘疹、脓疮、溃疡和结成疣状厚痂为特征，近年来口腔内病变加剧的病例上升明显。本病几乎在所有养羊的地区都有发生。

口疮病毒属于痘病毒科的副痘病毒属，电镜下呈纺锤形，类似于单线缠绕的卵形线纱团。病毒对干燥的抵抗力极强，干燥的皮痂在野外可保持毒力数月，在室温下可存活15年之久。对热和碱较为敏感，60℃下30分钟或煮沸3分钟可杀灭病毒，10%的石灰水或2%的氢氧化钠溶液可使其丧失毒力。

自然情况下，本病只发生于绵羊和山羊，以4月龄以前的羔羊发病最多，成年羊很少发病，一年四季均可发生。病毒通过直接或间接接触传播，感染途径主要是皮肤和黏膜的擦伤。羔羊出牙时牙龈发痒或矿物质缺乏时啃墙、饲草粗硬有刺或有泥沙，均会使口腔黏膜受损，此时接触病羊、带毒羊或病羊用过的厩舍、牧场，即可感染本病。羔羊发病最多，常群发性流行。本病在羊群中可连续危害多年。

口腔外症状：病初在口角或上唇散发绿豆大小至黄豆大小的小红斑，逐渐形成丘疹或小结节，并发展为水疱或脓疱，破裂后溃面被黄色或棕色渗出物覆盖，结成黄色痂皮，以后痂皮逐渐加厚、干燥、色泽加深，形成褐色疣状硬痂。剥开痂垢可见桑椹样的粉红色肉芽组织。良性者1～2周内痂皮脱落而恢复正常。恶性者继续发生水疱、脓疱、痂垢，遍及全唇，痂垢不断增生，使整个嘴唇肿大外翻，采食和咀嚼困难，病程2～3周。

口腔内症状：病初唇内面、齿龈、颊部、舌和软颚黏膜上发生灰白色水疱，很快变成脓疱，破裂后形成鲜红色烂斑，类似口腔溃疡。良性者烂斑逐渐愈合而康复。病情恶化者在溃疡面上形成菜花样肉芽组织，并不断增生，使嘴唇外翻，口中有恶臭带泡沫的涎流出，有的还导致下颌及面部肿胀，采食、咀嚼和吞咽困难，甚至不能吮奶，最终因营养缺乏、体力衰竭而死亡。

口腔内、外的病变可单独发生，也可同时发生。

本病症状在初期并不明显，至中期口角有褐色块状疣痂出现，乃为本病之典型症状，可以确诊。口腔内的症状初期与口炎相似，至中期形成菜花样增生，有恶臭带泡沫的涎流出，即可确诊。

【预　防】①疫苗接种：每年3月份和9月份，口腔黏膜内注射羊口疮弱毒细胞冻干苗0.2毫升。②保护口腔黏膜：饲草和饲料尽量拣出芒刺，干净无泥沙，饲料或饮水中适量加盐，以减少羊啃土啃墙。③病羊隔离治疗。④环境消毒：用2%氢氧化钠溶液或10%石灰乳或20%草木灰水等彻底消毒用具和羊舍。

【治　疗】①药物冲洗加涂擦（或直接涂擦）：可选用的冲洗药物有0.1%～0.2%高锰酸钾、5%硼酸、2%明矾、食醋等，涂擦药物有紫药水、碘甘油（1∶9）、碘酊、土霉素软膏、石炭酸软膏、四环素软膏、金霉素软膏、青霉素软膏等，每日处理2次。②中草药：天青地白、五爪龙、雨点草、铁马鞭、黄瓜香或地葫芦的鲜全草各50克（1只羊量），洗净捣烂，新鲜淘米水浸泡，用浸泡液清洗病羊口腔及口唇周围，每日2次。③土方一：揭开疣痂，创面涂抹食盐，适于早期患羊。④土方二：8份食醋、1份食用油、1份食盐，配成悬浊液涂擦。

本病是养羊业中最常见的疾病之一，只要做到勤观察、早发现、早用药，并不难治疗，尤其是口腔外的病变，均可治愈。而口腔内的病变通常不易发现，只有在翻开嘴唇和掰开羊嘴时才可发现，等到了晚期，嘴唇、牙龈、舌等部位严重病变时，已很难治疗，加之前期营养不足，死亡率很高。实践发现，口腔外的病变多发于4月龄以下，而口腔内的病变多发于2月龄以下，因此要特别注意早期观察，群体小的隔几天逐只观察，群体大的在产羔旺期做好环境消毒，对嘴角有涎流出、精神和食欲不佳的羔羊要特别注意。此外，在治疗口腔外病变时，须看口腔里面有无病变，及早治疗。

9. 传染性角膜结膜炎　本病又名羊流行性眼炎，俗称红眼病，是一种高度接触性传染病。虽然不致死，但由于局部刺激和视觉扰乱，以及继发的失明，也会造成损失。

引发本病的病原有嗜血杆菌、结膜炎立克次氏体、衣原体、支原体、奈氏球菌、李氏杆菌等多种微生物，可通过接触传染，蚊、蝇等昆虫传染，患羊分泌物（鼻涕、泪等）污染环境进行传染。往往是大群暴发，呈地方性流行，传播迅速，发病率高，无性别、年龄差别，但幼年动物发病较多。常发生于温度较高、蚊蝇较多的夏、秋季，一般是5～10月份。

临床特征为眼结膜和角膜发生明显的炎症变化，伴有大量流泪，其后出现角膜浑浊或呈乳白色。本病一旦发生，传播迅速，多呈地方性流行。起初个别羊发病，很快遍及全群。病初一侧眼感染，轻微角膜或结膜炎，患眼流泪、怕光，眼睑肿胀、疼痛，结膜潮红，眼分泌物增多，初为浆液性、后为脓性并沾在睫毛和眼角。很快双眼感染，角膜充血，轻度浑浊。一般无全身症状，食欲尚好。病轻者可在短期内自然康复，少数导致角膜云翳、角膜白斑，眼球突出，最终失明，丧失生产价值。

【预　防】　加强饲养管理，发现病羊立即隔离，在发病季节注意做好预防和杀灭蚊、蝇的工作。

【治　疗】 可用2%～3%硼酸水冲洗患部，拭干后再用3%～5%弱蛋白银溶液滴入眼内，每天2～3次；青霉素或红霉素软膏点眼；病毒灵5毫升、乐百兽2毫升混合液滴眼，每日3次；滴青霉素溶液（每毫升含5 000单位）或2%可的松软膏可加速治愈过程；对已出现白内障的羊，可给眼睛滴入拨云散。

10. 羊痘 是由羊痘病毒引起的一种急性、热性、接触性传染病，分绵羊痘和山羊痘两种。一年四季均可发生，以春季为多。

潜伏期1周左右，病程2～3周，初期体温升高至41℃～42℃，精神不振，食欲减退，呼吸困难，眼睑肿胀、流泪。继而从嘴唇开始出现病症，后鼻、脸、四肢内侧、乳房等毛短或无毛的部位呈现红斑，相继成为丘疹，高于皮肤表面。3～4天后变成水疱，中央凹陷呈脐状，随之变为脓疮。食欲差，孕羊易流产。如无感染，几日后脓疮变为褐色痂块。有的症状不典型，常发展到丘疹期而终止。继发全身感染者常因败血症而死亡。

发现病羊应及时隔离，并对污染的羊舍、用具等进行彻底消毒，病死的羊焚烧或深埋。对皮肤上的痘疮，可用龙胆紫药水或碘酊等处理，黏膜上的痘疹用0.1%高锰酸钾、碘甘油等处理。如继发感染，可用抗生素药物进行抗感染治疗。也可用病毒灵等进行抗病毒治疗。

对常发区及受威胁区羊群，应定期注射羊痘弱毒疫苗。加强饲养管理、提高群体抵抗力也是预防本病的有效途径。

11. 破伤风 由破伤风梭菌引起的一种急性、创伤性人兽共患传染病，细菌在伤口繁殖，产生大量的破伤风外毒素，使羊出现全身肌肉强直性痉挛。

主要通过伤口感染。在伤口小而深，创内发生坏死或伤口被泥土、粪便、痂皮封盖，创内缺氧时，破伤风梭菌在创内大量繁殖，产生破伤风外毒素，刺激中枢神经系统而出现特征症状。常见于去势、外伤等处理不当而感染发病。病羊精神呆滞，起卧困难，四肢逐渐僵直，全身肌肉高度紧张，头颈伸直而僵硬，角弓反张，尾根挺直，牙关紧闭，流涎吐沫，反刍停止，最后倒地不起直至死亡。

【预　防】 以防止羊发生外伤为主。一旦有外伤，或进行去势、断脐时，一定要及时清理伤口，严格消毒。

【治　疗】 从加强护理、伤口处理和药物治疗三方面同时着手进行治疗。①病羊置于光线较暗、通风良好处，保持安静，减少刺激。②尽快找到伤口，排除脓汁、异物、坏死组织及痂皮，用3%过氧化氢液或5%～10%碘酊消毒处理，并用抗生素在创面周围注射。③可选用的药物有：抗破伤风血清、硫酸镁普鲁卡因等。

12. 羊快疫、猝殂、肠毒血症　三种病均由梭状芽孢杆菌属引起，其中羊快疫由腐败梭菌引起，肠毒血症由D型产气夹膜梭菌引起，羊猝殂由C型魏氏梭菌引起，属于急性传染病，主要为消化道感染，临床上有许多相似之处，常混合发生。

羊快疫病程很急，发病突然，未见病状就突然死亡，故称快疫。少数慢性病例有臌气、食欲差、磨牙、口吐血沫等表现。病死的羊剖检可见皮下胶样浸润，真胃和十二指肠黏膜肿胀、潮红，有出血性炎症，肝肿大呈土黄色。羊猝殂表现急性中毒性症状，突然或数小时后死亡，与快疫并发，难以区别。肠毒血症又称软肾病，临床症状与羊快疫相似，发病后无症状突然死亡。稍慢的病例有腹泻、惊厥、痉挛等症状发生，最后昏迷死亡。剖检可见肾脏表面充血、略肿、质软如泥，因而本病也称软肾病。

【防　治】 常发本病的地区要定期注射三联四防苗(快疫、肠毒血症、猝殂、羔痢)，同时加强饲养管理，提高抵抗力。因病程短，一般来不及对病羊进行救治。一旦发病，就应以保护未感染羊群为要务，紧急接种，场区消毒，病羊隔离，死羊焚烧或深埋。

(三)寄生虫病

羊寄生虫病的病原种类很多，分布也很广，一般引起慢性、消耗性的疾病，影响羊的生长发育，降低产品质量，甚至造成大批死亡。冬、春季节牧草缺乏、羊体瘦弱时危害更为严重。寄生在羊体表的寄生虫，称为外寄生虫，如虱、螨等；寄生在体内的称内寄生虫。

- 羊寄生虫病
  - 内寄生虫病
    - 原虫病
    - 蠕虫病
      - 绦虫
      - 吸虫
      - 线虫
  - 外寄生虫病

防治寄生虫病是一项复杂的工作，必须在正确诊断的基础上开展群防群治，着眼于控制与消灭传染源、切断传播途径和保护易感羊群三个基本环节，以消灭各个发育阶段的寄生虫为重点，采取综合防治措施，才能收到最好的效果。

防治寄生虫病的基本原则：一是消灭外界环境中的寄生虫，防止感染羊群；二是消灭传播者，切断寄生虫的传播途径；三是及时治疗病羊，并做好隔离工作，防止感染周围健康羊；四是对健康羊进行预防。一般每年春、秋两季各驱虫 1 次。

具体防治措施如下：①放牧的羊群载畜量不应过大；②羔羊尽早断奶分群；③避开潮湿低洼的牧地；④除粪要勤，且粪便应集中堆积发酵；⑤定期驱虫，驱虫应在专门的场所（有隔离条件）进行，驱虫后隔离一段时间，使被驱出的病原物质排完，驱虫后的粪便应集中堆积发酵；⑥要有专门的产房，羔羊有专用牧场；⑦饲料饮水要清洁。

1. 肝片吸虫病　肝片吸虫寄生在羊的肝脏和胆管中，引起肝实质和胆管发炎或肝硬化，并伴发全身性中毒和继发消化、代谢功能紊乱。多发于潮湿、多水地区，夏、秋季节易感染。

急性症状为精神沉郁，食欲减弱甚至消失，体温升高，贫血，黄疸等。病羊衰弱疲倦易掉队，严重者 3～5 日死亡。常见的为慢性症状，主要表现为贫血，黏膜苍白，眼睑、下颌、胸下、腹下发生水肿，被毛蓬乱无光泽，食欲不佳。

【防 治】 羊群不在潮湿低洼处放牧，同时大面积消灭牧区内椎实螺。患了此病的羊可用以下方法治疗：①硫双二氯酚（别丁），每千克体重 50～100 毫克，和水灌服；②四氯化碳，口服，成年羊 2 毫升，羔羊 1 毫升，也可混合等量液体石蜡口服或肌注（注意：孕羊禁用）；③硝氯酚，每千克体重 4 毫克，1 次灌服；丙硫咪唑，每千克体重 20 毫克，口服；④阿维菌素或伊维菌素肌内注射。

2. 血吸虫病 血吸虫寄生在羊肠系膜静脉系统的小血管内，消耗营养，常发于多水地区。

本病病原在我国北方主要是东毕吸虫，在南方地区主要是日本分体吸虫。成虫在羊肠系膜的小静脉中产卵，虫卵通过肠黏膜，随粪排出。

急性病羊体温升高，严重贫血，甚至衰竭而死。常见的多为慢性病，表现为消化不良，发育迟缓，腹泻或便血，逐渐消瘦。

【预 防】 不在有螺地带放牧，或放牧地大面积灭螺。

【治 疗】 ①硝硫氰胺（7505），每千克体重 4 毫克，配成 2% 的溶液，静注；②吡喹酮，每千克体重 20 毫克，灌服。

3. 绦虫病 本病病原主要是莫尼茨绦虫，它寄生于羊的小肠，中间宿主为地螨。轻者使羔羊发育不良，重者使羊死亡。

绦虫在羊体内生长发育快，大量吸收营养，成年羊轻微感染时不表现病症，若虫体增多，则虫体分泌的毒素刺激羊肠，造成消化不良、腹泻、贫血、水肿、疝痛、消瘦、甚至死亡，有时还可引起肠道阻塞。羔羊感染后症状比较明显，病初表现消化障碍，以后精神不振，食欲差，逐渐消瘦，发育迟缓甚至停滞，被毛失去光泽，腹泻，贫血。

【预 防】 定期对羊群进行驱虫，粪便应堆积发酵。遇潮湿天气，地螨活动频繁，此时避免在已污染的草地上放牧。

【治　疗】 可选用以下驱虫药在清晨空腹灌服：①硫双二氯酚(别丁)，每千克体重 50～100 毫克；②灭绦灵(氯硝柳胺)，每千克体重 70 毫克；③丙硫咪唑，每千克体重 5～10 毫克；④烟叶 6 克，加水 50 毫升浸泡 1 天，取汁加硫酸铜 15 克、水 1 000 毫升，混匀，羔羊 15～45 毫升/只，成年羊 70～100 毫升/只；⑤10%硫酸铜溶液，成年羊 100 毫升，1～1.5 岁的 75 毫升，4～12 月龄育成羊 50 毫升，羔羊 25 毫升。配制硫酸铜溶液时忌用金属容器。

4. 胃肠道线虫病 羊的胃肠道常寄生有不同种类和数量的线虫，引起胃肠炎，消化障碍，使羊消瘦、贫血，严重者导致死亡。

病羊一般表现为慢性、消耗性疾病的症状，如贫血、消瘦、被毛粗乱无光泽等。虫体大量感染时可引起胃肠炎症，继发其他感染而死亡。

【预　防】 定期驱虫、羊粪及时清扫并堆积发酵。

【治　疗】 ①硫化二苯胺(酚噻嗪)，每千克体重 1 克，口服，总量不超过 60 克；②丙硫咪唑，每千克体重 10 毫克，口服；③1%硫酸铜溶液，口服，大羊 100 毫升，小羊 75 毫升，羔羊 50 毫升；④阿维菌素或伊维菌素肌内注射。

5. 肺线虫病 本病是由网尾科和原圆科的线虫寄生于羊的呼吸器官，引起气管、支气管炎及肺炎。

病羊精神委靡，咳嗽强烈而频繁，夜间、清晨和运动后更为严重，有时能咳出白色虫体。并发肺炎时，体温升高，贫血，消瘦，腹下、胸部、下颌等处水肿。

【预　防】 定期驱虫，及时清粪并堆积发酵，放牧时不去潮湿低洼地。

【治　疗】 ①氰乙酰胺，每千克体重 17.5 毫克，溶于温水中灌服，或每千克体重 15 毫克，配成 10%溶液，皮下或肌内注射，每只羊的总剂量不超过 1 克；②磺苯咪唑，每千克体重 5～10 毫克，口服；③丙噻咪唑，每千克体重 20 毫克，口服。

6. 螨病　山羊的螨病主要是因螨寄生于羊的体表，引起剧烈发痒，影响羊的正常采食和休息。

疥螨多寄生于山羊的毛短处，如嘴唇、鼻子、眼睛周围、耳部、头顶、四肢及尾根，患部皮肤开始发红、发热，以后起小疙瘩，剧烈发痒，被毛失去光泽甚至脱落。病羊不安，常咬患部或靠墙磨蹭，采食和休息受到影响。严重者逐渐消瘦，在冬、春季节容易导致死亡。

防治螨病的重要环节是既要消灭羊体上的螨，又要消灭环境中的螨。要定期进行圈舍消毒，羊群多晒太阳，发现病羊及时隔离治疗。治疗方法如下：①百草霜、食盐、桐油各 100 克调匀，涂擦患处；②辣椒、花椒各半，研末加适量米汤调成稀糊状，涂擦；③螨净，按 1 升水加药 1 毫升配成溶液药浴，补充药液按 1 升水加药 3.3 毫升；④杀虫脒，配成 0.1%～0.2%水溶液，局部涂擦或药浴；⑤溴氰菊酯，按 1 升水加药 1 毫升，药浴，补充药液为 1 升水加药 1.6 毫升，现用现配。

7. 虱子　虱子寄生在羊的体表毛多处，吸吮羊血，并引起骚痒，使羊经常靠墙磨擦。大量寄生者引起皮炎，出现消瘦乏力等症状，多发于冬、春季节。防治方法基本同螨病。

(四)内 科 病

1. 瘤胃臌气

【病　因】　采食大量容易发酵的草料或多汁饲料，如新鲜豆科牧草、青嫩草、白菜叶等，或采食沾有露水或雨水的青草及发霉变质的草料等，均可引发本病；羊误食尿素也可引发。此外，本病可继发食管阻塞、肠梗阻等疾病。

【症　状】　病羊不安，常回头看其腹部，左腹膨大，腹壁紧张，叩时带鼓音。急性病症反刍停止，呼吸困难，结膜发紫，最后窒息或胃破裂死亡。

【预　防】 不喂太多的豆科牧草；不在大面积豆科牧地上放牧，或先在其他牧地放牧，待羊吃个半饱再赶过来；不喂露水草和发霉草料。

【治　疗】 病羊数量少且症状轻时，可将树枝横放在口内，两端露出，让羊咀嚼排气，发病多且病症严重时，可用套管针在左腹穿刺放气，无套管针也可用粗注射针头或削尖的细竹管，穿刺前后要严格消毒，排气过程要缓慢，以防脑部缺血。在咀嚼排气过程中，可同时灌服止酵药，穿刺者可在排气之后直接由放气管注入药液，常用的止酵药有以下几种：①乳酸 15～20 毫升，加水 500～1 000 毫升；②福尔马林 10～20 毫升，加水 1 000～2 000 毫升；③来苏儿液 10～20 毫升，加水 1 000 毫升；④10%鱼石脂酒精 100～150 毫升，加水 500～1 000 毫升。也可同时配合使用缓泻剂，如硫酸镁、石蜡油、松节油和植物油等，用量一般为每只羊 100～150 克。

2. 胃肠炎（痢疾）

【病　因】 胃肠黏膜因饲养管理不当如圈舍过脏，或草料质量过差如草料发霉变质等，会发生炎症。另外，某些胃肠寄生虫病、中毒症或传染病也可继发本病。

【症　状】 病羊精神差，食欲大减，大便初期干而少、色深、附有黏液，后期转为腹泻，粪中有血液和黏液，体温升高，严重者排粪失禁，虚脱而死。

【预　防】 不给羊喂发霉、变质、虫蛀及含有毒物的不良饲料。饲料搭配合理，防止精料过多和品种单一，更不要突然更换饲料。

【治　疗】 首先排除病因，然后治疗。治疗以消炎杀菌为主，且贯穿全过程。病初同时给予轻泻药物清理肠胃，辅以米汤或面汤保护黏膜，腹泻严重者应给予止泻药和强心药，并适当补液。消炎杀菌可选用各种常规消炎药如青霉素、庆大霉素等，止泻药可用 1%阿托品。

3. 呼吸道感染(感冒、肺炎)

【病 因】 主要由受寒引起,常发于秋末及冬春季节气候突变时。另外,饲养管理不当,如冷雨浇淋、寒夜露宿、大量出汗后过度吹风、吸入异物、灌药时误入气管等,也可引起发病。肺部有寄生虫时,也可能引发本病。

【症 状】 病羊精神沉郁,低头耷耳,流泪,鼻黏膜充血肿胀,有鼻涕,时有喷嚏,体温略有升高。若不及时治疗,则可能继发支气管炎及肺炎,表现为咳嗽、流鼻涕、精神迟钝、食欲不振,眼结膜充血红肿,体温上升,咳喘频繁。病情严重时呼吸困难,脉搏急快,甚至死亡。

【预 防】 加强防寒保暖工作,排除病因。喂药时不要让羊头抬得太高,以防药液误入气管和肺脏。对于寄生虫等疾病应予以及时治疗。

【治 疗】 病初给予镇痛退热药,如安乃近、复方氨基比林,当治疗效果不佳时,应及时使用抗生素或磺胺类药物进行抗菌消炎。

(五)外科病

1. 脓肿(腮腺炎) 羊体受到激烈碰撞、击打、刺激性药物注射、外伤等外源性刺激,引起局部皮下、蜂窝组织、浅表腺体发生炎症,病菌大量繁殖,使皮肤外观出现脓疱,内有脓汁积聚。常发生于腮部、颈部和缺少肌肉覆盖的胸、腿等部位。其中发生在腮部的又称为腮腺炎。

【症 状】 初期呈急性炎症,局部肿胀、增温、疼痛,由于浆液的渗出,部分组织坏死,逐渐形成脓汁,皮肤软化,外表肿胀,按压有波动感。浅层脓肿常可自动破溃,脓汁排出,形成瘘管。多数病例可逐渐好转,少数病羊因体质较弱,继发全身感染,疾病加重而死亡,多见于腮部和颈部脓肿。深层脓肿局部症状不明显,需仔细检查方可发现，多见于缺少肌肉覆盖的胸、腿等部位。

【治　疗】 病初可用青霉素、链霉素局部封闭注射进行消炎。不奏效时外涂鱼石脂软膏，促使脓肿成熟破溃。若肿胀太大可用注射器抽脓，或手术切开，然后彻底消毒，局部注射抗菌药进行消炎，必要时可进行静脉注射。

2. 风湿病 多因长期受潮、受冷、机体抵抗力差而引起，主要侵害四肢、背、腰等处的肌肉和关节，以跛行为主要特征。

本病应以预防为主，南方潮湿地区需修建楼式羊舍，经常保持干燥卫生，冬季防寒，平时注意不淋雨受凉。

由于本病具有可复发性，所以一旦发病，经济价值不大者可列入淘汰计划，一般无治疗价值。价值较高的种羊可酌情选用以下方法进行治疗：①水杨酸钠，根据使用说明口服或静脉注射；②可的松类制剂，根据使用说明外用或注射。

3. 腐蹄病 羊趾间皮肤因外伤而发生感染，导致蹄部肿胀或腐烂，称为腐蹄病。

【病　因】 羊蹄长期接触地面，难免被硬物划伤。若环境干燥而卫生，一般均能自愈。如果是平养式羊舍，地面潮湿或运动场泥泞，羊趾长期受粪尿、泥水浸渍，伤口不能及时愈合，化脓杆菌、坏死杆菌等大量繁殖，蹄间发炎，引起本病。

【症　状】 初期趾间皮肤潮红，蹄部略有肿胀，有不明显的跛行。随着病情加重，蹄部明显肿胀，跛行，甚至不能行走，卧地不起，影响放牧和采食，病羊逐渐消瘦。

【预　防】 本病的防治与风湿病类似，须以预防为主，建造规范化的羊舍非常重要，栏舍和运动场要经常保持干燥清洁，粪尿等及时清理。

【治　疗】 轻症病例进行蹄部药浴，药物可选用 10% 硫酸铜、福尔马林等，每日 2 次，每次 30 分钟，也可包扎药物绷带；重症病例需配合抗生素、磺胺等药物进行全身治疗。

(六)产科病

1. 不孕 可在不孕症羊颈部皮下注射“三合激素”，每只母羊每次 2 毫升，注射后母羊可在 2～4 天后发情，发情后在第三个情期配种有良好效果。或在配种前 6 小时给母羊灌服“促孕一剂灵”，每只每次 200 克。也可用中草药治疗，取益母草 50 克、鲜松针 100 克、生黄芪 100 克和炙甘草 10 克，水煎，加红糖 100 克为药引，候温灌服，每日 1 剂，连用 2～3 剂，即可使母羊发情，实现配种受胎。导致不孕的因素很多，对于疗效不佳的羊，应及早淘汰。

2. 流产 流产直接降低产羔数，间接危害母羊健康和繁殖，是影响养羊业效益的一大因素。导致流产的原因很复杂，多数是营养的缺乏，其次是自然气候的变化。为此制定如下防治对策。

(1)营养性流产 营养缺乏是流产的主要原因。孕羊长期吃不饱，或饲料品质差，缺乏必要的蛋白质、矿物质等。应适时补硒、碘及维生素 E 和维生素 A。为了弥补本地区缺硒、缺碘，克服枯草期维生素 E 和维生素 A 缺乏的弊端，在配种结束后，给每只母羊肌内注射 2 毫升亚硒酸钠维生素 E 注射液(含亚硒酸钠 2 毫克，维生素 E 100 国际单位)；同时每隔 1 周用碘盐给羊补盐 1 次，共补 3 次，每只羊每次补盐约 20 克，或者在配种前开始给羊补加硒、加碘盐。以上措施均可以取得良好的临床效果。

(2)管理性流产 孕羊剧烈运动，碰撞，挤压，饮冰水，均可造成。管理好种公羊，做到合理适时调换种公羊，引进优良品种血液，避免因近亲繁殖所造成的死胎及胎儿畸形，乃至羊群的退化、生命力减弱、抗病力降低等潜在的威胁。

(3)习惯性流产 及时淘汰老、弱、病、残等失去繁殖能力的母羊。集中力量管理好具有繁殖能力的母羊群，提高其生产性能。每年冬季，对老龄母羊、瘦弱母羊、病母羊进行淘汰，肥育羊及时屠宰出售。

(4)疾病性流产　某些疾病可直接或间接导致孕羊流产，如布氏杆菌病、结核病、胎毛滴虫病等。生产中应注意这些疾病的防治。

3. 难产　在分娩过程中，若胎儿不能顺利出生，称之为难产。此时若助产不及时或助产不当，往往引起母羊生殖器官疾病，甚至造成死亡。因此，对于即将分娩的母羊，要精心照料，并备足助产所需的各种器具物品。

(1)难产的原因　正常的分娩过程受产力、产道和胎儿三个因素的影响，其中一个或几个因素的异常均可能引起难产。①产力异常。母羊营养不良，患病或疲劳均可引起产力不足。②产道异常。骨盆畸形，子宫颈、阴道及阴门的瘢痕、粘连，以及发育不良，都可造成产道的狭窄和变形。另外，初产母羊因产道狭窄，难产率要高于经产母羊。③胎儿异常。胎儿过大，胎位不正，都使胎儿难以顺利通过产道。

(2)助产前的准备　①消毒液。采用各种浓度的来苏儿，1%～2%的用于洗手，5%的用于环境消毒，0.5%的用于清洗子宫和阴道。②润滑液。最好用石蜡油或凡士林，若无也可用肥皂水。③其他物品如脸盆、毛巾、塑料布等也要备齐。

(3)助产的原则　①准确查出难产原因，对症采取措施；②严格消毒，防止感染；③牵引胎儿时，应顺应母羊的力量，在母羊阵缩时牵拉，阵缩间隙不能牵拉，牵拉力量也不可过大；④矫正胎位时，应尽量将胎儿推回母羊子宫内进行；⑤助产困难时，应舍弃羔羊尽量保全母羊。

助产时，首先辨明难产原因，属于产力异常及初产羊产道狭窄的，则应牵引胎儿；属于胎儿异常的应矫正胎位；属于骨盆畸形或胎儿过大的，应及时进行剖宫产。助产全过程中，要严格消毒，防止母羊感染。

(4)难产预防　①加强母羊的饲养管理，使母羊身体健康，保证分娩时产力正常。②掌握合适的配种时间,防止早配。③对于有生殖道疾病的母羊要及早治疗或淘汰。

4. 羔羊缺奶 母乳营养丰富,是羔羊生长发育极好的食物。但因母羊瘦弱泌乳不足,产羔过多奶头不够或母羊产后死亡,就会造成羔羊缺奶。可采取以下方法解决。

(1)*母羊增奶* 加强瘦弱母羊的饲养管理,提高母羊泌乳量。有条件的可将母羊进行圈养,尽量减轻放牧强度,并给母羊喂以富含蛋白质且易于消化的精料、青料和多汁饲料。与此同时,配合母羊内服中药催乳。

(2)*羔羊寄养* 母羊死亡或产多羔的,可为无乳羔羊找一个寄母,依靠寄母的乳汁喂养长大。对寄母的要求:性情温驯、母性好,身体健壮、泌乳量高,具有代哺能力;与代哺羔羊产期相近,最好相差不过 2～3 天,并能在代哺羔羊生后 3 天内完成寄养,使羔羊能吃到寄母的初乳。

由于母羊凭嗅觉辨识自己的羔羊,对不是自己的羔羊拒绝哺乳。因此,寄养前最好将寄母的乳汁、尿液,或是分娩时的羊水涂抹在代哺羔羊的头部及臀部,吃过几次奶后母羊便能自动带羔哺乳。

(3)*人工哺育* 对缺奶的羔羊可采用人工哺乳。选用牛、羊鲜奶或奶粉,未吃初乳的要在人工乳中加入抗生素及矿物质添加剂。15 日龄前用奶瓶喂,以后用盆喂,2 月龄后断奶。为防疾病,羔羊饮食用具要清洁卫生,定期用热碱水消毒。喂奶后用毛巾给羔羊擦嘴,以免互相舔食。病羊隔离饲养,用具分别使用,以免互相传染。

人工哺乳必须做到"四定"。定时。遵守规定时间,按顺序先后哺喂,开始每隔 3 小时 1 次,每日 4～5 次。随着日龄增长,渐减次数,增加饲喂量。定量。喂量要适当,起初每只每次喂 200～250 克,随着日龄增长,喂量逐渐增加,但一昼夜喂哺量不超过体重的20%。40日龄达到高峰，以后逐渐减少。定质。奶要新鲜干净，在加热和分配时应搅拌，使乳脂分布均匀。定温。奶温以38℃～42℃为宜。乳温过低，易引起胃肠疾病；过高会影响哺乳，甚至烫坏羔羊口腔。

5. 乳房炎 母羊患乳房炎的症状为：乳房局部红肿，乳量减少，乳汁稀薄，内含絮状物凝块，有时则有脓汁，甚至还含有血液。严重病例，除局部症状外，还伴有体温升高，食欲减少等全身症状。

由于母羊乳房局部红肿热痛，拒绝给羔羊哺乳，因此应及时给予治疗。

治疗方法是：先将乳房内乳汁挤净，然后经乳头孔给每个患叶内注入青霉素（40万单位）和链霉素（0.5克）混合液；如乳房内挤出的乳汁中含有较多的脓汁，可用低浓度消毒液（0.1%雷佛奴尔溶液等）注入患叶，轻轻揉压，然后给予挤净，再注入青霉素、链霉素混合液，每日2次，直到炎症消失、乳汁正常为止。

（七）中毒症

1. 药物中毒 放牧时误食了喷洒有农药（一般为有机磷农药）的作物、牧草，药浴时饮用药液，或驱虫时用药过量，均可引起中毒。

【症　状】 在误食后1～3小时发病。病羊精神不振，食欲减退，全身或局部肌肉痉挛，黏膜暗赤色，呼吸困难，心跳加快，流涎流涕，严重者口吐白沫，昏迷甚至死亡。

【预　防】 不要在施有农药的地方放牧，药浴前让羊适当饮水，驱虫时掌握好剂量。

【治　疗】 1%硫酸阿托品2～3毫升，皮下注射；10%苯甲酸钠咖啡因2～4毫升肌内注射，必要时间隔1小时再用1次。

2. 毒草中毒 放牧时吃了有毒的草，如闹羊花、高粱幼苗及再生苗等，引起中毒。

【症 状】 病羊呼吸困难,急喘流涎,站立不稳,不断磨牙,严重时很快死亡。

【预 防】 不在高粱幼苗或再生苗地里放牧。春季放牧时,应先放枯草坡,等大部分草返青后再放青草坡,因为此时羊能辨别出毒草,一般不会中毒。

【治 疗】 高粱苗中毒的,可用3%～10%亚硝酸钠溶液,每千克体重1毫升,静脉注射,之后用25%～50%硫代硫酸钠等量静注。其他毒草中毒的,可用豆浆按每只0.3～0.5千克灌服,或将绿豆、甘草煎水去渣,混合灌服。

3. 尿素中毒 羊误食尿素,或饲喂尿素时用量过大、浓度过高、饲喂方法不当等,均可引起中毒。

【症 状】 本病发病较快,一般在吃尿素后半小时出现中毒症状。病羊表现不安,精神不振,呻吟磨牙,口吐白沫,脉搏急促,呼吸困难,胃胀,出汗,严重者站立不稳,眼球颤动,四肢抽搐。如不及时治疗,重者2～3小时就会死亡。

【预 防】 按规定剂量添加尿素,并注意使用方法和使用原则。尿素按1.5%～2%混在精料中饲喂。每天喂量占羊体重的0.02%,即成年母羊日喂量10～15克,6月龄以上青年羊6～8克,首次喂量只能按规定量的1/10喂给,以后逐渐增加,至10天以后可加到规定量。为防止尿素中毒,尿素不可单独喂,也不可溶于水喂,喂后半小时内不要饮水。对病羊、弱羊少喂或不喂。

【治 疗】 1%醋酸溶液250～500毫升或食醋250克,灌服。病情较重者配合10%葡萄糖溶液500毫升,10%葡萄糖酸钙50～100毫升,静脉注射。

4. 亚硝酸盐中毒 有些蔬菜和作物如白菜、甘薯藤、萝卜叶等,含有大量硝酸盐,在堆积发热时硝酸盐易转化为亚硝酸盐,羊采食这类饲料后就会中毒。

【症 状】 常为大群发病,病羊突然不安,流涎、口吐白沫,出汗，走路摇摆，肌肉阵颤，严重时呼吸困难，瞳孔散大，昏迷死亡。

【预　防】 青绿饲料应现割现喂，喂不完的应散放，不能堆积过夜使其发热。

【治　疗】 一般病情较轻者，可喂适量糖水；病情较重者，应及时用1%～2%美蓝溶液，按每千克体重1～3毫克，静脉缓慢注射，必要时1～2小时后再重复1次。

(八)营养代谢病

营养物质是一切生命活动的基础，它的过量或缺乏，都会导致新陈代谢障碍，表现出生长发育迟缓、生产性能下降、抗病力降低，此类疾病统称为营养代谢病。临床上多见的为营养物质的缺乏。

羊属于反刍动物，瘤胃内有大量微生物，一般不会发生维生素缺乏。临床上以矿物质缺乏最为常见，典型症状是羊出现异食癖，啃墙、吃泥土。

【防　治】 防治方法是在精料中添加必要的矿物质，如食盐、石粉(补钙)、钙粉、钙片、磷酸氢钙(补钙、磷)、复合矿物添加剂(多种矿物质)等，或者放置舔砖供羊自由舔食。食盐也可混在饮水中饲喂。

四、羊病治疗技术

(一)投药法

1. 群体给药

(1)拌料给药　将药物拌入饲料中，让羊在采食时一并吃进药物。此法用于长期给予以及不溶于水的药物。应注意药、料混合均匀，并准确控制料中药物浓度。

(2)饮水给药　将药物溶于饮水中，让羊自由饮用。此法对因病不能采食但能饮水的羊最为适宜。必须注意的是，要根据情况并结合羊可能饮水的量，计算用药量及药液的浓度。

(3)气雾给药 将药物以气雾剂的形式喷出，使之分散成微粒，让羊经呼吸道吸入而在呼吸道发挥局部作用；或药物经肺泡吸收，进入血液而发挥全身治疗作用；若喷雾于皮肤或黏膜表面，还有保护创面、消毒、局麻作用。另外，室内空气消毒和杀虫，也可用本法。

(4)浸浴给药(药浴) 主要是用于消灭羊体表寄生虫等。药浴应选择在天晴温暖的日子进行。一人负责推引羊只入池，另一人手持压扶杆负责池边照护，遇有背部、头部没有浴透的羊将其压入水中浸湿；若出现拥挤、互压现象时，要及时拉开，以防药水呛入羊肺或淹死，羊只在入池 2～3 分钟后即可出池，停留 5～10 分钟后再放牧。注意：药浴前半日即应停止放牧，并令其饮足水。为了防止中毒，最初先让几头体质较差的羊试浴，认为安全后再让大群入池。药浴后，如遇阴雨天气，应将羊群及时赶到附近羊舍内躲避，以防感冒。

(5)喷淋给药 这是在羊舍以及运动场等羊群经常活动的场所喷淋药物，起到消毒杀虫的作用。

(6)熏蒸法 用福尔马林和高锰酸钾，或福尔马林和氨水等互相作用后蒸发出刺激性气味，以起到灭菌杀虫的作用，主要用于羊舍消毒。需要注意的是，应用金属器具盛放药物，舍温不低于 15℃，舍内不留动物，羊舍尽可能密闭。熏蒸完毕后打开门窗，充分通风 30～40 分钟后，方可赶入羊只。

2. 个体给药

(1)灌药法 主要适用于少量的水剂药或将粉剂及粉碎的片剂、丸剂加适量的水而制成的溶液药以及多数中药煎剂等，装入橡胶瓶或长颈玻璃瓶等灌服。具体操作如下：将羊只保定，抬高嘴巴，给药者右手拿药瓶，左手用食指和中指从羊口角伸入口中，轻轻压迫舌头，羊口即张开。然后，右手将药瓶口从左口角伸入羊口中，并将左手抽出，待瓶口伸到舌头中段，即抬高瓶底将药送入。羊如鸣叫或打呛时，应暂停灌服，待羊安静后再灌服。对于羔羊，可用 10 毫升注射器(不用针头)吸水剂药物直接注入咽部，使羊吞咽内服。

(2)外用涂抹法　对于局部的镇痛、消炎、消肿，可在完整无创伤的皮肤上涂抹药物。

(二)注射法

注射法是将液体药物用注射器注入羊的体内。注射前要将注射器和针头用洁水洗净，煮沸 15 分钟以上再用。注射器吸入药液后要直立，推进注射器活塞，排除管内气泡后，准备注射。常用的注射方法有以下几种。

1. 皮内注射　皮内注射法是将少量药液注于表皮和真皮之间，多用于羊痘预防接种。部位一般在尾根内侧无毛处或股内侧。一般程序为：局部常规消毒，以左手食指、拇指捏住注射部位的皮肤，右手将注射器(5～7 号针头)在确实的保定下，将针头与皮肤呈 30°角刺入约 0.5 厘米(感觉有较大阻力)，然后把适量药物注入，使局部形成豌豆大的隆起，拔出针头，局部消毒即可。切记不可用碘剂消毒，不可按揉注射及隆起部位，避免挤压。

2. 皮下注射　皮下注射法是把药物注到皮下疏松结缔组织内，即皮肤和肌肉之间。凡刺激性不大的注射液、菌(疫)苗、血清等，均可进行这种注射。但因吸收较慢，每次不可多注药液。必要时，可分点进行。对羊而言，注射部位多在颈部或股内侧皮肤松弛处。注射时先把羊只保定，将注射部位的毛剪净，并用碘酊、酒精消毒，接着用左手捏起注射部位的皮肤，右手持注射器，同时右手食指固定针栓，用针头迅速斜向刺进捏起的皮肤，针头刺入不宜超过 45°角，如针头能左右自由活动，即可放松左手，注入药液。拔出针头，在注射点涂擦碘酊再次消毒，并给予适当按摩，以促进药物分散吸收。

3. 肌内注射　肌肉注射也称肌内注射，是将无菌液体药物注入肌肉组织的方法。该方法适用于注射刺激性较强、吸收较慢、量较大的药剂（如水剂、乳剂、油剂等），多数菌苗、疫苗也可采用肌内注射。羊的注射部位一般是颈部或股部。注射方法基本与皮下注射相同，不同之处是：注射时以左手拇指、食指呈“八”字形压住所要注射部位的肌肉。右手持注射器，在肌肉组织内垂直刺入，若注射器内塞回抽无血液抽出，即可慢慢注入药液。拔出针头，局部消毒。注意针梗不可全部刺入，以免刺中骨头，多次注射的应经常更换注射部位。

4. 静脉注射　静脉注射法是将已经灭菌的药液直接注射到静脉内，使药液随血液很快分布到全身，迅速发生药效。该方法主要适用于大量输血、输液和注入急需奏效的药物（如急救强心等），也用于注入刺激性较强的药物（如氯化钙等）。羊的注射部位主要是颈静脉的上 1/3 与中 1/3 的交界处。注入方法是先把羊只保定，注射部位剪毛消毒后，用左手拇指按压颈静脉靠近心脏的一端，使其怒张，右手持注射器，将针头向上呈 45°角刺入颈静脉内，如有血液回流，则表示已刺入静脉内，然后将针头稍靠近皮肤，沿血管向前再推进，最好松开拇指，然后用右手推动活塞，将药液注入。药液注射完毕后，左手按住刺入孔，右手拔针，在注射处涂擦碘酊即可。注意从远心端到近心端注射，根据病情和药物性质掌握注药速度，注意观察病羊情况，对刺激性强的药物应做引路注射（即先盐水后药物）。

(三)灌肠法

灌肠是指向动物直肠内灌入大量药液、营养物质或温水、肥皂水、淡盐水等，直接作用于直肠黏膜，使药液、营养物质得到吸收，或促进粪便排出以及除去肠内代谢产物与炎性渗出物，达到治疗疾病的一种方法。包括浅部灌肠和深部灌肠两种方法。

1. 浅部灌肠 将灌肠器的胶管一端插入肛门内，另一端连接吊桶、漏斗或灌肠器，将药物、温水、肥皂水、淡盐水等输入直肠内，用于治疗直肠便秘，或直肠检查前使粪便软化易于排出，并使直肠壁弛缓，壁膜润滑。

2. 深部灌肠 将灌肠器的胶管一端连接肠塞器塞入肛门内，另一端连接吊桶、灌肠器等，通过较大的压力，使药液达到深部肠管（小结肠、大结肠等），软化积粪，是治疗大肠便秘的理想方法。山羊多采用小动物灌肠器，一端插入直肠，另一端连接漏斗，将溶液倒入漏斗内，即可流入直肠内。也可用较大的注射器连接胶管注入直肠内。

（四）阴道和子宫洗涤法

阴道和子宫冲洗是用于治疗阴道炎和子宫内膜炎的一种技术，以排出阴道或子宫内的炎性分泌物，促进黏膜修复，尽快恢复生殖功能。

冲洗子宫时，应先洗净外阴部，术者手臂常规消毒，手握输液瓶或漏斗所连接的长胶管，先轻轻插入子宫颈口，再缓慢导入子宫内；待输液瓶或漏斗中的冲洗液快流完时，迅速将输液瓶或漏斗放低，借虹吸作用使子宫内液体自行排出，如此反复冲洗 2～3 次，直至流出的液体与冲洗液的颜色基本一致时为止。

冲洗阴道时，将导管的一端插入阴道内，提高漏斗，冲洗液即可流入，借病畜的努责，冲洗液可以自行排出，反复至冲洗液透明为止。

冲洗阴道和子宫后，可放入抗生素或其他抗菌消炎药物。

(五)穿刺法

穿刺是用穿刺针或注射针刺入机体的体腔、肠胃等脏器中，获取组织、器官病料，供实验室检查，起到协助诊断的作用，也可以对积气、积液器官排气、排液或注入药物，起到缓解症状和治疗作用。

1. 胸腔穿刺　胸腔穿刺用于采集胸腔液进行化验，排出胸腔积液，并注入药物进行治疗。穿刺部位在羊的左侧第6～7肋间或右侧第5～6肋间；在肩关节水平线下方或胸外静脉上方2～3厘米处。将羊横卧保定，术部剪毛消毒，术者左手将术部皮肤稍向前移，用连有胶管的注射针头(16号、18号)在肋骨前缘进针3～4厘米，然后根据需要连接注射器抽出积液或注入药物。整个过程要防止发生气胸。

2. 腹腔穿刺　腹腔穿刺主要用于采集腹腔液化验，排出腹腔积液，注入药物对腹腔冲洗治疗，也可用于诊断肠变位、胃肠破裂、内脏出血等以及小动物的腹腔麻醉和补液。穿刺部位在羊的脐部与右膝关节连接的中点。穿刺时将羊横卧或倒提保定，术部剪毛消毒，手持小号套管针或注射针头(16号、18号)，由下向上垂直刺入约2厘米(不宜过深，免伤内脏)，左手固定套管，右手抽出针芯，采液或注入药液冲洗治疗，术后消毒即可。

3. 瘤胃穿刺　瘤胃穿刺可作为急性瘤胃臌气的急救措施，防止造成窒息或瘤胃破裂，或为了采取瘤胃内容物，或向瘤胃内注入药物。穿刺部位在羊左侧肷窝部，髋结节与最后肋骨中点连线的中央部位，或选择瘤胃区膨隆最明显部位。将羊保定，术部剪毛消毒，术者左手将术部皮肤稍向前移，右手持专用套管针或注射针垂直刺入皮肤，斜向右侧肘头刺入瘤胃(必要时可用手术刀先切皮肤一个小口，再刺入套管针)，拔出套管针芯，气体即可排出，放气不宜过快，应间歇性放气，以免造成急性脑部缺血。放气过程中，如遇针孔堵塞，可用针芯通之。为防止臌气继续发生，可将套管固定并保留一段时间，也可经套管注入止酵剂等药物。需要拔出套管时应先插回针芯，并压定套管周围的皮肤，再慢慢拔出套管针，最后消毒处理，用火棉胶覆盖即可。

4. 膀胱穿刺 动物排尿困难或尿闭时，可通过穿刺膀胱，排出膀胱积尿，防止膀胱破裂并缓解症状。将羊侧卧保定，于耻骨前缘的下腹壁上，垂直腹壁皮肤刺入膀胱内排尿，排完尿液，拔出针头，消毒即可。

5. 心包穿刺 采取心包液化验，排除心包积液、积脓并冲洗治疗时，可采用心包穿刺。穿刺部位在左侧第 3～5 肋间，肩关节水平线下方 2 厘米处，叩诊呈浊音的部位。将羊站立保定，让其左前肢向前跨半步以充分暴露心区，术部剪毛消毒，用 8～10 厘米长的普通穿刺针，于穿刺部肋骨前缘缓慢刺入 4～5 厘米，刺入心包时阻力消失，穿刺针随心脏波动而摆动，心包内积液从穿刺针内排出，术后消毒。进针勿太深，另须防止刺入心脏，防止发生气胸。

6. 颈椎和腰椎穿刺 采取脊髓液化验，排除脊髓腔积液，测定颅内压，或脊髓腔注入药液，以及进行特殊治疗或麻醉(如硬膜外腔麻醉)等，均可采用颈椎和腰椎穿刺。颈椎穿刺在后头骨与第 1 颈椎或第 2 颈椎间的脊上孔内，腰椎穿刺在腰荐"十"字部。穿刺时应确实保定动物，术部剪毛消毒。用右手拇指和中指捏住针体，食指压住针尾，垂直刺入术部。当针刺入脊椎腔时，有阻力突然消失之感觉，并有脊髓液流出，用注射器抽取脊髓液或注入药物，用酒精棉压住术部皮肤，拔出针头，消毒即可。注意刺入后不要捻转针头，也勿刺得过深，以免伤及脊髓。

7. 关节穿刺 用于诊断和治疗关节疾病。如采取关节液检查，关节腔内注入药物治疗，注入关节腔内适量普鲁卡因，对跛行定位诊断。经常穿刺的有腕关节、跗关节、球关节等。

球关节(系关节)的穿刺部位在掌骨、系韧带和上籽骨上缘所形成的凹陷内，针头与掌骨侧面呈 45°角，由上向下刺入 3～4 厘米。

腕关节(腕桡关节)穿刺可在关节的外侧,桡骨、腕外屈肌腱和副腕骨上缘共同组成的三角凹陷中,针头在副腕骨上方,由前内方向对准桡骨刺入2.5～3厘米。或将腕关节屈出,由前方刺入腕桡关节或腕间关节。

跗关节穿刺在关节曲面胫骨内踝的前下方凹陷内,针头水平刺入1.5～3厘米。

蹄关节穿刺应在蹄冠背侧,蹄匣边缘上方1～2厘米处,从侧面自上而下刺入1.5～2厘米。

五、药物和生物制品的使用

(一)药物使用

1. 药物分类

(1)液体制剂　包括各种注射用、内服或外用的液体类药物,如葡萄糖溶液、鱼腥草注射液、碘酊等。

(2)软体制剂　外用的为软膏剂,如点眼用的青霉素软膏;内服的为舔剂,一般为糊状。

(3)固体制剂　常用的主要有粉末状(如青霉素等)和片状(如丙硫咪唑等),也有胶囊形和丸形的。

2. 药物保存　购买和使用药物的过程中,要严格按照说明书进行。毒性大的药物应有醒目颜色标签,专人、专柜保管,有使用登记;易潮解、挥发的要密闭、干燥保存;易氧化分解的要用棕色瓶包装,并置于阴暗处;需要低温保存的要放在冰箱或冰柜内;易燃易爆的要密闭保存在阴暗处。同时注意药品的有效期限,已经过期的药品要妥善处理,不能随便丢弃、污染环境。

3. 药物使用原则　允许使用《中华人民共和国兽药典》、《中华人民共和国兽药规范》收载的羊用兽药、中药材、中药成方制剂。

允许使用符合规定的钙、磷、硒、钾等补充药，酸碱平衡药，体液补充药，电解质补充药，血容量补充药，抗贫血药，维生素类药，吸附药，泻药，润滑剂，酸化剂，局部止血药，收敛药和助消化药。允许使用国家兽药主管部门批准的抗菌药、抗寄生虫药和生殖激素类药，但应严格遵守规定的作用与用途、给药途径、使用剂量、疗程和其他注意事项。允许使用国家畜牧兽医行政管理部门批准的微生态制剂。

慎用作用于神经系统、循环系统、呼吸系统、泌尿系统的兽药及其他兽药。

禁止使用假、劣兽药和禁止生产、经营的兽药以及未经批准进口的兽药。禁止使用未经国家畜牧兽医行政管理部门批准的兽药和已经淘汰的兽药；禁止使用农业部 193 号公告《食品动物禁用的兽药及其化合物清单》中所列的药物。

4. 药物的休药期 无论临床用药还是在饲料中按规定使用药物添加剂，都必须执行休药期。病羊在使用药物治疗时，在治疗期内或达不到休药期的不应作为食用羊上市。肉羊肥育后期使用药物时，应根据所用药物执行休药期，达不到休药期的，不应作为食用羊上市。青霉素等抗菌药的休药期一般为 15 天，抗寄生虫药的休药期一般为 30 天，碘醚柳胺的休药期为 60 天，碘硝酚的休药期为 90 天。未规定休药期的品种，统一按 7 天执行。

(二)生物制品的使用

1. 兽用生物制品及分类 兽用生物制品指应用微生物学、寄生虫学、免疫学、遗传学和生物化学的理论和方法制成的菌苗、疫苗、虫苗、类毒素、诊断制剂和抗血清等制品，用于预防、治疗、诊断畜禽等动物特定传染病或其他有关的疾病。按照其用途分为预防用生物制品，包括疫苗、菌苗、虫苗和类毒素；治疗用生物制品，包括抗血清和抗毒素；诊断用生物制品，包括菌素、毒素、诊断血清、分群血清、分型血清、因子血清、诊断菌液、抗原、抗原或抗体致敏血清、免疫扩散板等。

2. 生物制品的保存　生物制品多是用微生物或其代谢产物所制成的。从化学成分上看，多具蛋白特性，而且有的制品本身就是活的微生物。因此，生物制品一般都怕热、怕光，有的还怕冻，保存条件会直接影响到制品质量。一般来说，温度愈高，保存时间愈短。最适宜的保存条件是2℃～10℃干燥黑暗处，一般不能在0℃以下保存，否则会因冻结而造成蛋白变性，影响免疫效果，甚至会加重接种后的反应。已过期的生物制品不可使用。

3. 使用须知　生物制品在使用时，常常发生各种反应，特别是各种血清、类毒素、菌苗、疫苗等，反应较多，其原因一般与制品质量和使用方法有关。质量不好的制品可以引起严重反应，例如菌苗、疫苗的菌毒种不好，血清、类毒素纯度低或发生污染等，接种后都可以引起较多的严重反应。而不能正确地使用生物制品，也是引起不良反应的重要原因之一，如接种剂量过大，接种途径的错误和操作的不正确（如将皮内注射的结核菌苗误注到皮下，就会发生局部脓肿），以及不能正确地掌握禁忌症等，都是发生反应的原因。

生物制品使用后发生的反应，可分为一般反应及异常反应两类：一般反应有局部（如红、肿、热、疼等）和全身反应（如发热、头痛、寒颤、恶心、呕吐、腹痛、腹泻等）；异常反应有晕厥、过敏性休克、血清病（多发生在注射后7～14天，表现为皮疹、肌肉关节痛、全身淋巴结肿大）等。

为了预防严重异常反应的发生，要注意下列事项。

①注射动物血清制品之前，必须做过敏试验，阴性者方可注射，阳性者必须进行脱敏后才可注射。反复注射的间隔，超过5天者，必须再次做过敏试验后，方可注射。

②反应发生后，应立即皮下注射或静注0.1%肾上腺素0.5～

0.7毫升，必要时可重复注射，然后再根据反应的不同症状，给予必要的治疗。

③安瓿有裂纹、标签不清、药液变色、有摇不散的异物、絮状物或经冻结者，均不可用。

4. 羊的预防用疫苗及免疫 羊的疫病，疫苗及免疫接种详见表10-1。

表10-1 羊的常见疫苗及免疫接种

免疫疾病名称	疫苗名称	用法	免疫期	注意事项
炭疽	Ⅱ号炭疽芽孢苗	皮下注射	1年	春季禁用；孕羊、2月龄内羔羊、瘦弱、病羊禁用；山羊慎用
	山羊炭疽苗	皮下注射	半年	疫苗切忌冻结
传染性胸膜肺炎	山羊传染性胸膜肺炎灭活苗	皮下或肌内注射	1年	孕羊禁用；疫苗切忌冻结
羊痘	山羊痘弱毒苗	尾根内侧皮下注射	1年	
	绵羊痘活疫苗（羊痘鸡胚化弱毒苗）	尾根内侧皮下注射	1年	孕羊禁用；非疫区应用时须先做小范围试验
布氏杆菌病	布氏杆菌羊型5号苗	皮下注射或室内气雾	1年	孕羊、3月龄内羔羊禁用
	布氏杆菌猪型2号苗	口服或皮下注射	1年	
梭菌病	羊三联苗	皮下或肌内注射	半年	疫苗切忌冻结
	羊四联苗	皮下或肌内注射	半年	

续表 10-1

免疫疾病名称	疫苗名称	用　法	免疫期	注意事项
梭菌病	羊五联苗	皮下或肌内注射	半年	
	羔羊痢疾苗	后腿内侧皮下注射	5个月	仅用于母羊
口　疮	羊口疮弱毒苗	皮下注射	1年	仅用于母羊
	口疮弱毒细胞冻干苗	口腔黏膜内注射	半年	
链球菌病	羊败血性链球菌病活疫苗	尾根皮下注射	1年	瘦弱、病羊不能使用；不能肌内注射
	羊败血性链球菌病灭活苗	皮下注射	半年	疫苗切忌冻结
大肠杆菌病	羊大肠杆菌灭活苗	皮下注射	5个月	妊娠母羊禁用
破伤风	破伤风类毒素	皮下注射	1年	
	破伤风抗毒素	皮下或静脉注射	1年	疫苗切忌冻结
口蹄疫	牛羊“O”型口蹄疫灭活苗	皮下注射	半年	
	牛羊O、A型口蹄疫双价灭活苗	皮下注射	半年	

（李晓锋）

第十一章 羊场建设与生产经营管理

一、场址选择与羊场建设

(一)场址选择的总体要求

大部分绵羊、山羊品种都适于在干燥、通风的条件下生活,如果经常处在潮湿的环境中,容易感染寄生虫及腐蹄病等疾病。因此,场址应是干燥、平坦、背风向阳的地势,即场地高于周围地势,地下水位在2米以下。山区防止建在山顶或山谷,地势倾斜度在1%～3%为宜,大山区最大不超过25%。

(二)场址选择应考虑的基本条件

场址选择关系到养羊成败和经济效益,也是羊场设计考虑的首要问题。选择羊场场址时,应对地势、地形、土质、水源以及居民点的分布、交通、电力等物资供应条件进行全面的考虑。场址选择除考虑饲养规模外,应符合当地土地利用规划的要求;充分考虑羊场的饲草、饲料条件,还要符合羊的生活习性及当地的社会自然条件。较为理想的场址选择应具备下述基本条件。

1. 地势 场址应选在羊只易于接近的较开阔的地方,使羊只处于较干燥、通风的凉爽环境中,地势应较高、排水良好、通风、干燥,不能在低洼涝地、水道和风口处建场。

2. 水源 选择场址前,应考察当地有关地表水、地下水资源的情况,了解是否有因水质问题而出现过某种地方性疾病等。要求四季供水充足,水质良好,离羊舍要近,取用方便。水源必须清洁卫生，防止污染。最好用消毒过的自来水，流动的河水、泉水、或深井水。忌在严重缺水或水源严重污染及易受寄生虫侵害的地区建场。另外，在羊场附近不能有屠宰场和排放污水的工厂，尽可能于工厂和城镇上游建场，以保持水质干净，羊场的水中大肠杆菌数、固体物总含量、硝酸盐和亚硝酸盐的总含量都要符合卫生标准。

3. 交通 要求交通方便，便于饲草运输，但同时又不能在车站、码头或交通要道的旁边建场。羊场周围 3 000 米以内无大型化工厂、采矿厂、皮革厂、肉品加工厂、屠宰厂及畜牧场等污染源。羊场距离干线公路、铁路、城镇居民区和公共场所应在 1 000 米以上，远离高压线。羊场周围有围墙或防疫沟，并建立绿化隔离带。

4. 疾病防疫 要充分了解当地和四周的疫情状况，不在传染病和寄生虫的疫区建场，羊场周围的居民和牲畜应尽量少些，以便一旦发生疫情进行隔离封锁。

5. 饲草、饲料资源 要充分考虑羊场的放牧和饲草、饲料条件。饲草、饲料是羊只赖以生存的最基本条件，在以放牧为主的地区，必须有足够的放牧地和打草场；而以舍饲为主的农区和较集中的肉羊肥育产区，必须要有足够的饲草、饲料基地或便利的饲料原料来源。

(三)南方羊场场址选择的特点

全国各地因自然条件差异很大，羊的分布极不平衡。绵羊分布西部多于东部，北方多于南方，特别在广东、福建、海南等几个省数量极少。而山羊则较多分布在干旱贫瘠的山区、荒漠地区和一些高温高湿地区。由于羊的分布和用途不同，选择建场时考虑也就有所不同。南方应首先考虑在已经建立或即将建立人工草地或计划重点发展养羊生产的中高山区、低山丘陵区建场，特别在南方的草山草坡和沿海滩涂，将成为我国发展养羊业的新区。在建场时应因时、因地制宜地进行合理而周密的计划。肉用羊场应建在经济较发达，地势平坦，气候温和，饲草、饲料资源丰富，并具备迅速屠宰、加工、冷冻等条件的地区。

(四)羊场的布局

羊场布局的原则，一是便于管理，有利于提高工作效率，照顾各区间的相互关系；二是便于搞好灭菌防病工作，规划时充分考虑主导风向和各区间的上下关系；三是生产区应按作业的流程顺序安排；四要做到土地的经济利用和节省基建投资。这些原则对集约化程度较高的羊场来说尤为重要。

1. 羊场总体布局 羊场通常分为3个区，即生活行政管理区，包括与经营管理有关的建筑物及职工生活福利建筑物与设施等；生产区，包括羊舍、饲料贮存与加工调制等建筑物；病羊区，包括隔离舍、兽医室以及粪尿处理场地(图11-1和图11-2)。各区间距在30米以上，各区的排列次序，应考虑到社会接触的频繁程度、主风向及地势等。管理区安排在最高处，依次为生产区、病羊区，羊舍的布局次序应是种公羊、母羊、羔羊、肥育羊。

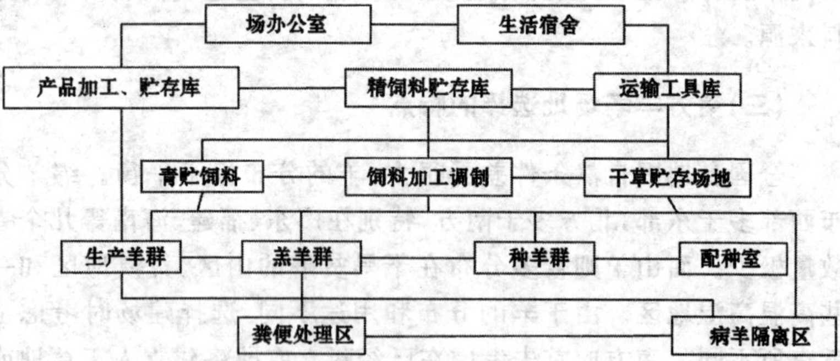

图 11-1 羊场建筑物间分布关系

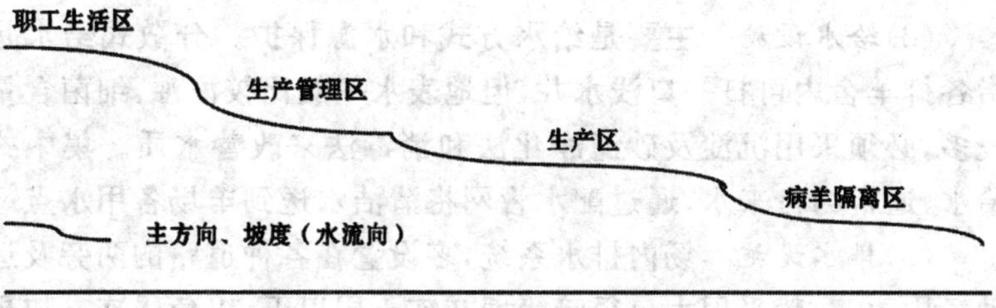

图 11-2　羊场建筑物地势、风向示意

为了减轻劳动强度，给劳动生产创造条件，尽量做到建筑物紧凑配置，以保证最短的运输、供电和供水线路，并便于机械化操作。集约化羊场生产过程的机械化有三大系统：饲养系统，包括饲料加工、调制、分发三个部分，这三部分应按流水作业线布置，把它放在中心位置；供水系统，包括提水、贮水、送水、自动饮水等；除粪、排水系统，包括舍内清除粪尿、粪沟中清除粪尿。要求有关建筑物适当集中配置，使有关生产环节联系方便。

2. 运动场与道路　舍外运动场应选择在背风向阳的地方。一般是以前排羊舍的后墙和后排羊舍的前墙之间的空地作为运动场，运动场应有坡度，以便排水和保持干燥，四周设置围栏或墙，其高度均为 1.2 米，运动场面积每只羊平均为 2 平方米。

主干道因与场外运输线路连接，其宽度为 5～6 米，支干道为 2.5～3 米。路面坚实、排水良好。道路两侧应有排水沟，并植树。场内净道与污道分开，互不交叉。

3. 羊场的公共卫生设施　为避免羊场一切可能的污染和干扰，保证防疫安全，应建立必要的环境卫生设施。

(1)*场界的防护*　场界要划分明确，四周应建较高的围墙或坚固的防疫沟，以防止外界人员及其他动物进入场区，羊场大门及各羊舍入口处，应设立消毒池或喷雾消毒室、更衣室、紫外线灭菌灯等。

(2)给水设施　主要是给水方式和水源保护。分散式给水是指各排羊舍内可打一口浅水井,但地表水一般比较浑浊,细菌含量较多,必须采用沉淀及砂滤净化法和消毒法来改善水质。集中式给水,通常为自来水,通过配水管网将清洁水送到羊场各用水点。

(3)排水设施　场内排水系统,多设置在各种道路的两旁及运动场周边,一般采用大口径暗管埋在冻土层以下,以免受冻。如果距离超过 200 米,应增设深井,以减少杂物污染及人、畜损坏。

4. 贮粪场(池)　应设在生产区的下风向处,与住宅保持 200 米、与羊舍保持 100 米的卫生间距。并应便于运往农田,定期将羊舍内的粪便清除、运往贮粪场堆放,利用微生物发酵腐熟,作为肥料出售或肥田,也可利用羊粪生产有机复合肥料。

5. 绿化带场界林带的设置　应在场界周边种植乔木和灌木混合林带,宽度 10 米以上,起到防风作用。场区隔离林带的设置,主要用以分隔场内各区及防火,如在生产区、住宅区及生产管理区的四周都应有这种隔离。有害气体通过绿化带后,至少有 25%被阻止净化,每公顷阔叶林在生长季节,每天可吸收约 1 000 千克的二氧化碳,生产约 750 千克氧,许多植物还可吸收氨气。绿化带具有改善场区小气候、净化空气、减少尘埃的作用。另外,绿化还可以减少噪声、美化环境。所以,要加强场区的绿化建设。

(五)羊舍的建造

一般来说,家畜的生产力 30%取决于品种,50%取决于饲料,20%取决于环境。而羊舍是羊生活的主要环境之一,羊舍的建筑是否有利于羊各方面需要和养羊业的发展,在一定程度上就成为养羊成败的关键因素。羊舍内要求通风、干爽、冬暖夏凉。目前南方养羊主要以养山羊为主,山羊具有忌潮湿、怕闷热的习性,因而舍饲羊舍的建筑必须根据南方地区的气候特点来确定和建设。

1. 羊舍设计的基本要求

(1)尽量满足羊对各种环境卫生条件的要求,包括温度、湿度、空气、光照、地面硬度及导热性等　羊舍的设计应兼顾既有利于夏季防暑,又有利于冬季防寒;既有利于保持地面干燥,又有利于保证地面柔软和保暖。

(2)符合生产流程要求,有利减轻管理强度和提高管理效率,即能保障生产的顺利进行和畜牧兽医技术措施的顺利实施　设计时应当考虑的内容,包括羊群的组织、调整和周转,草料的运输、分发和给饲,饮水的供应及其卫生的保持,粪便的清理,以及称重、防疫、试情、配种、接羔与分娩母羊和新生羔羊的护理等。

(3)符合卫生防疫需要,要有利于预防疾病的传入和减少疾病的发生与传播　通过对羊舍科学的设计和修建为羊创造适宜的生活环境,为防止和减少疾病的发生提供保障。同时,在进行羊舍的设计和建造时,还应考虑到兽医防疫措施的实施问题,如消毒设施的设置、有害物质(杂物)的存放设施等。

(4)结实牢固,造价低廉　羊舍及其内部的一切设施最好能一步到位,特别是像圈栏、隔栏、圈门、饲槽等,一定要修得特别牢固,以便减少以后维修的麻烦。不仅如此,在进行羊舍修建的过程中还应尽量做到就地取材。

2. 羊舍建筑要求　羊舍必须建筑在地势较高、干燥和排水良好的地方,南面有较为宽敞、平坦的运动场。在羊舍与放牧地之间,应有较宽阔的通道供羊群出入。

羊舍面积依照羊的生产方向、品种性别、年龄、生理状态、气候条件不同而有差异。面积过小会导致舍内拥挤、潮湿、空气污染严重,不利于羊群健康和管理;面积过大,浪费财物,不利于冬季保温,加大养羊成本。羊舍设置运动场面积应为羊舍的2～2.5倍,产羔室面积按产羔母羊数的25%计。各类羊个体平均所需面积(米^2/只)分别为:种公羊1.5～2,母羊1,育成羊0.8～0.9,怀孕或哺乳母羊 1.2，断奶羔羊 0.5，阉羊 0.6～0.8。个体较大的羊所占面积可略为增加。

建筑用料应就地取材，以耐用为原则，可用石头、木料、土坯、土墙、砖瓦、树枝、秸秆等作为材料。条件许可时，应利用砖瓦、石材、水泥、木材、钢筋、竹子等建筑材料建造永久性羊舍。这种羊舍使用年限长，维修费用少，较为经济。

长度、跨度和高度根据所选择的建筑类型和面积确定。单坡式羊舍跨度一般为 5～6 米，双坡单列式羊舍跨度为 6～8 米，双列式为 10～12 米；羊舍檐口高度一般为 2.4～3 米。地面到棚顶以 2.5 米左右为宜，潮湿地区及羊只多时可适当高些。

羊舍温度冬季要求在 0℃以上，夏季舍温应低于 30℃，冬季产羔室温度在 10℃左右。羊舍内要常年保持干燥，特别是冬季和雨季，舍内空气相对湿度应保持在 50%～70%。通风时，在冬季每分钟每只羊需要 0.5 立方米新鲜空气，夏季每分钟每只羊 1.5 立方米。

羊舍内应有足够的光线，以保持舍内卫生，要求窗面积占地面面积的 1/15，窗要向阳，距地面高 1.5 米以上，防止贼风直接袭击羊体。

羊舍地面应高出舍外地面 20～30 厘米，铺成缓坡形，以利排水。羊舍地面以土、砖或石块铺垫，饲料间地面可用水泥铺设。

潮湿地区要建成楼式羊舍，楼台用木条或竹条，但须结实，木竹条间距 1～1.5 厘米，可以漏羊粪，楼台距地面 1.5～1.8 米，以便清粪。

合理设计门窗，羊进出舍门容易拥挤，如门太窄孕羊可能因受外力挤压而流产，所以门应适当宽一些，一般宽 3 米、高 2 米为宜。要特别注意：门应朝外开。如饲养羊只少，体积也相应小的羊，舍门建成 1.5～2 米比较合适。

地面是羊运动、采食和排泄的地方，按建筑材料不同有土、砖、水泥和木质地面等。土地面造价低廉，但遇水易变烂，羊易得腐蹄病，只适合于干燥地区。砖地面和水泥地面较硬，对羊蹄发育不利，但便于清扫和消毒。木质地面最好。

羊床是羊躺卧和休息的地方，要求洁净、干燥、不残留粪便和便于清扫，可用木条或竹片制作，木条宽 3.2 厘米、厚 3.6 厘米，缝隙宽要略小于羊蹄的宽度，以免羊蹄漏下折断羊腿。羊床大小可根据圈舍面积和羊的数量而定。商品漏缝地板是一种新型畜床材料，在国外已普遍采用，但价格较贵。

墙体对畜舍的保温与隔热起着重要作用，一般多采用土、砖和石等材料。近年来建筑材料业发展很快，许多新型建筑材料如金属铝板、钢构件和隔热材料等，已经用于各类畜舍建筑中。用这些材料建造的畜舍，不仅外形美观，性能好，而且经久耐用，便于维护，造价也不比传统的砖瓦结构建筑高多少，是未来大型集约化羊场建筑的发展方向。

屋顶应具备防雨和保温隔热功能。天棚可用陶瓷瓦、石棉瓦、彩钢瓦和油毡等制作。在挡雨层的下面，应铺设保温隔热材料，常用的有玻璃丝、泡沫板和聚氨酯等保温材料。屋顶的种类繁多，在羊舍建筑中常采用双坡式，也可以根据羊舍实际情况和当地的气候条件采用半坡式、钟楼式、半钟楼式等(图 11-3)。单坡式羊舍跨度小，自然采光好，适用于小规模羊群和简易羊舍；另外，在南方炎热潮湿地区可选用钟楼式和半钟楼式。

单列式羊舍应坐北朝南排列，运动场应设在羊舍的南面；双列式羊舍应南北向排列，运动场设在羊舍的东西两侧，以利于采光。运动场地面应低于羊舍地面，并向外稍有倾斜，便于排水和保持干燥。

羊舍内和运动场四周应设围栏，以便将不同大小、不同性别和不同类型的羊相互隔开，并限制在一定的活动范围之内，利于提高生产效率和便于科学管理。围栏高度 1.5 米较为合适，材料可以

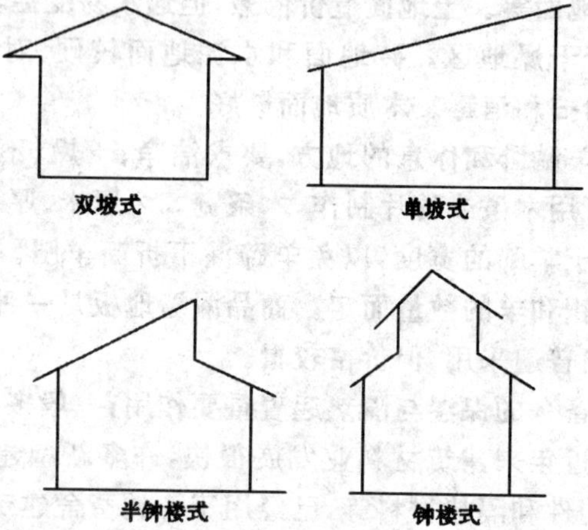

图 11-3 屋顶式样

是木栅栏、铁丝网、钢管等。围栏必须有足够的强度和牢度,因为与绵羊相比,山羊的顽皮性、好斗性和运动撞击力要大得多(图 11-4,图 11-5)。

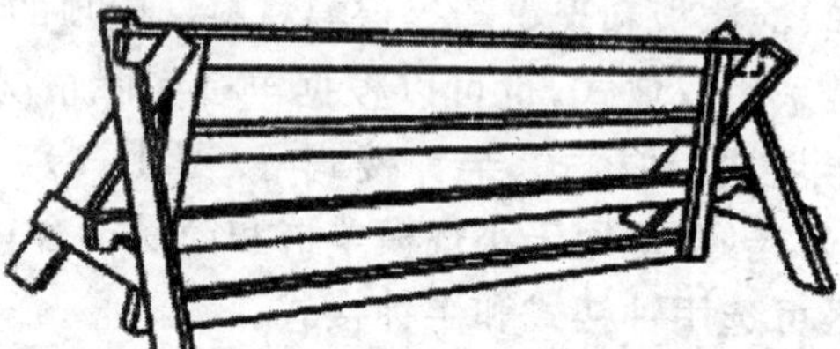

图 11-4 三脚架围栏

食槽和水槽尽可能设计在羊舍内部,以防雨水淋和冰冻。食槽可用水泥、铁皮等材料建造,深度一般为 15 厘米,不宜太深,底部应为圆弧形,四角也要用圆弧角,以便清洁打扫。水槽可用成品陶瓷水池或其他材料,底部应有放水孔。

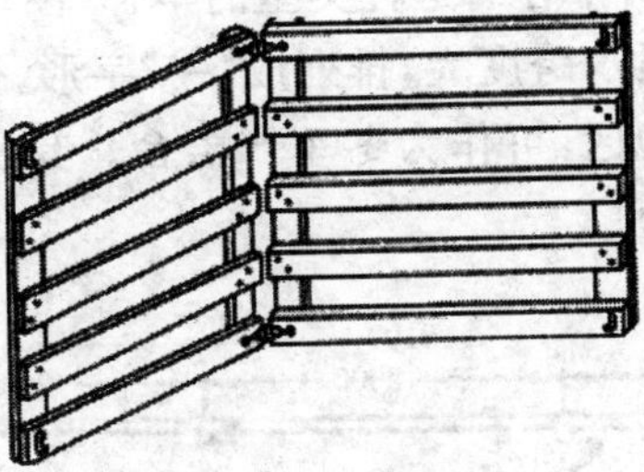

图 11-5　折叠围栏

(六)典型羊舍

1. 开放、半开放结合单坡式羊舍　这种羊舍由开放和半开放两部分组成(图 11-6),羊舍排列成“┏”形。在半开放羊舍中,可用活动围栏临时隔出或分隔出固定的母羊分娩栏。这种羊舍适合于炎热或者经济欠发达地区。

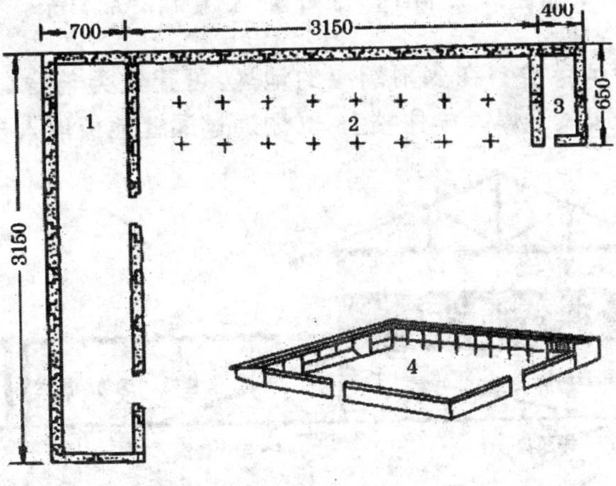

图 11-6　开放和半开放结合单坡式羊舍　(单位:厘米)

1. 半开放羊舍　2. 开放羊舍　3. 工作室　4. 运动场

2. 封闭双坡式羊舍 这种类型的羊舍(图 11-7),四周墙壁封闭严密,屋顶为双坡,跨度大,排列成"一"字形,保温性能好。适合寒冷季节或高山地区,可作为冬季产羔舍。其长度可根据羊的数量适当延长或缩短。

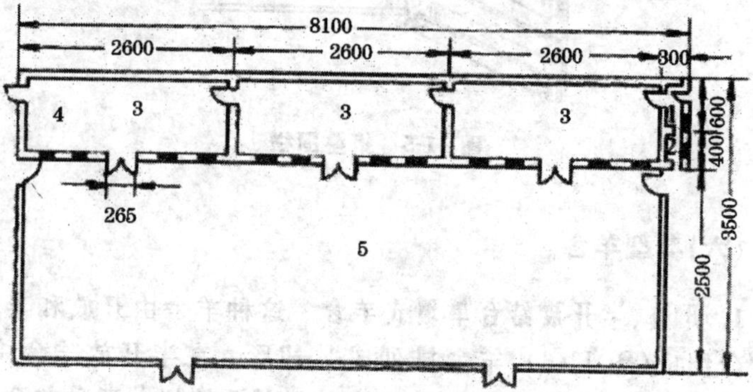

图 11-7 封闭双坡式羊舍 (单位:厘米)

1. 值班室 2. 饲料室 3. 羊圈 4. 通气管 5. 运动场

3. 楼式羊舍 在多雨潮湿的地区,可建这类羊舍(图 11-8),保持羊舍通风干燥。羊住楼上,粪尿通过漏缝地板落入楼下地圈。

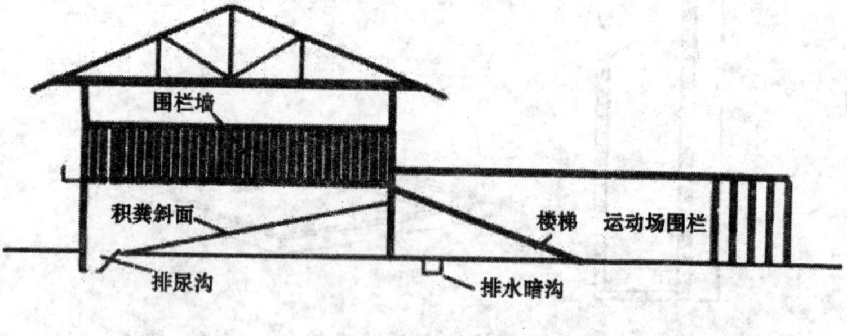

图 11-8 楼式羊舍

南方草山草坡较多，为了方便羊群采食，可就近修建羊舍。可因地制宜地借助缓坡，建吊楼式羊舍。羊舍距地面高度为 1.2 米，双坡式屋顶（图 11-9），南面或南北面做成 1 米左右高的墙，舍门宽 1.5～2 米。木条漏缝地板或水泥预制件铺设，缝隙 1.5～2 厘米，便于粪尿漏下。羊舍南面设运动场，用于羊补饲和活动。

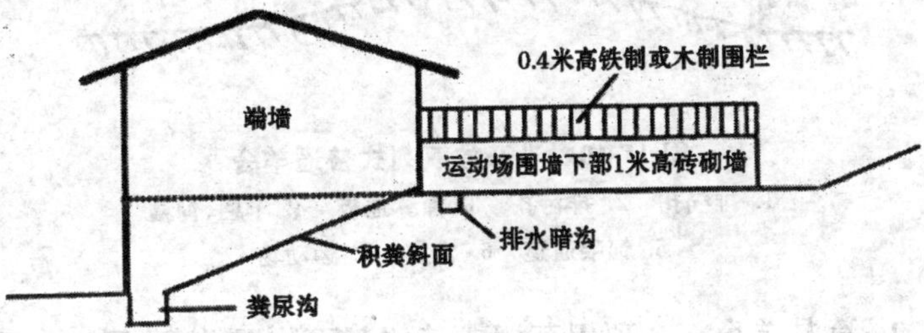

图 11-9　吊楼式羊舍

4. 敞开式羊舍　敞开式羊舍三面有墙，一面无墙，有顶盖，无墙的一面向运动场敞开。运动场内靠围栏设置饲草、料饲喂槽架和饮水设施。为了防止夏季强烈的太阳辐射，影响羊采食饲草料，在饲槽的上方搭建遮荫棚。

5. 半开放双列式普通羊舍　这类羊舍（图 11-10）适合于温暖潮湿地区，结构合理科学，羊舍通风良好，采光强，羊舍保持干净卫生，操作方便，羊舍内可以是通圈，用移动式钢栏调节圈舍面积。漏缝地板为拼装式，可定期启开清扫和消毒。地面是斜坡式，便于定期冲洗打扫，能提高劳动效率，减轻劳动强度。半开放双列式普通羊舍造价稍高，适宜饲养优良种羊。一般农户养羊可参照简化结构，降低成本。

6. 单列式羊舍　适于规模较小的农家羊舍。适合于有坡度的地方建羊舍，跨度 6～7 米，一边为走廊和饲槽，另一边为羊圈，后面或侧面连接运动场。

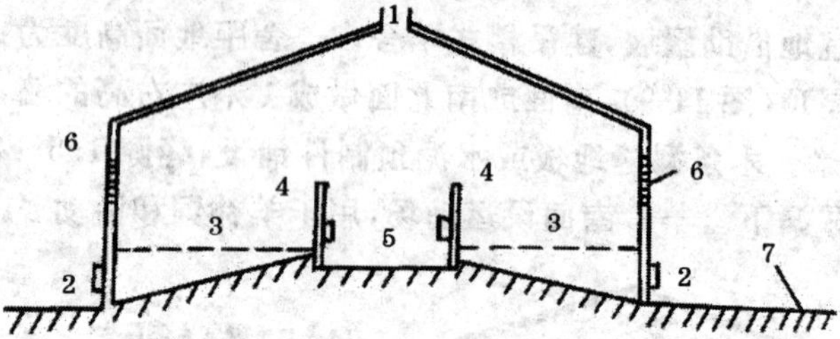

图 11-10 半开放双列式普通羊舍

1. 排气孔 2. 排污孔 3. 漏缝地板 4. 羊栏、饲槽
5. 饲喂通道 6. 窗户 7. 运动场

7. 简易羊舍 舍顶用草棚或其他避雨物覆盖，四周用砖或泥土筑墙，三面有墙，一面敞开，羊舍铺设草架、饮水、补饲槽。这种羊舍结构简单，建筑方便，经济实用，投资较小。

二、羊场生产设施与主要设备

(一)羊场的主要设施

1. 饲槽和饮水槽

(1)饲槽 主要用于饲喂饲草、饲料或青贮饲料，有固定水泥槽和移动木槽 2 种。

①固定式水泥槽：用砖砌成，或用混凝土预制。槽体高 23 厘米，槽内径 23 厘米，深 14 厘米，槽壁应用水泥抹光，槽长依羊只数量而定，一般可按每只大羊 30 厘米、羔羊 20 厘米计算，这种饲槽施工简便，造价低廉，既可阻止羊只跳入槽内，又不妨碍羊只采食和添草料、拌料以及清扫。

②移动式木槽：用厚木板钉成，制作简单，便于搬运。一般长

1.5～2 米,上宽 35 厘米,下宽 30 厘米(图 11-11,图 11-12)。

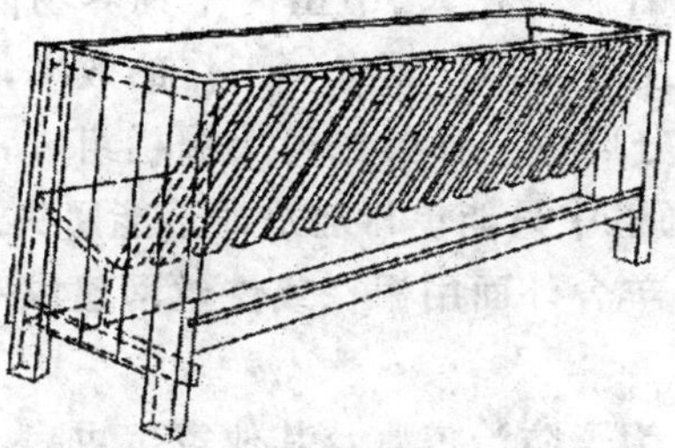

图 11-11　靠墙固定单面兼用草料架

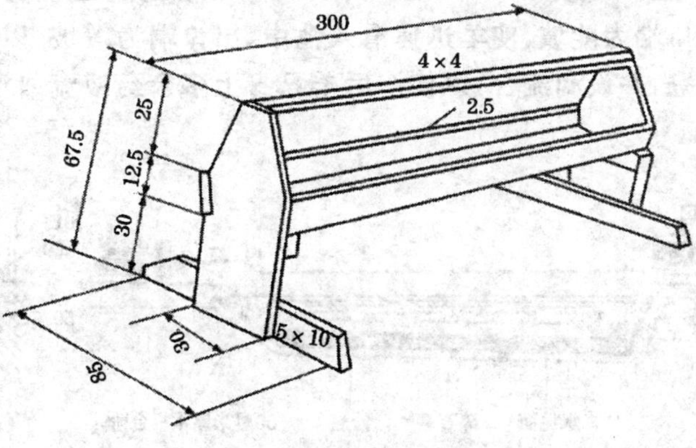

图 11-12　木制料槽　(单位:厘米)

(2)饮水槽　可用铁皮或水泥做成,要便于加水、清洗。

2. 母仔栏　为母羊产羔、瘦弱羊隔离而设置。一般为两块栅板用铰链连接而成,将此活动木栏在羊舍角落成直角展开,并将其固定于羊舍墙壁上,可围成 1.2 米×1.5 米的母仔间,供 1 只母羊及其羔羊单独用。母仔栏的数量一般为母羊数的 10%～15%。

3. 羔羊补饲栏　将多个栅栏、栅板或网栏在羊舍或补饲场靠墙围成足够面积的围栏,在栏间插入 1 个大羊不能入内、羔羊能自由出入的栅门，内放食槽等。

4. 活动式分群栏 在大、中型肉羊饲养场内，为了提高羊只鉴定、分群、防疫注射、药浴、驱虫等工作的效率，通常要设有比较结实但可活动的分群栏。分群栏可用栅栏组成，通道的宽度比羊体稍宽，羊只在通道中只能单行前进而不能回头。

5. 堆草圈 羊舍外面用栅栏或铁丝网建成一个堆草圈，以堆存备用的干草。

6. 药浴池 为了防治疥癣及其他寄生虫病，每年要定期给羊群药浴。药浴池一般为长形，池深 1 米，长 10～15 米，上口宽 60～80 厘米，底宽 40～60 厘米，以一只羊能通过而不能转身为度。入口端为陡坡，使羊迅速滑入池中，出口端为缓坡，以利于羊浴后攀登，并设滴流台，以使浴后羊只身上多余药液流回池内（图 11-13）。

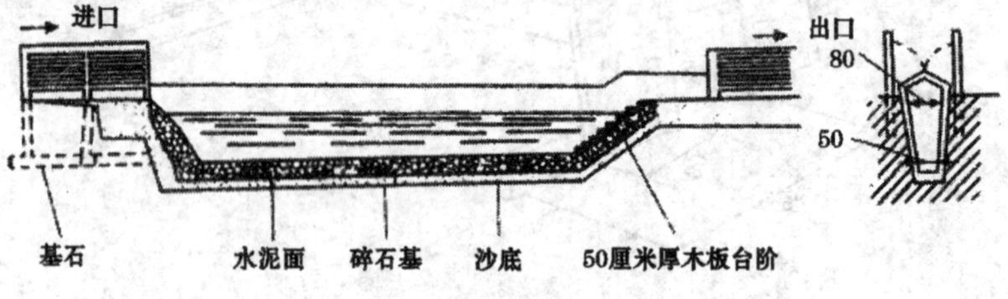

图 11-13 药浴池的断面 （单位：厘米）

7. 磅秤及羊笼 为了定期称量羊只的体重，掌握饲养效果等情况，羊场应设置小型地秤，并在磅秤上装置木制或钢制的长方形羊笼。羊笼一般长 1.4 米，宽 0.6 米，高 1 米左右，两端安置活动门供羊进出。

8. 青贮设施 为制作和保存青贮饲料，应在羊舍附近修建青贮设施，主要的青贮设施有以下几种。

(1)青贮窖　一般为圆桶形,底部呈锅底状,可分为地上式、半地上式、地下式3种。应在地势高燥处修建,窖壁、窖底用砖、卵石、水泥砌成,窖壁要光滑,要防雨水渗漏。窖的大小、多少可根据羊只数量、青贮制作量而定,一般为直径2.5～3.5米,深3米左右,太深虽然贮量大,但不便取用。

(2)青贮壕　一般为长方形,壕底、壁用砖石、水泥砌成,为防壕壁倒塌,应有1/10的倾斜度,壕的断面呈上大下小的梯形。壕的尺寸应根据养羊只数而定。一般人工操作,壕深3～4米,宽2.5～3.5米,长4～5米,机械操作长可达10～15米,但必须以在2～3天内装填完毕为原则。一般要在壕四周0.5～1米处修排水沟,以防污水倒流。

(3)青贮塔　饲养量大、又有条件的羊场可用砖石、钢筋、水泥修建青贮塔,虽然投资较大,但经久耐用,容积大,损失少,质量好,取用方便。可结合自己情况制定。

(4)青贮袋　近年来研制成功并正在推广的袋装青贮技术,具有投资少、制作容易、不受气候和场地限制、浪费损失少、运输方便等特点,值得应用,但必须严防鼠害。

(二)羊场的主要机械

1. 铡草机　铡草机按机型可分为大型、中型和小型;按切割部件可分为圆盘式、滚刀式和轮刀式;按固定与否可分为移动式和固定式。选用时,要求切割长度能在3～10厘米范围内调节,切割各种作物茎秆、牧草和青饲料,压碎粗硬秸秆,切茬平整无斜茬。喂料、出料机械化,运转负荷均匀,能量消耗小。

2. 饲料粉碎机　常用的饲料粉碎机有锤片式和齿爪式两种。锤片式粉碎机,按进料方式可分为切向粉碎机和轴向粉碎机。切向粉碎机在粉碎稍潮湿长茎秆饲料时易缠绕主轴,而轴向粉碎机就不会发生这种情况。锤片式粉碎机通用性广,调节粉碎度方便,粉碎质量好，使用和维修方便，生产效率高；缺点是动力消耗较大；爪式饲料粉碎机由机壳、主轴、喂入斗、环形筛、动齿盘和定齿盘组成。工作时，饲料由喂料斗通过内插门流入饲料室，再由动齿盘上的齿爪旋转运动的打击，碰撞剪切和搓擦作用，逐渐碎成细粉，由高速旋转的动齿盘形成的气流，使细粉通过筛孔由卸料口排出。齿爪式粉碎机，结构紧凑，体积小，重量轻，适用于粉碎颗粒饲料。

3. 制粒机 制粒机是将粉状饲料按照一定比例配合，经过机器压制，形成柱状体，再经切刀割成颗粒。颗粒饲料具有成分分布均匀、避免家畜挑食、保证家畜全价营养、便于贮藏等特点，对发展集约化养殖业十分有利。

制粒机按其结构特点可分为成型窝眼孔式、齿轮圆柱孔式、螺旋式、平模式和环模式5种。平模式制粒机通常采用立式，主要由喂入量调节板、搅拌器、压辊、平模、切刀等组成，具有结构简单、平模易于制造、造价较低、磨损后修复方便等特点；环模式制粒机通常为卧式。主要由机架、传动装置、喂料斗、搅龙输送器、压辊、环模、切刀等组成。

4. 联合收割机 按结构可分为直接切碎式、直流式和通用式。直接切碎式，用于收割青绿牧草、燕麦、甜菜茎叶等，不适用于收割青饲玉米等高秆作物；直流式生产效率高，适用性能广；通用式按其割台可分为：全幅割台，用于收割牧草及平播饲料作物；中耕作物割台，用于收割青饲玉米；捡拾器，用于捡拾萎谢青饲料和集成牧草、草条，进行低水分青贮。

5. 饲料搅拌机 饲料搅拌机可按饲养标准将各种饲料、维生素和微量元素等混合均匀。搅拌机可分为立式和卧式两种。立式，又称搅龙式，是非连续作业机器。主要由料斗、垂直搅龙、圆筒、搅龙外壳、卸料活门、支架和电机等部分组成，作业一次，包括装料、混合和卸料，需15～20分钟。因生产效率低，卸料不充分，故仅适用于小型羊场混合干粉料；卧式，其构造包括H形槽外壳、外搅拌叶片、内搅拌叶片、主轴、叶片连接杆和卸料活门。工作时动力驱动，连接在叶片连杆上的内外叶片使饲料对向移动，使饲料混合均匀，由卸料口排出，作业一次，包括装料、混合和卸料，仅需4分钟，混合效率高，质量好、卸料快。

6. 牧草收获机械 牧草收获机械是现代养羊业必不可少的主要机械之一，其作用是通过割、搂、集、捆、垛等工序为养羊生产贮备优质干草。此类机械按其用途可分为割草机、搂草机、饲草压扁机、拾压捆机、装载机和集垛机等；按切割方式割草机又分为往复式与旋转式；按搂成的草条方向，搂草机又分为横向搂草和侧向搂草机；压捆机又可分为方捆机和圆捆机。

牧草收获机械分为畜力机具系统、传统收获机具系统、小方草捆收获机具系统、大圆打捆收获机具系统、集垛收获机具系统和散碎草收获机具系统。各种系统的选择还应根据当地劳力多少，成本的高低，以及能源条件来决定。但无论选用何种机具系统收获牧草，都要尽可能做到适时收获，及时处理，迅速和均匀干燥，尽量避免雨淋和暴晒，最大可能地减少各作业环节牧草的损失。

7. 粗饲料压粒、压块机 压粒、压块机具包括粉碎机，牧草、秸秆、精料及各种添加成分的喂入与计量装置、混合机、压粒压块机的冷却器等。此类机具的主要优点是：牧草、秸秆经切铡、粉碎后可压制成的600～900千克/米^{3}的草块，其堆集密度比散贮存要高许多，便于实现装载、贮存和饲喂作业的机械化，降低贮运成本；压制过程中定量掺入氢氧化钠、氨水、尿素等碱性物质进行碱化处理，可使粗饲料消化率达到65%。同时还可掺入矿物质、微量元素等添加剂及其他必要的营养物质，以便配制全价饲料；压成草颗粒或草块后，牲畜采食量可提高30%，采食速度加快，减少饲料的浪费，减轻饲喂劳动强度，降低饲喂总成本10%以上。

8. 秸秆调制设备 由喂入器、铡刀、喷液泵、搅拌器和输入管道等部件组成，有的还能将秸秆压裂，使碱液渗入秸秆组织。调制过程主要是：首先通过喂入装置将秸秆送入铡切部分，切成1～2厘米的短段，同时通过喷头喷入水蒸气，使秸秆湿度达到68%～80%，温度达100℃左右，再将相当秸秆重量4%～10%、浓度为30%的NaOH溶液喷洒在秸秆上，通过的秸秆再进入搅拌器或压辊，使其充分混匀，最后通过风机和输送管道送入饲草贮存库即可饲喂。

三、羊场废污处理

养羊业不仅受环境污染的危害，而且也容易污染环境。养羊对环境的影响主要是羊粪、尿、尸体及相关组织、垫草、过期兽药、残余疫苗、一次性使用的医疗器械及包装物和污水等废弃物对环境的污染，养羊场应积极通过废水和粪便的还田或者其他措施，对所排放的废弃物进行综合利用，实现污染物的资源化。

（一）粪便无害化处理

为了防止粪便污染环境，杀灭病原体，充分开发利用有机肥料，应当采用干燥或发酵等方法对羊粪进行无公害化处理。

粪便的发酵处理是利用各种微生物的活动来分解羊粪中的有机成分，从而有效地提高某些有机物的利用率，在发酵过程中形成的特殊理化环境也可杀死粪便中有害病原菌和一些虫卵。根据发酵过程中依靠的主要微生物种类不同，可分为堆肥发酵和沼气发酵处理。堆肥是以粪便为原料的好氧性高温堆肥，处理后的粪便可作优质的有机肥用于饲料和牧草等种植业生产中。沼气发酵是以粪便为原料，在密闭、厌氧条件下的厌氧性消化，产生的沼气可供羊场使用。经无害化处理粪便应符合《粪便无害化卫生标准》的规定，废渣应符合《畜禽养殖业污染物排放标准》的有关规定。

1. 综合防治措施 羊舍做到规范化。根据山羊喜干燥、厌潮湿的生活习性，在修建羊舍时，必须要做到背风向阳、高燥，以修建楼式羊舍为主。羊场做到五有，即有羊床，有草料架，有饮水槽，有运动场，有消毒设施。羊舍内有大小不等能供不同年龄的肉羊分开饲养的隔离小间，每格羊舍容纳带仔母羊 5 只左右，怀孕母羊 10 只左右，公羊最好一圈一羊。

勤打扫，做到粪水分离。粪便由漏粪板漏入吊脚楼下，冲洗粪水入沼气池，雨水要有另外的水沟排到场外，运动场内的羊粪做到当天清扫后送入到发酵棚内，堆积发酵处理利用。

做到羊场与沼气池配套建设。这样既能达到羊粪尿的无害化处理，用于还田供农作物的肥料，又能解决养羊大户的燃料问题，达到生态平衡的双重效果。

做到草畜配套。种草养畜、草畜配套、养羊积肥、以羊促草、草羊结合的发展方式，既可以做到经济效益和生态效益及社会效益三赢的发展模式，又可以减少规模养羊后的环境污染。粪便通过发酵利用，同时还可以减少粪便中杂草籽、寄生虫卵、病原菌对人、畜、植物和环境的危害。

养羊做到适度规模的分散养殖。草地分片利用模式，减少环境污染，以羊定草、以草定羊结合，做到养羊规模适度。草地利用均衡，粪污先处理再利用，达到无害化。

避开水源建圈舍，保护水的质量，在修圈舍时，最好建在水源下方为宜。

通过羊粪便的无害化处理与羊场环境污染的综合防制，建立起农牧结合生态工程体系，从种植业到养殖业再到微生物连接种养业。根据各地具体情况进行结构调整，在农牧结合的生态工程中，提高草食家畜比重，达到种草养羊、养羊积肥、羊粪发酵再返回草地，形成良性循环的生态系统，推动养羊业的健康发展，达到羊粪无害化处理利用和环境污染彻底根治的目的。

2. 羊粪便无害化处理技术 在技术处理上，因地制宜进行处理利用，达到无害化，目前归纳起来有以下几种方式。

(1)堆肥处理技术　从卫生观点和保持肥效等方面看，堆肥发酵后再利用比使用生粪要好，堆肥的优点是技术和设施简单、施用方便、无臭味；同时，在堆制过程中，由于有机物的好氧降解，堆内温度持续15～30天达50℃～70℃，可杀死绝大部分病原微生物、寄生虫卵和杂草种子，而且腐熟的堆肥属迟效肥料，牧草及作物使用安全。

堆肥的方法：①场地。水泥地或铺有塑料膜的地面，也可在水泥槽中。②堆积体积。将羊粪堆成长条状，高不超过1.5～2米，宽不超过1.5～3米，长度视场地大小和粪便多少而定。③堆积方法。先比较疏松地堆积一层，待堆温达到60℃～70℃时，保持3～5天，或待堆温自然稍降后，将粪堆压实，再堆积一层新鲜粪，如此层层堆积至1.5～2米为止，用泥浆或塑料膜密封。④中途翻堆。为保证堆肥质量，含水量超过75%时应中途翻堆，含水量低于60%时，最好加水满足一定水分，有利于发酵处理效果。⑤启用。密封2个月或3～6个月后即可启用。

短时发酵处理要及时启用的，可在肥料堆中竖插或横插或留适当数量的通气孔。在经济发达地区，多采用堆肥舍、堆肥槽、堆肥塔、堆肥盘等进行堆肥。优点是腐熟快、臭气少、可连续生产。

(2)制作液体圈肥　方法是将生的粪尿混合物置于贮留罐内经过搅拌曝气，通过微生物的分解作用，变成为腐熟的液体肥料，这种肥料对作物是安全的。在配备有机械喷灌设备的地区，液体粪肥较为适宜。

(3)制作复合肥料　将羊粪制成颗粒肥料。

(4)制沼气作能源　沼气是有机物在厌氧环境中，在一定温度、湿度、酸碱度、碳氮比条件下，通过微生物发酵作用而产生的一种可燃气体。由于这种气体最初是在沼泽中发现的，所以叫沼气，其主要成分是甲烷(CH_4)。

粪便作为其他能源,直接燃烧。含水量在30%以下的羊粪,可直接燃烧,只需专门的烧粪炉即可。生产发酵热。将羊粪的水分调整到65%左右,进行通气堆积发酵,有时可得到高达70%以上的热量。方法是在堆粪中安放金属水管,通过水的吸热作用来回收粪便发酵产生的热量。回收到的热量,一般可用于畜舍取暖保温。生产煤气、"石油"、酒精。将羊粪中的有机物在缺氧高温条件下加热分解,从而生产以一氧化碳为主的可燃性气体,其原理和设备大致上与用煤产生煤气相仿,每千克羊粪大致可产生300~1 000升煤气,每立方米大致含8.372~16.744兆焦热量。

(二)病死羊尸体的无害化处理

病死羊尸体含大量病原体,只有及时经过无害化处理,才能防止疫病的传播与流行,严禁随意丢弃、出售或作为饲料。根据病症种类的性质不同,按《畜禽病害肉尸及其产品无公害化处理规程》的规定,采用适宜方法处理病羊的尸体。

1. 销毁 将病羊尸体用密闭的容器运到指定地点焚毁或深埋。

2. 化制 将病羊的尸体在指定的化制站加工处理,可以将其投入干化机化制,或将整个尸体投入湿化机化制。

(三)废水的处理

肉羊养殖过程中产生的废水主要是清洗羊体和饲养场地、器具产生的废水,废水不得排入敏感水域和有特殊功能的水域,应坚持种养结合的原则,经无公害化处理后尽量充分还田,实现废水资源化利用。养殖场与农田之间应建立有效的污水输送网络,严格控制废水输送沿途的弃、洒、冒、滴、漏。

1. 传统式排水 用手工清理及粪水流动排污。由排尿沟、降口、地下排出管和粪水池构成。

2. 排尿沟 设于羊栏后端，紧靠降粪便道，至降口有1%～1.5%坡度。降口：指连接排尿沟和地下排水管的小井，在降口下部设沉淀井，以沉淀粪水中的固形物，防止堵塞管道。降口上盖铁网，防粪草落入。地下排出管：与粪水池有3%～5%坡度。粪水池容积应贮20～30天的粪水尿液，选址离饮水井100米以外。

3. 漏缝地板式排水设施 可提高劳动生产率，节省人力。材料有钢筋混凝土和竹木板。设于粪沟之上，多采用拼接式，便于清扫和消毒。大型羊场可用机械刮板或高压水冲洗。

四、羊场的经营管理

经营管理是羊场生产经营的重要组成部分。科学的经营管理，可以帮助羊场科学有效地决策，有效地组织生产，提高劳动生产率和科技生产水平。没有较高的生产水平，就不能获得较高的生产效益。只有通过抓经营管理，增收节支，降低生产成本，才能提高经济效益。

（一）生产管理

1. 羊群分组 羊群一般分为种公羊、成年母羊、后备羊或育成羊、羔羊和阉羊等组别，其中成年母羊又可分为空怀期母羊、妊娠母羊和哺乳母羊。羔羊是指出生后未断奶的小羊。除后备羊以外，其余羊只均可用于肥育或出售，非种用公羔进行去势，称为去势羊或阉羊。成年母羊是12～18月龄配种受孕后的后备母羊，一般使用6年左右，当牙齿脱落、繁殖效率较差或患有不易医治的疾病时，应提前淘汰，安排肥育屠宰。种公羊是从后备公羊中选留的，一般在12～18月龄时开始使用，使用期一般为5年。杂交改良过程中的杂种羊，因遗传不稳定，不能留作种公羊，所用种公羊应从种羊场购买。

2. 羊群规模 进行规模化养羊的专业户所养羊群的大小受到许多内外因素的制约。其中经济效益是考虑的首要因素，其次是生产方向、能利用的品种资源、饲草饲料资源、市场需求的大小等。使用优良品种、饲养规模大、产品数量多、质量高、饲养成本低，有足够的资金运作和技术支撑作保证，则获取的经济效益就高，规模效益就好。

在农区以户为单位，进行舍饲规模化养羊还要考虑可利用剩余劳动力。在饲料资源比较困难的地区，户养羊的规模不宜太大，通常以100～200只为适度规模。优良肉羊生产专业户和有条件的奶山羊专业户，饲养规模还可适当大些。半农半牧区以放牧为主的中小型饲养户每户饲养量从30～100余只，采用三、五户共同雇用一位牧工白天放牧，收牧后各户自行补饲饮水及自己经营产羔配种等适度规模方式，能获得较为可观的经济效益。

3. 羊群的结构 羊群结构通常指在一定时期内羊群中不同性别、年龄和用途的羊的数量比例。按什么羊的比例来组建羊群，则要根据生产方向、专业化程度和饲养规模的大小来决定。例如进行高度专业化肉羊肥育生产的中小规模专业户，羊群结构可能就会比较单一。

(1)*种羊繁殖专业户* 生产的主要产品是种羊。产品价格高，但是质量要求也高，因此其规模不可能太大，所以合理的羊群结构就显得十分重要。在组建基础羊群时，首先考虑的就是母羊和母羊的年龄结构。原则是壮年羊(2～5岁)占75%左右，青年羊(0.5～1.5岁)占15%～20%，6岁羊占10%。尽可能不用大于6岁以上的老龄羊。公羊数量和比例，视采用什么样的繁殖技术来决定。采用人工授精，种公羊可按繁殖母羊的0.5%～1%比例配备，另外还要配备2%～3%的试情公羊，在人工辅助自然交配的情况下，可按25只母羊配备1只种公羊考虑。青年后备公羊按现有种公羊1.5倍配备。如果有条件的地方，能完全使用冷冻精液进行配种，则只需要考虑试情公羊。

(2)**肉羊生产专业户** 生产的主要产品为商品肉羊。如果是自己繁殖生产，组建基础羊群时能繁母羊应该占整个羊群的75%以上，后备母羊15%，种公羊2%～3%，采用自然交配。尽可能选择繁殖力高、早期生长发育快的品种。当年生产的羔羊应尽快肥育出栏，以6～8月龄肥育出栏的肥羔取得的经济效益为最佳。如果进行的是高度专业化全进全出肥羔肥育肉羊生产，则应以购买2月龄左右的羔羊为宜，肥育时间4～5个月，视不同品种体重达到30～50千克出栏为佳。

(二)经营管理

包括生产管理体系、生产计划、饲草饲料生产计划、财务成本管理及责任目标管理体系的编制与实施。

1. 生产管理体系 一个管理有序、科学运转的肉羊场，必须有完善的生产劳动管理组织，实行以场长负责制为主的生产、技术、供应、财务成本、销售等劳动组织和制定岗位责任、目标责任管理体系。管理人员、生产技术人员、饲养人员都必须进行培训，考核合格后方能持证上岗。从而保证生产与管理有序运行。

首先要善于用人，调动职工积极性。其次要健全内部规章制度。如场长岗位责任制，员工守则，饲养员岗位责任制，拌料员岗位责任制，兽医岗位责任制，消毒防疫制度，安全保卫制度，考核制度，卫生管理制度，售后服务管理制度，使内部管理有章可循，促进规模羊场健康发展。

①饲养员的基础定额为每人饲养100只羊，具体工作量包括饲草饲料加工、饲养管理、粪便清理和环境卫生消毒等工作。

②畜牧兽医技术人员每人负责500只羊饲养管理的指导和诊疗工作。

③各场部各部门负责人不设副职。行政后勤保障人员应实行

一人多岗制。

④经营初期不设销售部，销售人员一般采用兼职，随着销售量的增加再考虑设部定员。

2. 生产计划 生产计划由生产部负责，主要内容为饲养规模、羊群结构、繁殖及羊群周转计划等。主要编制肉羊饲养规模、品种定向、产品定位、发展措施等内容的发展规划；编制饲养、繁育与保健、防疫规程；制定市场营销策略及营销方案。经营者必须认识到有适度规模才有良好效益，产品优质才有市场。具体计划主要包括以下几种。

(1)配种分娩计划 制定配种与分娩的计划，要考虑到以下几点：当年母羔配种的月龄、体重、数量；经产母羊的淘汰年龄、数量；秋季配种最佳起始时间、结束时间、提高繁殖力的新技术应用及相关措施；依据公、母羊血缘关系，制定配种计划；掌握年初羊群结构和上年参配母羊数以及上年母羊受胎率、产羔率、羔羊成活率、繁殖成活率的实际数据，以上年水平为参照确定本年度配种、繁殖、成活率等项指标，并提出保证实现指标的相关措施。

(2)羊群周转计划 一个羊场在生产过程中，由于羊只的买进卖出、母羊的繁殖、肥育羊的屠宰销售、成年羊的淘汰以及断奶羔羊转群等，羊群经常发生变化。为保证各项生产指标的全面完成，必须编制羊群周转计划，有目的地控制变动，使生产有序进行。计划内容包括：年初种公羊、可繁基础母羊、育成羊、羔羊和肥育羊等各类羊的存栏数及年末要达到的生产指标数；年内应淘汰的公、母羊数；年内培育的种公、母羊数及出场数；年内肥育商品羊数及出栏数；依据繁殖计划成活的羔羊数；年内需购入的种公、母羊数。即：计划年末数＝计划年初只数＋计划年内增加数－计划年内减少数。

3. 饲草饲料生产计划 要根据年内羊群周转计划、不同阶段羊只数及每日饲喂草、料的品种与数量，年初预先编制年内饲草、饲料生产和供应计划。这个计划既关系到肉羊生产饲养标准化及管理规程化，又对羊场提升羊群质量和经济效益起决定作用。计划重点包括：青贮、谷物饲料种植种类、面积、产量预测；优质人工牧草种植的种类、面积、预测产量；刈割天然草场野干草的时间、数量；收贮农作物秸秆及相关农副产品的种类、数量；需要外购的饲草、饲料品种及数量等。

饲草的生产加工体系应在羊场建设之初，优先考虑。大量的农作物秸秆和加工副产品是青粗饲料的主要来源。应按山羊日粮搭配方案，有计划地组织收购、加工和利用。规模羊场应根据自己的规模与日粮配比，采用农民种植为主和自己配套种植为辅的方案，抓好青鲜牧草的生产与收购。

4. 强化成本管理 饲养成本是为直接形成产品所付出的费用，是综合因素共同作用的结果。饲养成本主要由饲草费、饲料费、人工费、水电费、医药费、运输费等直接费用组成。这些费用可变性大，是挖掘潜力、增产节约、降低成本的主要环节。间接成本虽然不直接形成产品，但客观上仍是总成本的重要组成部分，在核算、监控成本上不可忽视。主要包括房舍折旧、设备折旧、草场改良与播种牧草饲料费、种羊折旧费、土地(草场)租用或折旧费、行政管理费、财务费以及营销费等。饲养肉羊因生产经营方向不同，所以经营收入也不同。如种羊场的产品是种羊，其收入主要是靠销售种羊、精液及淘汰羊而实现；商品肉羊场的收入主要是销售肉羊，有加工能力的可销售羊肉及其制品。养羊的总收入扣除直接与间接成本后即为利润。

有效监控生产经营成本。①生产成本预算由财务部全面负责，应根据羊场生产经营计划和实际情况编制生产成本预算，对全年的经营收入、支出等编制基本概算，制定资金需求和来源的计划，并对全年的生产经营成本进行控制管理。②生产计划由生产部负责，主要内容为饲养规模、羊群结构、繁殖及羊群周转计划等。

努力降低生产经营成本。主要是饲料费、人工费、水电费、医药费、行政办公费和营销费等直接费用，因这类费用的可变性大，是控制成本的主要内容。一般情况下，饲料、饲草费用占羊场生产总成本的70%左右，在生产成本中起决定性作用。

（三）技术管理

科学的饲养管理和完善的技术管理，能以最低的生产成本获得最高的经济效益，也关系着产品的知名度和企业的良好形象。肉羊场的技术条件及技术水平取决于经营者的认识程度和实施能力。技术管理的基本内容是实施标准化饲养、规范化管理，要结合场内实际，组织技术力量制定饲养繁育规程和保健防疫规程，并请有关专家论证、指导，使之成为本场饲养管理必须遵循的、有约束力的规章制度。

（索效军）

第十二章 羊的屠宰与产品加工

我国是世界养羊大国，存栏数量、产肉量、产皮量均排在世界前列。羊可以说浑身都是宝。羊肉是高蛋白、低脂肪的食物，味道鲜美，口感独特，一直深受广大消费者的喜爱，而羊毛、羊绒、羊皮等副产品也有着非常广阔的市场。在羊产业中，羊的屠宰与加工工艺具有相当重要的作用，它对于提高羊肉质量、加速羊产业进程等都有着不可替代的作用，尤其是近几年，随着大量现代化屠宰加工设备的引进，以及新技术在屠宰加工领域里的积极应用，我国的屠宰业水平大幅度提高。

一、羊的屠宰

（一）屠宰前的准备

待宰的羊只必须进行宰前检验和宰前禁食。对可疑者进行隔离观察；对确定的病羊应及时送急宰间处理；将宰前检验合格、确属健康的羊送待宰间候宰。

宰前检验的主要内容是观察口、鼻、眼有无过多分泌物，观看可视黏膜，观看精神状态、被毛、呼吸和运步姿态；病羊大多食欲减退或废绝，粪便干燥或稀薄，被毛蓬乱，呼吸困难，鼻镜干燥，鼻孔分泌物过多，体温升高或降低，运动迟缓，四肢无力。听羊的叫声、咳嗽声；触摸羊体各部，判断体温高低，摸体表淋巴结大小。对于一般性疾病如感冒、普通肠炎者可行紧急屠宰，有传染病的羊不得屠宰，患有炭疽、羊快疫、羊肠毒血症、传染性胸膜肺炎等恶性传染病的羊，还要采取不放血的方法扑杀和处理。同群羊应隔离观察

3 天后，确无病症者方可屠宰。此外，注射炭疽疫苗 14 天内的羊不得屠宰。

宰前，让羊得到充分的休息，可以减少羊的应激反应，提高机体的抵抗力，减少肌肉和肝脏中的微生物数量，从而有利于放血，提高屠宰质量。一般休息的时间为 24 小时。在休息过程中，还要禁食。宰前禁食供水是生产优质肉所必需的。禁食期间，要供给羊清洁、充足的饮水，以使生理活动正常进行，调节体温，促进粪便排泄，放血完全。宰前 2～4 小时要停止供水，以防屠宰期间胃肠道内容物污染胴体，还能够提高羊肉的耐藏性。

对成批进入屠宰场的羊群，在进屠宰场前，畜主还必须向屠宰加工场提供两个主要证件。一个是动物产地检疫合格证明、一个是动物及动物产品运载工具消毒证明。这两个证件都是由动物防疫检验部门签发，用以证明这些羊在运输过程中手续合格，没有被污染。证件检查合格后，方可对羊进行宰前检验。

（二）屠宰的工艺流程

羊的屠宰方法和技术高低，直接关系着羊肉和羊皮的品质。目前有手工屠宰方法和现代化屠宰方法。无论哪种方法，其工艺是相近的。羊的屠宰工艺流程如下：

送宰→淋浴→击晕→宰杀放血→预剥→去头蹄→羊头检验→剥皮→开膛→取内脏（同步卫检）→劈半→修整→冷却

1. 送宰　羊群运到屠宰场经兽医卫生检验后，按产地、批次、健康状况分圈分群观察 24 小时进行宰前休息。

2. 淋浴　通过宰前淋浴冲洗，洗去体表污垢，减少羊体表病菌污物污染，以提高肉品质量。冬季水温接近羊的体温，夏季不低于 20℃。一般在屠宰车间前部设淋浴器，冲洗羊体表面污物。

3. 击晕　采用电麻将羊击晕，防止因恐怖和痛苦刺激而造成血液剧烈地流集于肌肉内而致使放血不完全，以保证肉的品质羊的麻电器与猪的手持式麻电器相似，前端形如镰刀状为鼻电极，后端为脑电极。电麻时，手持麻电器将前端扣在羊的鼻唇部，后端按在耳眼之间的延脑区即可。手工屠宰法不进行击晕过程，而是提升吊挂后直接刺杀。

4. 宰杀 活羊进入屠宰过程的第一个阶段就是吊挂。

操作人员握住吊链管套，将吊链环套挂在羊后蹄的关节上方，将羊从接收台提升到输送机的缓冲轨道上。自动线上一钩只能挂一只羊。吊挂的羊随着传送链条进入刺杀放血环节。条件简陋时，用绳子拴住一个前肢和一个后肢，将两边拴在树上或将羊固定在宰羊的槽形凳上，或者固定在距地面 30 厘米的木板或石板上进行放血。

目前最为常用的是颈部放血法。具体的操作方法是：采用细长形的屠宰刀，消过毒后，操作人员摁住羊的下颌，沿着颈部皮肤纵向切开，挑断静脉血管和气管，切口长 12～18 厘米。每完成一只羊的放血工作后，要把尖刀立即放回消毒箱进行消毒，不能继续使用同一把刀，避免交叉污染。刺杀完成后，将羊头部向下放低，排尽血液。现代化屠宰方法，利用大砍刀在靠近颈前部横刀切断三管（食管、气管和血管），俗称大抹脖，缺点是食管和气管内容物或黏液容易流出，污染肉体和血液。注意，为了防止血液玷污毛皮，沥血的时间不要少于 5 分钟。沥出的血液顺着地下管道流出屠宰车间。

放血充分与否影响羊肉品质和贮藏性。放血完全的屠体在大管内不血存有血液，内脏和肌肉中含血量少，肉色较淡；放血不完全则相反。家畜全身的血量不可能完全放尽，只能放出总血量的 50％～60％，还有 40％左右的血液仍然残留在组织中，其中以内脏器官残留较多，肌肉中残留较少。1 千克肉中残留 2～9 毫升。在放血良好的情况下，羊的放血量约为胴体重的 3.2％。

5. 预剥 羊皮是一种非常重要的副产品，为了保证羊皮的完整性，在放血之后，要立即进入剥皮的步骤。为了方便以后的完整剥皮，首先要进行预剥。预剥操作步骤为：

在外侧后蹄的关节以上 2～3 厘米处，用左手攥住皮毛，右手用刀把皮割开，露出筋骨，然后沿着大腿内侧一直剥到吊挂的后蹄关节处，使之成为一条横线。接着，再将吊挂着的后蹄，从关节以上 2～3 厘米处把皮割开，剥至大腿根，露出筋骨。为了方便下一步操作，可以将外侧的后蹄割下来，割蹄位置以后腿关节以下 2～3 厘米处为宜。并将羊倒挂。

6. 去头蹄　操作人员按照标准，从前腿的关节处将羊的两只前蹄分别割下来，然后就要卸头。将羊头沿枕骨和第一颈椎之间垂直切过颈部肉，将头卸下。操作人员下刀要准确，注意力要集中。操作完成后把刀具插回消毒箱，换用另一把刀，避免交叉污染。

7. 羊头检验　羊头卸下后，要及时对其进行检验。拉出舌头，仔细检查舌头的形状、硬度和下颌骨的形态，观察是否有放线菌病；检查是否有水疱和烂斑等特征性病变。一旦发现上述病变，应立即进行处理。

8. 剥皮　剥皮分人工剥和机械剥。将预剥皮并去头蹄的羊沿腹皮正中线剥开及沿四肢内侧将四肢皮剥开，然后用手工或机械将背部皮从尾根、跟部向前扯开与肉尸分离。

手工剥皮有两种方法：一是拳剥法，先将头、腿皮用刀割开，然后一手拉紧皮边，一手握拳捶肉，边捶边拉，很快把皮剥完。另一种方法是将羊体悬挂于木架上，先用刀剥开头部和四肢皮肤，然后将羊皮从头部向下拉至角、耳处至颈、胸，退下前腿皮，再继续拉拆至后躯，退下后腿皮，抽掉尾骨。在拆皮过程中如遇到连肉部位不好剥时，仍可用捶剥法，边捶边拆。此法剥皮十分快速，而且可保持皮张清洁，不受损伤。在剥离皮肤的过程中用拳击法，尽量少用刀剥，以免损伤皮面，皮上尽量不带肌肉。剥完后将皮板毛面向下，平整铺在地面晾干。

在大型羊场和屠宰场，集中成批宰羊，可用专门的剥皮机剥皮。即先行手工预剥后，用机械剥皮，机械剥皮分立式和卧式两种，立式剥皮操作方法：当羊运行至剥皮机旁时，有操作人员一手用铁链将尾皮套住（山羊套两腿皮），另一手将铁环挂在运行的剥皮机挂钩上，随着剥皮机转动，将羊皮徐徐拽下。卧式剥皮操作方法：当预剥完的羊体运至剥皮机时，将预剥的皮用压皮装置压住，再将套着羊体两前腿的链钩挂在运转的拉链上，拉皮链运转而将皮剥下。

9. 开 膛

（1）剖腹取内脏　剥皮后应立即开膛取出内脏，最迟不超过30分钟，否则对脏器和肌肉均有不良影响。具体方法是：将屠体吊挂起来，用刀割开颈部肌肉分离气管和食管，并将食管打结，以防在剖腹时胃内容物流出。然后用砍刀从胸骨处经腹中线至胸部切开胴体。左手伸进骨盆腔拉动直肠，右手用刀沿肛门周围一圈环切，并将直肠端打结后顺势取下膀胱。然后取出靠近胸腔的脾脏，找到食管将胃肠全部取出。再用刀由下而上砍开胸骨，取出心、肝、肺和气管。

（2）同步卫检　是屠宰加工工艺中的重要工序，胴体与内脏分别同步输送，准确检查内脏有无病变，确保肉质质量。内脏一般分为两种即白脏和红脏。白脏是指肚、肠、脾以及膀胱等消化及排泄系统的内脏。与白脏相对应的是心、肝、肺等呼吸和血液系统的内脏，称为红脏。操作人员将取出的白脏和红脏分别放入专门的容器里，禁止脏器落地及接触胴体，并将容器快速送入检验间。

①白脏检验：视检胃浆膜和黏膜的情况，剖检浆膜上的淋巴结有无出血点。视检肠浆膜和肠系膜的情况，重点检验肠系膜淋巴结。视检脾脏，重点检验脾门淋巴结等有无病变。

②红脏检验：视检肝脏情况，剖检肝门淋巴结。视检肺脏情况，剖检支气管淋巴结。视检心包及心外膜，确定肌僵程度。

③劈半：羊胴体可以整胴体，也可以劈成两半。劈半前，先将背部用刀从上到下分开，称为描脊或划背。然后用电锯或砍刀沿脊柱正中将胴体劈为两半。

10. 修整　切除头、蹄取出内脏的全胴体，应保留带骨的尾、横膈肌、肾脏及肾脏周围的脂肪(板油)和骨盆中的脂肪。然后对胴体进行检查，修刮残毛、血污、淤斑及伤痕等，保证胴体整洁卫生，符合商品要求。然后将修整好的胴体用温度20℃、压力为2兆帕的水，从胴体腹腔开始，由里到外、从上到下进行冲洗，特别是颈部和两条前腿处要反复冲洗，胴体内外的血污等附着物也要洗净。冲刷工序是进入冷库前的一个必要的工序，冲洗一定要干净彻底。

11. 冷却(排酸入库)　羊被宰杀后，由于机体内因生化作用会产生乳酸，若不及时经过充分的冷却处理，则积聚在肌肉组织中的乳酸会损害肉的品质。所以，要将其胴体放置于0℃～4℃的环境下，经过12～24小时的排酸，使大多数微生物的生长繁殖受到抑制，肉毒梭菌等不再分泌毒素，肉中的酶发生作用，将部分蛋白质分解成氨基酸，从而减少了有害物质的含量，确保了肉类的安全卫生。

当冲洗干净的胴体被推入排酸间之后，标志着羊的全部屠宰工序已经结束。

(三)屠宰后的加工工艺

羊宰后的加工工艺包括胴体分割、贮藏和保鲜。

1. 消毒工作　胴体分割对操作人员的卫生要求非常严格，分割前要进行彻底的洗手消毒和全身消毒，以防止胴体被污染。

2. 胴体分割　目前，我国大部分羊胴体的分割主要是按照市场需求而定的。需求最多的分割产品主要有方切羊排、七肋羊排、肥羊寸排、腰脊排、颈羊排、无骨卷扎6个部分。其中，无骨卷扎属于鲜肉分割，其他几部分都要经过冷冻后再进行分割。具体分割方法是：

(1)方切羊排　从羊颈梗部到第四根肋骨切下，再从中间切开，去掉胸部，剩下的前排就是方切羊排。

(2)七肋羊排　从第5根肋骨切下直至第12根肋骨，然后再从中间切开，去掉胸部，剩下羊排就是七肋羊排。

(3)肥羊寸排　从胸部10厘米处切成1寸宽的小排。

(4)腰脊排　从第5根肋骨至后腿处切下，去掉胸腹部，剩下中间的腰脊排，然后将它切成1厘米厚的片。

(5)颈羊排　把羊的颈部切成1厘米厚的片状。

(6)无骨卷扎　选用羊后腿，首先使用剔骨刀去除骨头，然后借助镊子去除淋巴和硬筋，再用刷子将表面的细毛刷干净，把肉卷起来放入网套里，将两头扎紧，接着装入保鲜袋，最后用塑封机塑封即可。经过冷冻以后，就可以切成羊肉卷和羊肉片。

胴体分割完成以后，再经过包装、冷藏、保鲜后就可以投入市场。除了将羊胴体分割成几大块以外，羊肉还可以做成羊肉馅、羊肉串等多种形式的食品，这些羊肉产品都深受广大消费者的喜爱。

羊肉食品的安全是一个系统工程，环节众多，控制过程复杂，要求工作人员有认真负责的工作态度，熟练掌握基本操作技能，才能生产出安全、绿色的羊肉。

目前，羊的屠宰与加工工艺已经逐渐步入规范化轨道，向规模化、机械化方向发展，这对于促进羊的屠宰加工行业健康发展，保证向消费者提供更优质的羊肉及其他羊产品，都具有十分重要的意义。

二、胴体的评价

(一)胴体分级

羊胴体按我国制定的鲜冻胴体羊肉标准(GB 9961—88)进行

分级(表 12-1)。感官指标应符合(GB 2709—81)中的规定标准(表 12-2)。

表 12-1　羊肉分级标准

项　目	一　级	二　级	三　级
成年肉羊胴体	胴体重 25～30 千克,肉质好,脂肪含量适中,第 6 对肋骨上部棘突上缘的背部脂肪厚度 0.8～1.2 厘米	胴体重 21～23 千克,背部脂肪厚度 0.5～1 厘米	胴体重 17～19 千克,背部脂肪厚度 0.3～0.8 厘米
羔羊胴体	胴体重 20～22 千克,背部脂肪厚度 0.5～0.8 厘米	胴体重 17～19 千克,背部脂肪厚度在 0.5 厘米左右	胴体重 15～17 千克,背部脂肪厚度在 0.3 厘米以上
肥羔羊胴体	胴体重 17～19 千克,肉质好,脂肪含量适中	胴体重 15～17 千克,肉质好,脂肪含量适中	胴体重 13～15 千克,肌肉发育中等,脂肪含量略差

注:凡不符合三级要求的均列为级外胴体

表 12-2　冻羊肉(解冻后)感官指标(GB2709—81)

项　目	一级鲜度	二级鲜度
色　泽	肌肉色鲜艳,有光泽,脂肪白色	肉色稍暗,肉与脂肪缺乏光泽,但切面尚有光泽
黏　度	外表微干或有风干膜,或湿润不黏手	外表干燥或轻度黏手,切面湿润黏手
组织状态	肌肉结构紧密,有坚实感,肌纤维韧性强	肌肉组织松弛,肌纤维有韧性
气　味	具有羊肉的正常气味	稍有氨味或酸味
煮沸后肉汤	透明澄清,脂肪团聚于表面,具有鲜羊肉汤固有的香味和鲜味	稍有浑浊,脂肪呈小滴浮于表面,香味、鲜味较差

(二)羊胴体剖分

胴体不同部位的肌肉、脂肪、结缔组织及骨骼的组成是不同的,这不仅反映了可食部分的数量,而且肉的品质和风味也有所差异。胴体切块的目的是通过测定不同部位肉所占的比例,来评定胴体优质肉块的比例,能进一步表明整个胴体的品质和实现销售中的优质优价。目前,羊胴体的切块分割法一般采用 6 段切块和 8 段切块法。

羊胴体 6 块剖分(图 12-1),①肩胛肉:从肩胛骨后缘及第 4 对肋骨前的整个部分。②胸下肉:从肩端、肋软骨以及腹下无肋骨部分,包括前腿胫骨以下。③肋肉:第 12 对肋骨处至第 4～5 根肋骨间横切。④腰肉:从第 12 对肋骨与第 13 对肋骨之间至最后腰椎处横切。⑤后腿肉:剩下的部分为后腿肉。⑥颈肉:从最后颈椎与第一胸椎间切开的整个颈部肉。羊胴体 8 块剖分(图 12-2),将胴体切成肩背部、腰腿(臀)部、颈部、胸部、下腹部、颈端部(血脖或颈部切口),前(小)腿和后(小)腿 8 个部分。

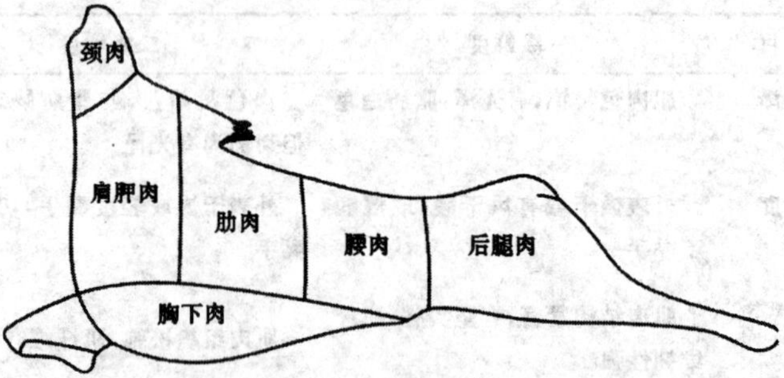

图 12-1　羊胴体 6 块剖分

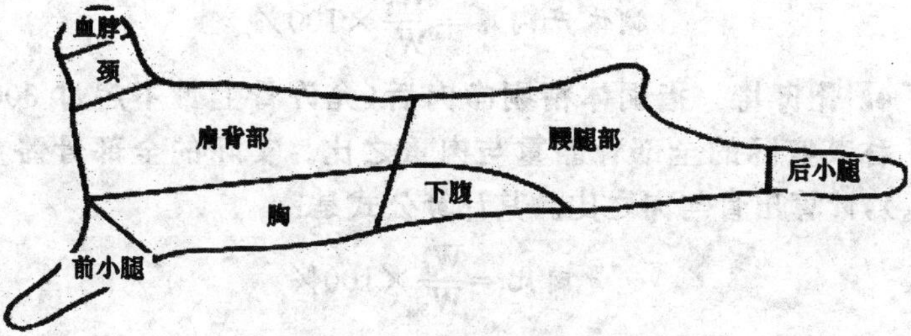

图 12-2　羊胴体 8 块剖分

(三)评价产肉性能的指标

通常在评定绵羊、山羊产肉力时，评定项目有：胴体重、屠宰率、净肉重、净肉率、胴体产肉率、骨肉比等。一般是在胴体静置30～40 分钟后，依次测定。

1. 屠宰率　屠宰率是衡量绵羊、山羊产肉性能的重要指标之一。是指静置后的胴体重(包括网膜脂肪、系膜脂肪及附着于胴体的肾脏)占宰前活重的百分比。其计算公式是：

$$屠宰率=\frac{W_2+W_4}{W_1}\times 100\%$$

式中：W_1代表宰前活重；W_2代表胴体重；W_4代表内脂重(包括网膜脂肪、系膜脂肪及附着于胴体的肾脏)。

将称重后的胴体从颈部至尾椎沿着背中线剖分为左右两片，左片为软半，右片为硬半。为测算胴体各项产肉力指标的方便、精确、省时，通常以半个胴体的百分值代表整个胴体重。

2. 净肉率　胴体经精剥皮剔骨之后，以实际称得的净肉重(W_3)，再计算出净肉率。其计算公式是：

$$净肉率=\frac{W_3}{W_1}\times 100\%$$

3. 胴体产肉率　即净肉重与胴体重之比。其计算公式是：

$$胴体产肉率=\frac{W_3}{W_2}\times 100\%$$

4. 骨肉比 指胴体精剔净肉后（允许骨上带不超过 300 克肉），称其实际的全部骨骼重与肉重之比。实际的全部骨骼重量（W_5），计算出骨与肉之比。其计算公式是：

$$骨肉比=\frac{W_5}{W_3}\times 100\%$$

5. 眼肌面积 眼肌是沿脊椎两侧的纵长肌肉，在育种上称眼肌，解剖学称背最长肌，在肉品加工上称大排。它具有 3 个特点：一是在胴体肌肉中最长，二是肉品质最优，三是在肉质评定和肌肉化学成分分析时采取这块肉的特定部分作肉样。

眼肌面积指从胴体的第 12 肋骨后缘横切断面测得眼肌的面积。眼肌面积的大小是衡量肉羊胴体品质的指标之一。具体测量的方法有二。

其一，用硫酸纸贴在横断眼肌面上，用 2B 铅笔沿眼肌断面边缘描下轮廓，以求积仪或坐标方格纸计算面积，也可用下列公式估算面积：

$$眼肌面积=眼肌高度\times 眼肌宽度\times 0.7 或 0.8$$

其二，（影像幅型）指数法表示羊胴体产肉量。指数越高，胴体产肉量相对越多。计算公式是：

$$眼肌影像（形状）幅型指数=\frac{眼肌高度}{眼肌宽度}\times 100\%$$

三、羊肉的贮藏

新鲜羊肉，特别是刚屠宰的胴体温度适宜，营养丰富，最适合细菌的繁殖生长。如控制不当，外界微生物会污染羊肉的表面，并大量繁殖致使羊肉腐败变质，失去食用价值，甚至会产生对人体有害的毒素，引起食物中毒。另外羊肉本身的酶类也会使羊肉产生一系列的变化，在一定程度上可改善肉质，但若控制不当，亦会造成肉的变质。羊肉的贮藏保鲜就是通过抑制或杀灭微生物，钝化酶的活性，延缓肉内部物理、化学变化，达到较长时期的贮藏保鲜目的。羊肉制品的贮藏方法很多，如低温冷却、冷冻、高温处理、辐射、盐腌、熏烟等。所有这些方法都是通过抑菌来达到目的的。

（一）低温保藏

低温保藏是现代肉类贮藏的最好方法之一，它不会引起肉的组织结构和性质发生根本变化，却能抑制微生物的生命活动，延缓由组织酶、氧以及热和光的作用而产生化学和生物化学的过程，可以较长时间保持肉的品质。在众多贮藏方法中低温冷藏是应用最广泛、效果最好、最经济的方法。被认为是目前肉类贮藏的最佳方法之一。

微生物的生长繁殖和肉中固有酶的活动常是导致肉类腐败的主要原因。低温可以抑制微生物的生命活动和酶的活性，从而达到贮藏保鲜的目的，由于其方法易行，冷藏量大，安全卫生并能保持肉的颜色和状态，因而被广泛采用。

1. 低温对微生物的作用　任何微生物都具有正常生长繁殖的温度范围，温度越低，它们的活动能力就越弱，故降低温度能减缓微生物生长和繁殖的速度。当温度降到微生物最低生长点时，其生长和繁殖被抑制或出现死亡。一般微生物的最低生长温度在0℃以上，但许多嗜冷菌的最低生长温度低于0℃，如霉菌、酵母菌在－8℃低温条件下仍可看到孢子发芽，－10℃低温下才被抑制。

低温导致微生物活力减弱和致死的原因主要有两方面：一是由于微生物的新陈代谢受到破坏，二是细胞结构的破坏，两者是相互关联的。正常情况下，微生物细胞内各种生化反应总是相互协调一致的。温度越低，失调程度越大，从而破坏了微生物细胞内的正常新陈代谢，以至它们的生理功能受到抑制甚至达到完全终止的程度。

2. 低温对酶的作用 酶是有机体组织中的一种特殊蛋白质，负有生物催化剂的作用。酶的活性与温度有密切关系。肉类中大多数酶的适宜活动温度在37℃～40℃之间。温度每下降10℃，酶活性就会减少1/3～1/2。酶对低温的感受性不像高温那样敏感，当温度达到80℃～90℃时，几乎所有酶都失活。然而极低的温度条件对酶活性的作用也仅是部分抑制，而不是完全停止。例如脂肪酶在－35℃尚不失去活性。由此可以理解在低温下贮藏的肉类，也有一定的贮藏期限。

(二)羊肉的冷却

刚屠宰的羊，肌肉的温度通常在38℃～41℃之间，这种尚未失去生前体温的肉叫热鲜肉。在0℃条件下将热鲜肉冷却到深层温度0℃～4℃时，称为冷却肉。羊肉的冷却就是将屠宰后的胴体，吊挂在冷却室内，使其冷却到最厚处的深层温度达到0℃～4℃的过程。

1. 冷却的目的 由于肉的"后熟"作用，在肝糖分解时还要产生一定的热量，使肉体温度处于上升的趋势，这种温度再结合其表面湿度，最适宜于微生物的生长和繁殖，对于羊肉的保藏是极为不利的。羊肉冷却的目的是迅速排除肉体内部的热量，降低肉体深层的温度，延缓微生物对肉的渗入和在其表面上的发展。实现这一目的，不仅在于温度的降低，还在于表面上形成一层干膜，延长肉的保藏期，并且能够减缓肉体内部水分的蒸发。

此外，冷却也是冻结的准备过程，对于整胴体或半胴体的冻结，由于肉层厚度相对较厚，若用一次冻结(即不经过冷却，直接冻结)，常是表面迅速冻结，而内层的热量不易散发，从而使肉的深层产生"变黑"等不良现象，影响成品质量。同时一次冻结，因温度差过大，肉体表面水分的蒸发压力相应增大，引起水分的大量蒸发，从而影响肉体的重量和质量变化，除小块肉及副产品之外，一般均先冷却，然后再行冻结。

2. 冷却条件及方法

(1)冷却条件的选择

①温度的选择。羊肉在冷却过程中，虽然其冰点为-1℃左右，但它却能冷至-6℃～-10℃，使肉体短时间内处于冰点及过冷温度之间的条件下，不致发生冻结。从冷却曲线可以看出，肉体热量大量导出，是在冷却的开始阶段，因此冷却间在未进料前，应先降至-4℃左右，这样等进料结束后，可以使库温维持在0℃左右，而不会过高，随后的整个冷却过程中，维持在-1℃～0℃间。如温度过低有引起冻结的可能，温度高则会延缓冷却速度。

②湿度的选择。水分是助长微生物活动的因素之一，因此空气相对湿度越大，微生物活动能力越强，尤其是霉菌。过高的湿度无法使羊肉表面形成一层良好的干燥膜。湿度太低，重量损耗太多，所以选择空气相对湿度时应从多方面综合考虑。

在整个冷却过程中，初始阶段冷却介质与冷却物体间的湿差愈大，则冷却速度愈快，表面水分的蒸发量在开始的1/4时间内，约占总干缩量的1/2。因此，空气相对湿度也可分两阶段：在前一阶段(约开始1/4时间)，以维持在95%以上为宜，即空气相对湿度越高越好，以尽量减少水分蒸发，由于时间较短(6～8小时)，微生物不至于大量繁殖；在后一阶段(约占3/4时间)，则维持在90%～95%之间，在临近结束时则在90%左右。这样既能使胴体表面尽快地结成干燥膜，而又不会过分干缩。

③空气流动速度的选择。由于空气的热容量很小，不及水的1/4，因此对热量的接受能力很弱。同时因其导热系数小，故在空气中冷却速度缓慢。所以在其他参数不变的情况下，只有增加空气流速来达到提高冷却速度的目的。静止空气放热系数为12.54～33.44千焦/米^2·小时·℃。空气流速为2米/秒，则放

热系数可增加到 52.25 千焦/米^2·小时·℃。但过强的空气流速，会大大增加肉表面干缩和耗电量，冷却速度却增加不大。因此在冷却过程中以不超过 2 米/秒为合适，一般采用 0.5 米/秒左右，或每小时 10～15 个冷库容积。

(2)冷却方法　冷却方法有空气冷却、水冷却、冰冷却和真空冷却等。我国主要采用空气冷却法。进肉之前，冷却间温度降至 -4℃左右。进行冷却时，把经过冷晾的胴体沿吊轨推入冷却间，胴体间距保持 3～5 厘米，以利于空气循环和较快散热，当胴体最厚部位中心温度达到 0℃～4℃时，冷却过程即可完成。冷却操作时要注意以下几点：①胴体要经过修整，检验和分级；②冷却间符合卫生要求；③吊轨间的胴体按"品"字形排列；④不同等级的肉，要根据其肥度和重量的不同，分别吊挂在不同位置。肥重的胴体应挂在靠近冷源和风口处。薄而轻的胴体挂在距排风口的远处；⑤进肉速度快，并应一次完成进肉；⑥冷却过程中尽量减少人员进出冷却间，保持冷却条件稳定，减少微生物污染；⑦在冷却间按每立方米平均 1 瓦的功率安装紫外线灯，每昼夜连续或间隔照射 5 小时。

(3)冷却终温的检查　胴体最厚部位中心温度达到 0℃～4℃，即达到冷却终点。一般冷却条件下，羊半片胴体的冷却时间为 18 小时。

3. 羊肉的冷藏　经过冷却的羊肉，送入 -1℃～1℃的冷藏间(或排酸库)，一方面可以完成肉的成熟(或排酸)，另一方面达到短期贮藏的目的。冷藏期间温度要保持相对稳定，以不超出上述范围为宜。进肉或出肉时温度不得超过 3℃，空气相对湿度保持在 90%左右，空气流速保持自然循环。一般保存期可达 20 天。若延长保存期，室温应更低，温度波动不得超过 0.5℃。

4. 冷却羊肉冷藏期间的变化　冷藏条件下的肉，由于水分没有结冰，微生物和酶的活动还在进行，所以易发生干耗，表面发黏、发霉、变色等，甚至产生不良气味。

(1)干耗　肉类在贮藏中的水分不断从表面蒸发，使肉不断减重俗称“干耗”。处于冷却终点温度的肉(0℃～4℃)，其物理、化学变化并没有终止，其中以水分蒸发而导致干耗最为突出。干耗的程度受冷藏室温度、空气相对湿度、空气流速的影响。高温、低湿、高空气流速会增加肉的干耗。

(2)发黏、发霉　羊肉在贮藏期间发黏和发霉是常见的现象，这是羊肉在冷藏过程中，微生物在肉表面生长繁殖的结果，这与肉表面的污染程度和空气相对湿度有关。微生物污染越严重，温度越高，肉表面越易发黏、发霉。防止或延缓肉表面长霉发黏的主要措施是尽量减少胴体最初污染程度和防止冷藏间温度升高。

(3)颜色变化　羊肉在冷藏中色泽会不断地变化，若贮藏不当，会出现变褐、变绿、变黄、发荧光等。这些变化有的是在微生物和酶的作用下引起的，有的是本身氧化的结果。色泽的变化是品质下降的表现。

(4)串味　若与有强烈气味的食品存放在一起，会使肉串味。

(5)成熟　冷藏过程中肌肉的化学变化仍在缓慢进行，从而达到成熟。目前肉的成熟一般采用低温成熟法，即冷藏与成熟同时进行。在 0℃～2℃，空气相对湿度 86%～92%，空气流速为 0.15～0.5 米/秒，羊肉的成熟时间大约 2 周。

(6)冷收缩　是羊屠杀后，在短时间进行快速冷却时肌肉产生强烈收缩。这种肉在成熟时不能充分软化。研究表明，冷收缩多发生在宰杀后 10 小时，肉温降至 8℃以下时出现。实际操作中将屠宰的羊胴体，送入设有良好通风和降温设备的冷却室，室内温度 −3℃，经 24～28 小时，肉表面形成一层干燥层，胴体深处温度为 2℃～4℃。

(三)羊肉的冷冻贮藏

1. 冻结的目的 肉的冻结温度通常为－18℃～－20℃，在这样的低温下水分结冰，有效地抑制了微生物的生长发育和肉中各种化学反应，使肉更耐贮藏，其贮藏期为冷却肉的5～50倍。

肉中的水分部分或全部变冰的过程叫做肉的冻结。冷却肉由于贮藏温度在肉的冰点以上，微生物和酶的活动只受到部分抑制，冷藏期短。当肉在0℃以下冷藏时，随着冻藏温度的降低，温度降至－10℃以下时，冻肉则相当于中等水分食品。大多数细菌不能生长繁殖。当温度下降至－30℃时，霉菌和酵母菌的活动受到抑制。所以冻藏能有效地延长保藏期，防止肉品质量下降，在肉类加工中得以广泛应用。

2. 羊胴体的冻结 通常是在冷却加工基础上再进行的冻结加工。胴体经冷却处理后，通过轨道吊挂滑入急冻间进行急冻，急冻间温度为－23℃～－25℃，风速为1～3米/秒；经18～24小时，可使肉深层降至－15℃～－17℃。即可转入冷冻低温贮藏间贮存。也可在较低的温度下冻结，其肉组织冰晶小，肉质贮存期长。

在国外采用低温－30℃～－40℃、空气相对湿度95%、风速2～3米/秒下冷冻，使肉温快速降至－15℃～－18℃。但过热的肉进行急冻，也不能使深层快速冻结。

3. 羊胴体的冻藏 根据肉类在冻藏期中脂肪、蛋白质、肉汁损失情况以及在什么温度下贮藏最经济来看，肉类冷冻至－18℃～－20℃，对大部分肉类来讲是最经济的温度，在此温度下，肉类可以耐半年至1年的冻结贮藏，保持其商品价值。羊胴体的冻结点为－1.7℃，冻藏温度为－18℃～－23℃，空气相对湿度90%～95%，可保存8～11个月。

冻藏时将羊胴体按照一定规格分批分级堆放在冷库内。肉堆与周围墙壁和天花板之间保持30～40厘米的距离，距冷排管

40～50 厘米，肉堆与肉堆之间保持 15 厘米，在冻藏室中间应保持运肉车的通道在 2 米左右。

分割包装冷藏为近年来发展的冷冻保藏方式，其优点是减少干耗，防止污染，提高冷库的冷藏能力，延长贮藏期及便于运输等。具体做法是将修整好的肉放在平盘上先送入冷却间进行冷却，0℃～4℃预冷 24 小时，使肉温不高于 4℃，然后进行包装。使用纸箱或聚乙烯塑料包装。包装好后送入冷冻间－18℃～－25℃冷冻 70 小时，使肉温达到－15℃以下。最后送冷库冻藏，库温－18℃～－23℃，空气相对湿度 90％～95％，使空气自然循环。

4. 羊胴体冻藏时的变化 羊胴体冻藏时由于 90％以上的水分已冻结，酶与微生物的作用受到抑制，胴体可作较长时间的贮藏。但是在冻藏过程中，由于冻藏温度的波动，冻藏期又长，在空气中氧的作用下还会缓慢地发生一系列的变化，使冻结羊胴体的品质有所下降。

(1)冰结晶的成长 冰结晶的成长对羊胴体的质量带来很大的影响。细胞受到机械损伤，蛋白质变性，解冻后汁液流失增加，胴体的风味和营养价值都发生下降。采用低温快速的冻结方式，让羊胴体中 90％的水分在冻结过程中来不及移动，就在原位置变成极微细的冰晶，这样所形成的冰结晶，大小及分布都比较均匀，冰结晶的成长就比较少。另外冻藏温度要尽量低，少变动，特别要避免－18℃以上温度的变动。

(2)冻羊肉在冻藏过程中的干耗 羊胴体的干耗比猪肉的大，瘦肉多，肥度少，水分含量多，则干缩量大。羊胴体在冻藏库中的堆放密度为 300 千克/米^3，自然损耗 1.95％。

(四)冻结肉的解冻

冻结肉的解冻主要是指冻结肉的组织冰融解成水，同时又使脱水的肌肉蛋白质再吸收水分，恢复原来的状态。如使肌组织达到半解冻状态，然后再缓慢地令其自然解冻的方法，冻结肉的解冻是从加工到消费必须重视的问题。解冻方法有：空气解冻、水解冻和蒸汽解冻。在实际工作中，解冻的方法应根据具体条件选择，原则是既要缩短时间又要保证质量。

1. 空气解冻法 将冻肉移放在解冻间，靠空气介质与冻肉进行热交换来实现解冻的方法。一般在0℃～5℃空气中解冻称缓慢解冻，在15℃～20℃空气中解冻叫快速解冻。肉进入解冻间后温度先控制在0℃，以保持肉解冻的一致性，装满后再升温至15℃～20℃，空气相对湿度为70%～80%，经20～30小时即解冻。

2. 水解冻 把冻肉浸在水中解冻，由于水比空气传热性能好，解冻时间可缩短，并且由于肉类表面有水分浸润，可使重量增加。但肉中的某些可溶性物质在解冻过程中将部分失去，同时容易受到微生物的污染，故对半胴体的肉类不太适用，主要用于带包装冻结肉类的解冻。

水解冻的方式可分静水解冻和流水解冻或喷淋解冻。对肉类来说，一般采用较低温度的流水缓慢解冻为宜。

3. 蒸汽解冻法 将冻肉悬挂在解冻间，向室内通入水蒸气，当蒸汽凝结于肉表面时，则将解冻室的温度由4.5℃降低至1℃，并停止通入水蒸气。此方法，肉表面干燥，能控制肉汁流失使其较好地渗入组织中，一般约经16小时，即可使半胴体的冻肉完全解冻。

四、羊产品的初加工

(一)羊肉初加工技术

1. 羊肉香肠 通过加入不同调料、调整用料比例或改变某些工艺流程，制作出不同品种和风味的香肠。

(1)绞磨　将割除筋膜、肌腱和淋巴腺的鲜羊肉(或加入20%～30%的猪肉,肥瘦比1∶1)用绞磨机或利刀绞(切)成1厘米见方的肉粒。

(2)配料　食盐占鲜肉重1.5%～2%,食糖占产品鲜重的0.25%～2%,混合香料(胡椒、花椒、桂皮和肉豆蔻等)占产品鲜重的0.2%～0.5%,亚硝酸盐的常用量为每100千克鲜肉加30克。还可加入适量质改剂(谷物类、大豆类、淀粉和脱脂乳等)。

(3)拌料　将羊肉、食盐、质改剂和调味品快速拌匀。

(4)腌制　如利用冰箱制作羊肉鲜香肠,可不进行腌制或仅经轻度腌制便进行灌装,放入冰箱中快速冷冻贮存。否则应将肉馅与食盐、食糖等辅料拌匀,于4℃～10℃下腌制2～24小时。

(5)灌装　用猪肠衣或羊肠衣将羊肉灌装后,用粗线将香肠结扎成10厘米长的小段。

(6)熏制　将香肠吊挂在烟熏房内,用硬质木材或木屑作燃料。室温保持65℃～70℃,烟熏10～24小时。

2. 腊羊肉　剔除羊肉的脂肪膜和筋腱,顺肉纹切成长条状。每100千克羊肉配料:食盐5千克,白砂糖、白酒各1千克,花椒0.3千克,五香料100克。将调匀的配料均匀地涂抹在肉条表面,入缸腌制3～4天,中途翻缸1次。出缸后用清水洗去辅料,穿绳挂晾风干,或入烘房烘至干硬即为成品。

3. 卷羊肉　将胴体左右两边的肌肉分别剔割,除去韧带、脂肪、筋腱,各卷成2.5千克的圆筒,用无毒塑料膜包装,置于铁箱内。每箱12卷,速冻即成。

4. 羊肉脯

(1)辅料配方　每100千克羊肉,用白糖、味精、曲酒、2%的硝水各1千克,香油2千克,精盐2～3千克,姜水(1∶4)20千克,花椒油、胡椒各0.3千克,混合香料0.2千克。按各地口味习惯,川味应加入适量辣椒,花椒量加重,香油适量;湖南味要加入适量芝麻。

(2)制作方法　选择羊腿、臀鲜肉，进行剔骨、修去筋腱、肌膜、脂肪，顺肌纤维走向切成2～3毫米厚的长方形肉片，将肉片与辅料拌匀，腌渍30～45分钟。然后平铺于涂有食油的铁(竹)筛上，每片边缘微有交叠。晾干表水后，放入40℃～50℃烘房中烘30分钟。烘至肉片发脆，肉片与筛及肉片之间粘连分开即可。按需求切成既定规格的薄片，即为成品。

5. 羊肠衣

(1)浸漂　将原肠浸泡在28℃～33℃的温水中18～24小时。浸泡时肠中应灌入温水。

(2)刮肠　将浸泡后的原肠内壁向外放在平整木板上，用竹板、无刃刮刀或刮肠机刮去肠的黏膜层和肌肉层。

(3)灌洗　灌水冲洗刮后的肠衣，并割去破损部分。

(4)量码　将羊肠衣按口径大小分为六路：一路22毫米以上，二路20～22毫米，三路18～20毫米，四路16～18毫米，五路14～16毫米，六路12～14毫米。一至五路每把不超过18节，六路每把不超过20节，每节不短于1米。

(5)腌渍　将分把的肠衣摊开撒上精盐，然后扎把放入搁在木桶或缸上的竹筛内，腌渍12～13小时，沥出盐水。

(6)浸漂洗涤　将盐渍后的肠衣缠把，即成"光肠"半成品。将光肠浸在清水中，反复换水洗净(水温不应过高)。

(7)分路和配码　在洗后的光肠内灌水，检查有无破损，按肠衣的口径和规格分路扎把。

(8)腌肠及缠把　在分路扎把的肠衣上撒上精盐腌制。待沥干水分后，再缠成把，即成"净肠"成品。

(二)羊毛的初加工和贮存

1. 初加工　养羊户可将羊毛洗净、晾干，加工成各种织品、鞋垫和被套等，是养羊致富的好渠道。

(1)浸泡 把原毛摊开，用手捡除套毛或片毛上的植物杂质、羊粪等，然后用双手抖动羊毛，使沙砾、小颗粒粪土等抖落下来。把整理过的原毛放入盛有3/4清水的缸中，使羊毛全部浸于水中约4小时。

(2)冲洗 羊毛经浸泡后，把浊水放掉，再用清水冲洗数次，直至水较清为止。对于过分脏的毛，可用手撕开，漂洗干净。

(3)浸碱 缸中放入约半缸清水，加入洗衣粉，添加量约为水重的1.5%，使其溶解。然后称量2倍于洗衣粉重量的纯碱，用开水溶解后加入洗衣粉水中，使缸内洗液温度达到48℃～52℃，洗液量为缸容积的3/4。之后，把沥干水分的羊毛放进缸中，在碱液中浸泡3～6小时后，捞出羊毛，沥干水分，进行第二次浸碱。第二次浸碱与第一次相同。但要在碱液中加入约为水量1%的食盐或0.5%的漂白粉。羊毛在浸碱期间可用木棒轻轻搅动。

(4)漂洗 羊毛经过浸碱洗涤后，要沥干水分，用清水漂洗数次，使羊毛上的残留碱液漂洗干净，并沥干水分，也可用洗衣机把羊毛甩干。

(5)干燥 将羊毛晾晒在苇席上，直至晾干。也可在阳光下晒干，但要防止强烈的阳光暴晒，而且在晾晒过程中，要经常翻动羊毛。洗好的羊毛手感柔和，洁白，无黏性感。洗后羊毛发黄，可能是浸碱温度过高，或碱液浓度过大。干燥后的羊毛如手感发黏，则应重复浸碱和漂洗。

2. 贮存 羊毛有很强的吸湿性，并不断地与周围大气之间进行水分交换。当吸收的水分达到羊毛本身重量的30%时，毛纤维的表面仍不感到潮湿。所以，一定要妥善保存羊毛。存放羊毛的场所或库房要通风良好，地面要干燥。在贮存期间要做好防潮和防污染。羊毛受潮后容易发热和变黄，容易遭虫蛀和发霉，严重影响羊毛品质，甚至失去使用价值。如果羊毛受潮或被雨淋，一定要及时晾晒，但要防止强光暴晒。剪下的羊毛要及时交售。羊毛存放太久会变得干枯，光泽变差，强度降低，容易断裂。

(三)羊皮的初加工和贮存

剥取的新鲜羊皮含有大量水分，有的还粘有血污、泥土及其他脏物，一般不能直接送往皮革厂进行加工，需要保存一段时间。在气温较高的情况下，容易引起细菌繁殖，使皮内蛋白质分解，造成皮张收缩和腐败，影响羊皮质量。因此，必须进行生皮的初加工和妥善保存。

1. 鲜皮的清理　主要是清理皮上的粪便、杂质、血污等易引起皮张腐败的东西。清理时，用力不可过猛，以免损伤皮张。鲜皮如粘有泥污、血污等，可用抹布拭去，不能用水清洗，以防形成“水浸皮”影响皮张光泽。一般先用利刀割去嘴唇、耳根、尾骨、角、蹄等，再用削肉刀或刮刀刮净皮上的残肉和脂肪，清除杂质。刮皮时，由臀部向头部顺毛方向刮，以免造成透毛、刮痕等伤残。

2. 防腐处理　鲜皮中含有大量的水分和蛋白质，很容易腐烂变质。因此，必须在清理后进行防腐处理。防腐的基本原则是降低温度，除去水分，限制细菌、霉菌的生长和繁殖，减少皮张损害。常用的防腐贮存方法有干燥法、盐腌法和酸-盐处理法。

(1)干燥法　一般采用自然晒干。但大批干燥时，应采用干燥室。自然干燥时，把鲜皮悬挂在温度为25℃～30℃、空气相对湿度为40%～60%的通风环境中使其干燥至水分含量为10%～15%，面积减少15%～20%，厚度减少30%～40%。要避免强烈阳光的暴晒。毛皮堆放时必须保持良好的通风，皮与皮之间相距12～14厘米，使毛皮均匀干燥。具体做法有：①将生皮在框架中悬挂干燥时，沿生皮四周边缘2厘米处用尖刀戳30～34个小洞，再用绳子穿入小孔，然后绷在木框中悬挂晾干。值得注意的是，将皮张撑张时不可用力过度，每个撑张方向要用力均匀，避免皮张变形；要防止鼠和昆虫叮咬。②用草棍或芦片等材料贴皮边四周，将皮张的各个部位平坦地舒展开，然后皮肉面向外挂在自然通风的地方晒干。③将皮肉面向内平铺在木板上或墙面上，待稍干定型后揭下，再将皮肉面向外挂在阴凉处风干。

干燥法的优点是简便易行，成本低，皮板洁净。缺点是干燥后的毛皮僵硬，容易折裂，贮存时易受虫蛀，干燥过度的生皮加工鞣制、浸软困难。因此，干燥后的毛皮最好尽早打捆出售。贵重的毛皮应当用其他方法防腐。

(2)*盐腌法*　利用食盐的脱水作用除去皮内的水分，造成高渗环境，抑制细菌生长，从而达到防腐的目的。此法可分为撒盐法和盐水浸泡法。

①撒盐法：将食盐直接撒在已经清理好的羊皮上，通常是将鲜皮毛面向下，平铺在水泥板上，在皮板上均匀地撒上一层盐。头部、尾部由于脂肪较多，应多撒些盐。食盐用量一般为皮重的15%～20%，然后再铺上另一张生皮，并且按照前面的方法撒盐，重复此操作，直至堆积到一定的高度。经5～6天的堆积后，再重新翻放和撒盐，再经5～6天后取出晾晒。腌过并晾晒好的羊皮，板面对板面叠起，然后打捆贮存。

②盐水浸泡法：将已清理好的鲜皮浸入盛有盐水的水泥池中，盐水的浓度应不低于25%，在浸泡过程中，应将毛皮上下翻动数次，浸泡液的温度应保持在5℃～15℃。若温度过低，盐液渗入皮毛的速度过慢；若温度过高，则有利于微生物的生长繁殖，容易腐败。经过15～24小时的浸泡后，将毛皮取出，沥水2小时后按照撒盐法的操作逐层撒盐堆放5～6天后取出晾晒。

(3)*酸-盐处理法*　此法是用食盐、氯化铵及铝明矾组成的混合物来处理羊皮。通常采用85%的食盐、7.5%的氯化铵、7.5%的铝明矾混合物，涂抹于羊皮的肉面，并且轻轻揉搓后将羊皮毛面向外折叠成方形，堆放7天即可。

3. 贮藏 鲜皮在经防腐处理后应妥善贮藏。存放毛皮的房间要注意保持清洁、通风、干燥、阴凉，室内的温度不超过25℃，空气相对湿度为60%～70%。在贮藏期间，应特别注意防高温和防湿，若空气中温度和湿度过高过大，微生物就极易在羊皮上孳生。而且羊皮在堆放时应尽量不直接接触地面和墙壁，用木板将毛皮与地面和墙壁隔开，这样既可防止毛皮受潮腐烂变质，又可防止毛皮遭虫蛀或鼠咬。毛皮入库保存成本较高，一般农户不易做到，特别是在高湿度地区或气候炎热的时候，因此，农户应将初加工处理后的羊皮及时出售。

(四)羊血的加工

羊血是饲料工业的重要原料。羊血中的干物质含量约为18%，其中约有90%是蛋白质，其他成分包括脂肪、糖、矿物质盐、胆固醇和卵磷脂等。大多数羊血被用于生产血粉。

1. 制作脱色血粉

(1)收集羊血 宰杀羊只时，收集洁净新鲜的羊血，测定血量，装入容器内。

(2)调节pH值 在搅拌下慢慢加入6N的盐酸，使pH为3，接着在搅拌下慢慢加入6N的氢氧化钠，调节pH为11.5，然后再加入6N的盐酸，使pH为6。

(3)加热保温 用水浴加热至85℃，保温搅拌30分钟，在剧烈搅拌下缓慢加入鲜羊血量3%的30%双氧水，降温至40℃，搅拌下加入原鲜血量4%的鲜羊血，搅拌均匀。

(4)滴定 取样，用高锰酸钾液滴定至无双氧水为止，升温至95℃，保温搅拌10分钟，停止加热，静置12小时。

(5)过滤 过滤得到乳白色或淡白色沉淀物，用去离子水搅拌洗涤3次。

(6)干燥 于80℃真空干燥后，粉碎，过80目筛，包装，即得脱色血粉。

2. 制取血浆蛋白粉

(1)收集羊血　宰杀羊只时，收集新鲜血液(其他畜禽血液亦可)，称重备用。

(2)调制　将收集的血液与等量的0.9%的盐水(含0.5%柠檬酸三钠)混合，充分搅拌均匀，放入冰箱，在1℃～4℃条件下冷却24小时。

(3)离心　从冰箱中取出，离心分离，收集上层血浆清液。

(4)浓缩　水浴加热蒸发，减压浓缩至1/5体积。

(5)干燥　喷雾干燥，即得粉状成品。

(五)软组织、下水和胆汁的收集利用

软组织包括带骨和不带骨的软组织和废弃物，可用来加工成肉粉或提取羊油。

下水主要包括气管、肺、心、胃、肠、肝和脾等，既可供食用，也可用于生产肉粉。羊的胆汁是医药工业的重要原料。当胆汁含75%左右的干物质时，可较长期保存。

(索效军)

附 录

附表 我国羊常用饲料成分及营养价值表

饲料名称	饲料描述	干物质%	消化能（兆焦/千克）	代谢能（兆焦/千克）	粗蛋白质%	粗脂肪%	粗纤维%	无氮浸出物%	中洗纤维%	酸洗纤维%	钙%	总磷%
苜蓿干草	等外品	88.7	7.67	6.29	11.6	1.2	43.3	25.0	53.5	39.6	1.24	0.39
沙打旺	盛花期，晒制	92.4	10.46	8.58	15.7	2.5	25.8	41.1			0.36	0.18
黑麦草	冬黑麦	87.8	10.42	8.54	17.0	4.9	20.4	34.3			0.39	0.24
谷　草	粟茎叶，晒制	90.7	6.33	5.19	4.5	1.2	32.6	44.2	67.8	46.1	0.34	0.03
苜蓿干草	中苜蓿 2 号	92.4	9.79	8.03	16.8	1.3	29.5	34.5	47.1	38.3	1.95	0.28
羊　草	以禾本科为主，晒制	92.0	9.56	7.84	7.3	3.6			57.5	32.8	0.22	0.14
羊　草	以禾本科为主，晒制	91.6	8.78	7.20	7.4	3.6	29.4	46.6	56.9	34.5	0.37	0.18
稻　草	晚稻，成熟	89.4	4.84	3.97	2.5	1.7	24.1	48.8	77.5	48.8	0.07	0.05
稻　草	晒干，成熟	90.3	4.64	3.80	6.2	1.0	27.0	37.3	67.5	45.4	0.56	0.17
玉米秸	收获后茎叶	90.0	5.83	4.78	5.9	0.9	24.9	50.2	59.5	36.3		
甘薯蔓	成熟期，以 80%茎为主	88.0	7.53	6.17	8.1	2.7	28.5	39.0			1.55	0.11

续附表

饲料名称	饲料描述	干物质%	消化能(兆焦/千克)	代谢能(兆焦/千克)	粗蛋白质%	粗脂肪%	粗纤维%	无氮浸出物%	中洗纤维%	酸洗纤维%	钙%	总磷%
小麦秸	春小麦	89.6	4.28	3.51	2.6	1.6	31.9	41.1	72.6	52.0	0.05	0.06
大豆秸	枯黄期,老叶	85.9	8.49	6.96	11.3	2.4	28.8	36.9			1.31	0.22
花生蔓	成熟期,伏花生	91.3	9.48	7.77	11.0	1.5	29.6	41.3			2.46	0.04
大豆皮	晒干,成熟	91.0	11.25	9.23	18.8	2.6	25.4	39.4				0.35
向日葵仁饼	壳仁比为 35 : 65,NY/T 3 级	88.0	8.79	7.21	29.0	2.9	20.4	31.0	41.4	29.6	0.24	0.87
玉米青贮	乳熟期,全株	23.0	2.21	1.81	2.8	0.4	8.0	9.0			0.18	0.05
玉　米	成熟,高蛋白,优质	86.0	14.23	11.67	9.4	3.1	1.2	71.1			0.02	0.27
玉　米	成熟,GB/T 17890—1999 1 级	86.0	14.27	11.70	8.7	3.6	1.6	70.7	9.3	2.7	0.02	0.27
玉　米	成熟,GB/T 17890—1999 2 级	86.0	14.14	11.59	7.8	3.5	1.6	71.8	8.2	2.9	0.02	0.27
高　粱	成熟,NY/T 1 级	86.0	13.05	10.70	9.0	3.4	1.4	70.4	17.4	8.0	0.13	0.36
小　麦	混合小麦,成熟 NY/T 2 级	87.0	14.23	11.67	13.9	1.7	1.9	67.6	13.3	3.9	0.17	0.41
大麦(裸)	裸大麦,成熟 NY/T 2 级	87.0	13.43	11.01	13.0	2.1	2.0	67.7	10.0	2.2	0.04	

续附表

饲料名称	饲料描述	干物质 %	消化能 (兆焦/千克)	代谢能 (兆焦/千克)	粗蛋白质%	粗脂肪%	粗纤维%	无氮浸出物%	中洗纤维%	酸洗纤维%	钙 %	总磷 %
大麦(皮)	皮大麦,成熟 NY/T 1 级	87.0	13.22	10.84	11.0	1.7	4.8	67.1	18.4	6.8	0.09	
黑　麦	籽粒,进口	88.0	14.18	11.63	11.0	1.5	2.2	71.5	12.3	4.6	0.05	
稻　谷	成熟,晒干 NY/T 2 级	86.0	12.64	10.36	7.8	1.6	8.2	63.8	27.4	28.7	0.03	
糙　米	良,成熟,未去米糠	87.0	14.27	11.70	8.8	2.0	0.7	74.2	13.9		0.03	
碎　米	良,加工精米后的副产品	88.0	14.35	11.77	10.4	2.2	1.1	72.7	1.6		0.06	
粟(谷子)	合格,带壳,成熟	86.5	12.55	10.29	9.7	2.3	6.8	65.0	15.2	13.3	0.12	
木薯干	木薯干片,晒干 NY/T 合格	87.0	12.51	10.26	2.5	0.7	2.5	79.4	8.4	6.4	0.27	
甘薯干	甘薯干片,晒干 NY/T 合格	87.0	13.68	11.22	4.0	0.8	2.8	76.4			0.19	
高粱糠	籽粒加工后的壳副产品	91.1	14.02	11.50	9.6	9.1	4.0	63.5			0.07	
次　粉	黑面,黄粉,下面 NY/T 1 级	88.0	13.89	11.39	15.4	2.2	1.5	67.1	18.7	4.3	0.08	
次　粉	黑面,黄粉,下面 NY/T 2 级	87.0	13.60	11.15	13.6	2.1	2.8	66.7	31.9	10.5	0.08	

续附表

饲料名称	饲料描述	干物质 %	消化能 (兆焦/千克)	代谢能 (兆焦/千克)	粗蛋白质%	粗脂肪%	粗纤维%	无氮浸出物%	中洗纤维%	酸洗纤维%	钙 %	总磷 %
小麦麸	传统制粉工艺 NY/T 1 级	87.0	12.18	9.99	15.7	3.9	6.5	56.0	37.0	13.0	0.11	
小麦麸	传统制粉工艺 NY/T 2 级	87.0	12.10	9.92	14.3	4.0	6.8	57.1			0.10	
玉米皮	籽粒加工后的壳副产品	87.9	10.12	8.30	10.2	4.9	13.8	57.0	44.8	14.9		
米　糠	新鲜,不脱脂 NY/T 2 级	87.0	13.77	11.29	12.8	16.5	5.7	44.5	22.9	13.4	0.07	
大　豆	黄大豆,成熟 NY/T 2 级	87.0	16.36	13.42	35.5	17.3	4.3	25.7	7.9	7.3	0.27	
全脂大豆	湿法膨化,生大豆 NY/T 2 级	88.0	16.99	13.93	35.5	18.7	4.6	25.2	17.2	11.5	0.32	
米糠粕	浸提或预压浸提,NY/T 1 级	87.0	10.00	8.20	15.1	2.0	7.5	53.6			0.15	
米糠饼	未脱脂,机榨 NY/T 1 级	88.0	11.92	9.77	14.7	9.0	7.4	48.2	27.7	11.6	0.14	
玉米胚芽饼	玉米湿磨后的胚芽,机榨	90.0	12.45	10.21	16.7	9.6	6.3	50.8			0.04	
玉米胚芽粕	玉米湿磨后的胚芽,浸提	90.0	11.56	9.48	20.8	2.0	6.5	54.8			0.06	
糖　蜜	糖用甜菜	75	15.97	13.10	11.8	0.4			0.08	0.08		
大豆饼	机榨 NY/T 2 级	89.0	14.10	11.56	41.8	5.8	4.8	30.7	18.1	15.5	0.31	
大豆粕	去皮,浸提或预压浸提 NY/T 1 级	89.0	14.31	11.73	47.9	1.0	4.0	31.2	8.8	5.3	0.34	065

续附表

饲料名称	饲料描述	干物质%	消化能(兆焦/千克)	代谢能(兆焦/千克)	粗蛋白质%	粗脂肪%	粗纤维%	无氮浸出物%	中洗纤维%	酸洗纤维%	钙%	总磷%
大豆粕	浸提或预压浸提 NY/T 2级	89.0	14.27	11.70	44.0	1.9	5.2	31.8	13.6	9.6	0.33	0.62
棉籽饼	机榨 NY/T 2级	88.0	13.22	10.84	36.3	7.4	12.5	26.1	32.1	22.9	0.21	0.83
棉籽粕	浸提或预压浸提 NY/T 1级	90.0	13.05	10.70	47.0	0.5	10.2	26.3			0.25	1.10
棉籽粕	浸提或预压浸提 NY/T 2级	90.0	12.47	10.23	43.5	0.5	10.5	28.9	28.4	19.4	0.28	1.04
菜籽饼	机榨 NY/T 2级	88.0	13.14	10.77	35.7	7.4	11.4	26.3	33.3	26.0	0.59	0.96
菜籽粕	浸提或预压浸提 NY/T 2级	88.0	12.05	9.88	38.6	1.4	11.8	28.9	20.7	16.8	0.65	1.02
花生仁饼	机榨 NY/T 2级	88.0	14.39	11.80	44.7	7.2	5.9	25.1	14.0	8.7	0.25	0.53
花生仁粕	浸提或预压浸提 NY/T 2级	88.0	13.56	11.12	47.8	1.4	6.2	27.2	15.5	11.7	0.27	0.56
向日葵仁粕	壳仁比为 16：84，NY/T 2级	88.0	10.63	8.72	36.5	1.0	10.5	34.4	14.9	13.6	0.27	1.13
向日葵仁粕	壳仁比为 24：76，NY/T 2级	88.0	8.54	7.00	33.6	1.0	14.8	38.8	32.8	23.5	0.26	1.03

续附表

饲料名称	饲料描述	干物质 %	消化能（兆焦/千克）	代谢能（兆焦/千克）	粗蛋白质%	粗脂肪%	粗纤维%	无氮浸出物%	中洗纤维%	酸洗纤维%	钙 %	总磷 %
亚麻仁饼	机榨 NY/T 2 级	88.0	13.39	10.98	32.2	7.8	7.8	34.0	29.7	27.1	0.39	0.88
亚麻仁粕	浸提或预压浸提 NY/T 2 级	88.0	12.51	10.26	34.8	1.8	8.2	36.6	21.6	14.4	0.42	0.95
芝麻饼	机榨，CP 40%	92.0	14.69	12.05	39.2	10.3	7.2	24.9	18.0	13.2	2.24	1.19
玉米蛋白粉	玉米去胚芽，淀粉后的面筋部分 CP 60%	90.1	18.37	15.06	63.5	5.4	1.0	19.2	8.7	4.6	0.07	0.44
玉米蛋白粉	同上，中等蛋白产品，CP 50%	91.2	15.86	13.01	51.3	7.8	2.1	28.0	10.1	7.5	0.06	0.42
玉米蛋白饲料	玉米去胚芽、淀粉后的含皮残渣	88.0	13.39	10.98	19.3	7.5	7.8	48.0	33.6	10.5	0.15	0.70
麦芽根	大麦芽副产品，干燥	89.7	11.42	9.36	28.3	1.4	12.5	41.4			0.22	0.73
啤酒糟	大麦酿造副产品	88.0			24.3	5.3	13.4	40.8	39.4	24.6	0.32	0.42
DEGS	玉米啤酒糟及可溶物，脱水	90.0	14.64	12.00	28.3	13.7	7.1	36.8			0.20	0.74
玉米蛋白粉	同上，中等蛋白产品，CP 40%	89.9	15.19	12.46	44.3	6.0	1.6	37.1	33.3			

续附表

饲料名称	饲料描述	干物质%	消化能（兆焦/千克）	代谢能（兆焦/千克）	粗蛋白质%	粗脂肪%	粗纤维%	无氮浸出物%	中洗纤维%	酸洗纤维%	钙%	总磷%
蚕豆粉浆蛋白粉	蚕豆去皮制粉丝后的浆液，脱水	88.0			66.3	4.7	4.1	10.3				0.59
啤酒酵母	啤酒酵母菌粉，QB/T 1940—94	91.7	13.43	11.01	52.4	0.4	0.6	33.6			0.16	1.02
尿素		95.0	0	0	267							

注：表中代谢能值是根据消化能乘以 0.82 估算

参考文献

[1] 陈明新,李晓锋主编.新编羊病防治手册.武汉:湖北科学技术出版社,2009.

[2] 冯维祺,等.肉羊高效益饲养技术.北京:金盾出版社,2000.

[3] 赵有璋.种草养羊技术.北京:中国农业出版社,2004.

[4] 张灵君,张振坤.科学养羊技术指南.北京:中国农业大学出版社,2006.

[5] 张英杰.养羊手册.北京:中国农业大学出版社,2005.

[6] 赵有璋.现代中国养羊.北京:金盾出版社,2005.

[7] 曹玉凤,等.肉羊高效养殖教材.北京:金盾出版社,2005.

[8] 苏加楷,张文淑,李敏.优良牧草及栽培技术.北京:金盾出版社,2009.

[9] [美]鲍尔等著,李向林等译.南方牧草.北京:中国农业出版社,2001.

[10] 王明根,等.优质牧草高效栽培.合肥:安徽科学技术出版社,2003.

[11] 孙吉雄.草地培育学.北京:中国农业出版社,2000.

[12] 韩建国,孙洪仁.怎样保护和利用好草原.北京:中国农业大学出版社,2008.